现 代 生 产 安 全 技 术 丛 书 第三版

机械安全技术

崔政斌 张卓 编著

第三版

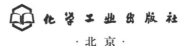 化学工业出版社

·北京·

《机械安全技术》（第三版）是《现代生产安全技术丛书》（第三版）的一个分册。

　　《机械安全技术》（第三版）在第二版的基础上，结合最新的机械安全理论和实践，从机械安全基本知识入手，着重介绍了机械安全设计、各类机械的安全技术、热加工机械安全技术以及施工机械安全技术，并对机械安全认证作了简要的阐述。本书理论联系实际，既有理论知识，又有实践经验，是一本实用的安全技术著作。

　　本书既可作为企业的机械安全生产管理人员、工程技术人员以及机械操作人员的学习用书，也可供有关院校的师生在教学工作中参考。

图书在版编目（CIP）数据

机械安全技术/崔政斌，张卓编著 . —3 版 . —北京：
化学工业出版社，2019.11
　ISBN 978-7-122-34821-0

　Ⅰ.①机…　Ⅱ.①崔…②张…　Ⅲ.①机械设备-
安全技术　Ⅳ.①TH

中国版本图书馆 CIP 数据核字（2019）第 140395 号

责任编辑：高　震　杜进祥　　　装帧设计：韩　飞
责任校对：宋　玮

出版发行：化学工业出版社
　　　　　（北京市东城区青年湖南街 13 号　邮政编码 100011）
印　　　装：北京科印技术咨询服务有限公司数码印刷分部
850mm×1168mm　1/32　印张 11¼　字数 305 千字
2019 年 10 月北京第 3 版第 1 次印刷

购书咨询：010-64518888　　售后服务：010-64518899
网　　址：http://www.cip.com.cn
凡购买本书，如有缺损质量问题，本社销售中心负责调换。

定　　价：38.00 元　　　　　　　　　版权所有　违者必究

· 前 言 ·

机械设备是现代化生产不可缺少的生产设备。所谓"机械"是指机器、机械的泛称，是指任何类型大小的"技术实体"，即包括工具、运动机构和静止设备。机械设备种类繁多．它的应用范围越来越广。机械化程度越高，带来的危险因素越多，机械的构造不同，它带来的危险也不同。为了尽量减少这些危险、预防各类机械事故发生，作为具体操作设备的生产工人，必须首先要学习和掌握设备存在的危险和有害因素，只有掌握了这方面的知识，才能有效地防止各类事故发生。

《机械安全技术》（第三版）就是为了保护操作设备的生产工人，在操作作业中免遭机械伤害，从理论到实践，专门编写的一本安全技术学习用书。本书是《现代生产安全技术丛书》（第三版）中的一本。

本书在第二版出版以来的八年中，得到了广大读者的好评，多次重印。随着经济的发展，在企业生产中出现了大量新技术、新设备，本书内容急待更新。为此，在出版社和作者协商以后，决定出版该丛书第三版，本书在第二版的基础上，保留其精华，又增加了施工机械安全技术等新的内容，其目的是为了进一步巩固和提高生产作业人员的安全技能，消灭和减少事故的发生，保障员工的身心安全和健康，保障企业生产的顺利进行。

本书共六章，即：第一章：机械安全概述；第二章：机械安全设计；第三章：各类机械安全技术；第四章：热加工安全技术；第五章：工程施工机械安全技术；第六章：机械安全认证。全书贯穿一条主线，那就是安全。全书运用一种手段，那就是以实践为主。全书力图达到一个目标，那就是减少和消灭事故。

本书在编写和出版过程中得到了化学工业出版社有关领导和编辑的悉心指导和帮助，在此，表示衷心的感谢。

本书在编写过程中还得到了周礼庆、张美元、赵海波、胡万林等领导的关心；张堃、崔敏、陈鹏、戴国冕等同志提供了大量有关资料；石跃武同志进行了文字输入，范拴红同志对书稿进行了认真校对，在此一并表示感谢！

作者
2019 年 3 月于山西朔州

· 目 录 ·

第一章　机械安全概述

第二章　机械安全设计

第三章　各类机械安全技术

第四章　热加工安全技术

第五章　工程施工机械安全技术

第六章　机械安全认证

参考文献

第一章

机械安全概述

随着科技的迅猛发展，工业机器带给我们大量的科技产品和生活必需品。工业机器为人类带来"利润"的同时也带来了一个不可忽视的"安全"问题，人类能够健康发展的缘由是拥有一个"安全"的生活环境，因此，我们不得不对机械安全进行思考。我国的人口众多，对机械产品的需求是巨大的。随着社会的发展，人们对物质生产的要求也越来越高，机械生产规模不断扩大。与此同时，机械生产过程中出现的安全事件也越来越突出，暴露的机械生产安全隐患也越来越多，给社会经济带来了一定的损失和巨大的压力。虽然至今无因机械伤害引起的重大、特大安全事件发生，但是生活中却能常见到因机械伤害导致人断指、断手、挤压等伤害事故，更重要的是竟然从没有因此引发相关部门的足够重视。在制造业中，机械行业是必不可少的一部分，在国家经济中占据重要位置。国家的社会效益和经济效益都会直接受到机械安全的影响。

第一节　机械（机器）安全概念

一、机械（机器）的概念

机械是一种人为的实物构件的组合。机械各部分之间具有确定的相对运动。机器除具备机构的特征外，还必须具备第三个特征即能代替人的劳动以完成有用的机械功或转换机械能，故机器是能转换机械能或完成有用的机械功的机构。从结构和运动的观点来看，机构和机器并无区别，泛称为机械。

机构和机器的定义来源于机械工程学，属于现代机械原理中最基本的概念，中文的机械的现代概念多源自日语之"机械"一词。日本的机械工程学对机械概念做如下定义（即符合下面三个特征称为机械 machine）：

机械是物体的组合，假定力加到其各个部分也难以变形；这些物体必须实现相互的、单一的、规定的运动；把施加的能量转变为最有用的形式，或转变为有效的机械功。

二、机械（机器）的组成

机器是执行机械运动的装置，用来变换或传递能量、物料或信息。机械是机器机构的总称。机器的发展经历了一个由简单到复杂的过程，它是由若干相互联系的零件按一定规律装配而成，能够完成一定功能的整体。随着科学技术的发展，机器的概念也有了相应的变化。有些机器还包含了使其内部各机构正常动作的控制系统和信息处理与传递系统等。因此，一部完整的机器通常由原动机部分、传动部分、执行部分以及控制部分组成，如图 1-1 所示。现代机器不仅可以代替人的体力劳动，而且可以代替人的脑力劳动，如智能机器人。

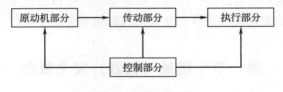

图 1-1　机器的组成

1. 原动机

原动机是驱动整部机器以完成预定功能的动力源。通常一部机器只用一个原动机，复杂的机器也可能有几个动力源。一般来说，它们都是把其他形式的能量转化为可以利用的机械能。现代机器中使用的原动机大多以电动机和热力机为主。

2. 执行部分

执行部分是用来完成预定功能的组成部分。它是利用机械能（如刀具或其他器具与物料的相对运动或直接作用）来改变物料的形状、尺寸、状态或位置的机构。一台机器可以只有一个执行机构（例如压路机的压辊），也可以把机器的功能分解成好几个执行部分。机器种类不同，其执行部分的结构和工作原理也就不同。

3. 传动部分

机器的功能多种多样，要求的运动形式也是千变万化的，所要克服的阻力也随工作情况而异。但是原动机的运动形式，运动及动力参数却是有限的，而且是确定的。如何把原动机的运动形式，运动及动力参数转变为执行部分所需的运动形式、运动及动力参数呢？这个任务就是靠传动部分来完成的。也就是说，机器中所用传动部分的作用是将原动机和工作机联系起来，传递运动和动力或改变运动形式。例如，把旋转运动改变为直线运动，高转速变为低转速，小转矩变为大转矩等。

4. 控制系统及辅助系统

随着机器的功能越来越强，对机器的精确度要求也越来越高，如果机器只由上述原动机部分、传动部分、执行部分三个基本部分组成，使用起来就会遇到很多困难。所以机器除了以上三部分外，还会不同程度地增加控制系统和辅助系统等。

控制系统是用来控制机器的运动及状态的系统，如机器的启动、制动、换向、调速、压力、温度、速度等，它包括各种操纵器和显示器。人通过操纵器来控制机器。显示器把机器的运行情况适时反馈给人，以便及时准确地控制和调整机器的状态，以保证作业任务的顺利进行并防止事故的发生。操纵器是人机接口处，安全人机工程学的要求在这里得到集中体现。

一般情况下，传动部分和执行部分集中了机器上几乎所有的可动零部件。它们种类众多、运动各异、形状复杂、尺寸不一，是机械的危险区。但二者又有区别：传动部分不与作业对象直接作用，不需要操作者频繁接触，常用各种防护装置隔离或封装起来；执行部分直接与作业对象作用，并需要人员不断介入，使操作区成为机械伤害的高发区，成为安全防护的重点和难点。

三、机械设备的分类

1. 按照使用范围分类

（1）通用机械设备（又称为定型设备）。指在工业生产中普遍使用的机械设备，如金属切削设备、锻压设备、铸造设备、泵、压缩机、风机、电动机、起重运输机械等。这类设备可以按定型的系列标准由制造厂进行批量生产。

（2）专用机械设备。指专门用于石油化工生产或某个生产方面的专用机械设备，如干燥、过滤、压滤机械设备，污水处理、橡胶、化肥、医药加工机械设备，炼油机械设备，胶片生产机械设备等。

（3）汽车制造业。该大类包括：汽车整车制造。改装汽车制造、低速载货汽车制造，电车制造、汽车本身、挂车制造，汽车零部件及配件制造。

（4）铁路、船舶、航空航天和其他运输设备制造业。该大类包括：铁路运输设备制造，城市轨道交通设备制造，船舶及相关装置制造，航空、航天器及设备制造，摩托车制造、自行车制造，非公路休闲车及零配件制造，潜水救捞及其他未列运输设备制造。

（5）电气机械和器材制造业。该大类包括：电动机制造，输配电及控制设备制造，电线、电缆及电工器材制造，家用、非电力器具制造，其他电气机械及器材制造。

2. 按照在生产中所起的作用分类

（1）液体介质输送和给料机械，如各种泵类。

（2）气体输送和压缩机械，如真空泵、风机、压缩机。

（3）固体输送机械，如提升机、皮带运输机、螺旋输送机、刮板输送机等。

（4）粉碎及筛分机械，如破碎机、球磨机、振动筛等。

（5）冷冻机械，如冷冻机和结晶器等。

（6）搅拌与分离机械，如搅拌机、过滤机、离心机、脱水机、压滤机等。

（7）成型和包装机械，如扒料机，石蜡、沥青、硫磺的成型机械和产品的包装机械等。

（8）起重机，如各种桥式起重机、塔式起重机、龙门吊等。

（9）金属加工机械，如切削、研磨、刨铣、钻孔机床以及金属材料试验机械等。

（10）动力机械，如汽轮机、发电机、电动机等。

（11）污水处理机械，如刮油机、刮泥机、污泥（油）输送机等。

（12）其他专用机械，如抽油机、水力除焦机、干燥机等。

3.《机械指令》（2006/42/EC）对危险机械的分类

根据机械在使用中存在的潜在危险，《机械指令》（2006/EC）把机械分为普通机械和危险机械两大类。《机械指令》在其附录Ⅳ中列出了 23 种危险机械。

（1）加工木材及类似物性材料，或加工肉类及类似物性材料的圆锯（单刀片或多刀片）。

（2）手动进料木工平面刨床。

（3）木工用单面厚板刨床，内设机械式工件进给装置，手动装卸工件。

（4）加工木材及类似物性材料，或加工肉类及类似物性材料的带锯，手动装卸工件。

（5）用于木材及类似物性材料的组合式机械，包含（1）至（4）和第（7）种所述的机械均可作为组合式机械装置。

（6）手动进料多刀夹具的木工开榫机。

（7）用于加工木材及类似物性材料的手动进料立轴铣床。

（8）木工用手提链条锯。

（9）手动装卸的金属冷加工用压床（包括弯板机），其可动工作部件行程可超过 6m，移动速度大于 30mm/s。

（10）手动装卸的塑料注塑或压塑成型机。

（11）手动装卸的橡胶注射或压力成型机。

（12）包括火车车头和司闸车、液压支架等用于地下或井下工作的机械设备。

（13）装有压实机构的人工装载生活垃圾的卡车。

（14）带有防护装置的可拆卸式机械传动设备。

（15）可拆卸式机械传动设备所用的防护装置。

（16）车辆维修用升降机。

（17）具有从 3m 以上垂直跌落危险的载人或载人及载物升降设备。

（18）便携式火药驱动固定器械或其他冲击式机械设备。

（19）为操作人员而设计的保护装置。

（20）第（9）至（11）种所述的用以机械防护的动力驱动联锁式可移动防护装置。

（21）确保安全功能的逻辑装置。

（22）倾覆防护装置。

（23）物体跌落防护装置。

第二节　机械危害及其产生的原因

机械产生的危害指在使用机械设备过程中，可能对人的身心健康造成损伤或危害的根源或因素。它可分为两类：一类是机械性危害，另一类是非机械性危害。前者包括的主要形式有夹击、碾压、剪切、切割、卷喷、刺伤、摩擦或磨损，飞出物打击，高压流体喷射、碰撞或跌落等。后者包括：电气危害（如电击伤）、灼烫和冷冻危害、噪声危害、振动危害，电离和非电离辐射危害，材料和物质产生的危害，未履行安全人机工程学原则而产生的危害等。

一、机械危害

1. 静止物体的危险

（1）切削刀具的刀刃。

（2）机械加工设备突出较长的机械部分。

（3）毛坯、工具、设备边缘锋利飞边和粗糙表面。

（4）引起滑跌、坠落的工作平台。

2. 直线运动的危险

（1）接近式的危险

① 纵向运动的构件，如龙门刨床的工作台、牛头刨床的滑枕、外圆磨床的往复工作台；

② 横向运动的构件，如升降式铣床的工作台。

（2）经过式的危险

① 单纯作直线运动的部位，如运转中的带链；

② 作直线运动的凸起部分，如运动中的金属接头；

③ 运动部位和静止部位的组合，如工作台与底座的组合；

④ 作直线运动的刃物，如牛头刨的刨刀、带锯床的带锯。

3. 旋转运动的危险

（1）卷进单独旋转机械部件中的危险，如卡盘、进给丝杆等单独旋转的机械部件以及磨削砂轮、铣刀等加工刃具。

（2）卷进旋转运动中两个机械部件间的危险，如朝相反方向旋转的两个轧辊之间，相互啮合的齿轮。

（3）卷进旋转机械部件与固定构件间的危险，如砂轮与砂轮支架之间，传输带与传输带架之间。

（4）卷进旋转机械部件与直线运动件间的危险，如皮带与皮带轮、链条与链轮、齿条与齿轮。

（5）旋转运动加工件打击或绞轧的危险，如伸出机床的细长加工件。

4. 振动部件夹住的危险

机械部件的一些结构可以呈现如振动体一样的振动引起被振动

体部件夹住的危险。

5. 飞出物击伤的危险

（1）飞出的刀具或机械部件，如未夹紧的刀片、紧固不牢的接头、破碎的砂轮片等。

（2）飞出的切屑或工件，如连续排出的或破碎而飞散的切屑，锻造加工中飞出的工件。

6. 非机械的危险与有害因素分类

（1）电击伤

① 触电危险。如机械电气设备绝缘不良，错误地接线或误操作等原因造成触电伤害事故或其他危害。

② 静电危险。如在机械加工过程中产生的有害静电，将引起爆炸、电击伤害事故。

（2）灼烫和冷冻危害。如在热加工作业中，有被高温金属体和加工件灼烫的危险；又如在深冷处理时，有被冻伤的危险。

（3）振动危害。在机械加工过程中，按振动作用于人体的方式，可分为局部振动和全身振动。

① 局部振动。如在以手接触振动工具的方式进行机械加工时，振动通过振动的工具、振动的机械或振动的工件传向操作者的手和臂，从而给操作者造成振动危害。

② 全身振动。由振动源通过身体的支持部分将振动传布全身而引起的振动危害。

（4）噪声危害

① 机械性噪声，由于机械的撞击、摩擦、转动而产生的，如球磨机、电锯、切削机床在加工过程中发出的噪声。

② 流体动力性噪声。由于气体压力突变或流体流动而产生的，如液压机械、气压机械设备等在运转过程中发出的噪声。

③ 电磁性噪声。由电机中交变力相互作用而产生的噪声，如电动机、变压器等在运转过程中发生的嗡嗡声。

（5）电离辐射危害。放射性物质，X射线装置，γ射线装置等的电离辐射危害。

（6）非电离辐射危害。非电离辐射系指紫外线、可见光、红外线、激光和射频辐射等。

如高频加热装置中产生的高频电磁波或激光加工设备中产生的强激光等的非电离辐射危害。

（7）化学物危害

① 工业毒物的危害。工业毒物指机械加工设备在加工过程中使用或生产的各种有毒物质。工业毒物在生产过程中可能是原料、辅助材料、半成品、成品，也可能是副产品、废弃物、夹杂物，或其中含有毒物成分的其他物质。

② 酸、碱等化学物质的腐蚀性危害。在金属的清洗和表面处理时产生的腐蚀性危害。

③ 易燃、易爆物质的灼伤、火灾和爆炸危险。

（8）粉尘危害

① 固态物质的机械加工或粉碎，如金属的抛光、石墨电极的加工。

② 某些物质加热时产生的蒸气在空气中凝结或被氧化所形成的粉尘，如熔炼黄铜，锌蒸气在空气中冷凝，氧化形成氧化锌烟尘。

③ 有机物质的不完全燃烧，如木材、焦油、煤炭等燃烧所产生的烟。

④ 铸造加工中，清砂时或在生产中使用的粉末状物质在混合、过筛、包装、搬运等操作时以及沉积的粉尘，由于振动或气流的影响重又浮游于空气中的粉尘（二次扬尘）。

⑤ 焊接作业中，由于焊药分解，金属蒸发所形成的烟尘。

（9）生产环境

① 气温。工作区温度过高、过低或急剧变化。

② 湿度。工作区湿度过大或过小。

③ 气流。工作区气流速度过大过小或急剧变化。

④ 照明。工作区照度不足，照度均度不够，亮度分布不适当，光或色的对比度不当，以及频闪效应，眩光现象。

二、产生机械危害的因素

认识及了解产生机械危害的各种因素，有助于我们更好地搞好安全管理工作，减少和杜绝机械事故的发生。

产生机械危害的因素是非常多的，但究竟是哪种机械设备在生产操作中危险性最大？何种作业事故率较高？机械设备最容易发生的危险部位在哪里？这些都是需要了解的。下面将对这些问题逐一进行研究和讨论。

1. 危险性大的机械设备

在生产中，有一些机械设备的危险性相对比较大。根据对已发生的事故的统计，在我国事故发生率较高、危险性较大的机械设备有：压力机（冲压机）、冲床、压延机、压印机、木工刨床、木工锯床、木工造型机、炼胶机、压砖机、农用脱粒机、纸页压光机、起重设备、锅炉、压力容器、电气设备等。《中华人民共和国特种设备安全法》和《特种设备安全监察条例》中均规定的涉及生命安全、危险性较大的特种设备，是指：锅炉、压力容器（含气瓶）、压力管道、电梯、起重机械、客运索道、大型游乐设施、场（厂）内专用机动车辆。

上述所有这些设备在出厂前必须配备好符合要求的安全防护装置。突出了特种设备生产、经营、使用单位的安全主体责任，明确规定：在生产环节，生产企业对特种设备的质量负责；在经营环节，销售和出租的特种设备必须符合安全要求，出租人负有对特种设备使用安全管理和维护保养的义务；在事故多发的使用环节，使用单位对特种设备使用安全负责，并负有对特种设备的报废义务，对事故造成的损害依法承担赔偿责任。

在一些发达国家（如美国和日本），事故率高、危险性大的机械设备是指：机械压力机、液压机、锯床、磨床、金属切屑机床、木工机械、运输机械、锻压机械等。

2. 事故率高的作业

本身具有较大危险性的作业统称为特种作业，它们的危险性和事故率比其他作业要大得多。

在我国，特种作业有：电工作业、压力容器操作、锅炉司炉、高温作业、低温作业、粉尘作业、金属焊接气割作业、起重机械作业、机动车辆驾驶、高处作业以及原国家安监总局公布的 18 种"危险化工工艺"作业。

3. 易发生事故的机械危险部位

生产操作中，机械设备的运动部分是最危险的部位，尤其是操作人员接触到的运动的零部件，此外，那些加工设备的加工区也是危险部位。

最常见的危险部位有：旋转轴；相对转动部件，如啮合的明齿轮；不连续的旋转零件，如风机叶片、成对带齿滚筒；皮带与皮带轮；旋转的砂轮；活动板和固定板之间靠近时的压板；往复式冲压工具，如冲头和磨具；带状切割工具，如带锯；涡轮和蜗杆；高速旋转运动部件的表面，如离心机转鼓；连接杆与连环之间的夹子；旋转的曲柄和曲轴；旋转的刀具、刃具；旋转运动部件上的突出物，如键、定位螺栓；旋转的搅拌机、搅拌翅；带尖角、锐边或利棱的零部件；锋利的工具；带有危险表面的旋转圆筒，如脱粒机；运动皮带上的金属接头，如皮带扣；飞轮；联轴节上的固定螺栓；过热或过冷的零部件及设备的表面；电动工具的把柄；设备表面上的毛刺、尖角、利棱、凹凸不平的表面；机械加工设备的加工区。

三、造成机械事故的原因

造成伤害事故的原因可归纳为人的不安全行为、设备的不安全状态和管理上的不安全因素三个方面。

1. 人的不安全行为

人的不安全行为是指造成人身伤亡事故的人为错误。包括引发事故的不安全动作，也包括应该按照安全规程去做，而没有去做的行为。不安全行为反映了事故发生的人的原因。

人的不安全行为表现为注意力不集中或思想过于紧张，或操作人员对机器结构及加工工件缺乏了解，或操作不熟练及操作时不遵守安全操作规程，或不正确使用个人防护用品或设备的安全防护装置。具体表现为：

（1）操作错误，忽视安全，忽视警告

① 未经许可开动、关停、移动机器。

② 开动、关停机器时未给信号。

③ 开关未锁紧，造成意外转动、通电或泄漏等。

④ 忘记关闭设备。

⑤ 忽视警告标志、警告信号。

⑥ 操作错误（指按钮、阀门、扳手、把柄等的操作）。

⑦ 奔跑作业。

⑧ 供料或送料速度过快。

⑨ 机械超速运转。

⑩ 违章驾驶机动车。

⑪ 酒后作业。

⑫ 客货混载。

⑬ 冲压机作业时，手伸进冲压模。

⑭ 工件紧固不牢。

⑮ 用压缩空气吹铁屑。

（2）造成安全装置失效

① 拆除了安全装置。

② 安全装置堵塞，失去了作用。

③ 调整的错误造成安全装置失效。

（3）使用不安全设备

① 临时使用不牢固的设施。

② 使用无安全装置的设备。

（4）手代替工具操作

① 用手代替手动工具。

② 用手消除切屑。

③ 不用夹具固定、用手拿工件进行机加工。

（5）物体（指成品、半成品、材料、工具、切屑和生产用品等）存放不当。

（6）冒险进入危险场所。

（7）攀、坐不安全位置（如平台护栏、汽车挡板、吊车吊钩）。

（8）在起吊物下作业、停留。

（9）机器运转时加油、修理、检查、调整、焊接、清扫等工作。

（10）有分散注意力行为。

（11）在必须使用个人防护用具的作业或场合中，忽视其使用

① 未戴护目镜或面罩。

② 未戴防护手套。

③ 未穿安全鞋。

④ 未戴安全帽。

⑤ 未佩戴呼吸护具。

⑥ 未佩戴安全带。

⑦ 未戴工作帽。

（12）不安全装束

① 在有旋转零部件的设备旁作业穿过肥大服装。

② 操纵带有旋转部件的设备时戴手套。

（13）对易燃、易爆等危险品处理错误。

2. 机械设备的不安全状态

机械设备的不安全状态如作直线往复运动的部位存在着撞伤和挤伤的危险。冲压、剪切、锻压等机械的模具、锤头、刀口等部位存在着撞压、剪切的危险。

机械的控制点、操纵点、检查点、取样点、送料过程等也都存在着不同的潜在危险因素。

旋转的机件具有将人体或物体从外部卷入的危险；机床的卡盘、钻头、铣刀等、传动部件和旋转轴的突出部分有钩挂衣袖、裤腿、长发等而将人卷入的危险；风翅、叶轮有绞碾的危险；相对接触而旋转的滚筒有使人被卷入的危险。

机械的摇摆部位又存在着撞击的危险。

转动机械所造成的伤害事故的危险源常常存在于下列部位。

（1）设备静止时的危险

机械静止的危险是指设备处于静止状态。它包括以下几种：

① 切削刀具有刀刃。

② 设备突出的较长的机械部分，如设备表面上的螺栓、吊钩、手柄等。

③ 毛坯、工具、设备边缘锋利飞边和粗糙表面，如未打磨的毛刺、锐角、翘起的铭牌等。

（2）机械旋转运动的危险

① 人体或衣服卷进旋转机械部位。

② 卷进单独旋转运动机械部件（如主轴、卡盘、卡盘爪、进给丝杠等单独旋转的机械部件以及各种切削刀具、圆锯、铣磨工具等）中。

③ 卷进旋转机械部件与直线运动部件间（如皮带与皮带轮、链条与链轮、齿条与齿轮等）。

④ 被旋转运动加工件打击或绞轧，如伸出机床的细长加工件。

⑤ 被旋转运动件上凸出物打击或缠绕，如转轴上的键、销铁、定位螺钉、联轴器螺钉等。

⑥ 旋转运动和直线运动引起的复合运动，如凸轮传动机构、连杆和曲轴。

⑦ 摇臂的旋转可对人体造成撞击伤害。

⑧ 旋转运动的手轮、手柄及设备上其他旋转部位，可对人体造成打击、缠绕伤害。

（3）机械直线运动的危险

① 人体被直线运动的机械部位撞击。

② 滑枕直线往复运动，对人身造成的撞击伤害。

③ 横梁、刀架垂直水平运动，对人身造成的挤压、撞击伤害。

④ 主传动箱、进给箱、工作台等直线运动，对人身造成的撞击伤害。

⑤ 操作平台、工作台等水平垂直运动，对人身造成挤压、撞

击伤害，并可造成高处坠落伤害。

⑥ 带锯、弓锯直线运动及其他直线运动，对人身造成割伤、撞击伤害。

（4）机械飞出物击伤的危险

① 刀具或机械部件（如未夹紧的刀具、卡盘、螺栓、螺帽、销铁、垫板、砂轮片等）飞出。

② 铁屑或工件（如连续排出或粉碎而飞散的切屑等）飞出。

③ 电机三角带、联轴器、弓锯、带锯等飞出，对人身造成割伤、擦伤、刺伤等伤害。

（5）机械的不安全状态引起的伤害

① 防护、保险、信号等装置缺乏或有缺陷

a. 无防护罩，无安全保险装置，无报警装置，无安全标志，无护栏或护栏损坏，设备电气未接地，绝缘不良，无限位装置等；

b. 防护不当，防护罩未在适当位置，防护装置调整不当，安全距离不够，电气装置带电部分裸露等。

② 设备、设施、工具、附件有缺陷

a. 设备在非正常状态下运行。设备带“病”运转，超负荷运转等；

b. 维修、调整不良。设备失灵、失修，保养不当，未加润滑油等；

c. 强度不够。机械强度不够，绝缘强度不够，起吊重物的绳索不符合安全要求等；

d. 设计不当，结构不符合安全要求，制动装置有缺陷，安全间距不够，工件上有锋利毛刺、毛边、设备上有锋利倒棱等；

e. 个人防护用品、用具等缺少或有缺陷；

f. 所用防护用品、用具不符合安全要求；

g. 无个人防护用品、用具。

3. 管理上的不安全因素

（1）技术和设计上的缺陷。工业构件、建筑物（如室内照明、通风）、机械设备、仪器仪表、工艺过程、操作方法、维修检修等的设计和材料使用等方面存在的问题。

① 设计错误。预防事故应从设计开始。大部分不安全状态是由于设计不当造成的。由于技术水平所限，经验不足，可能犯了考虑不周或疏忽大意的错误而没有采取必要的安全措施。设计人员在设计时应尽量采取避免操作人员出现不安全行为的技术措施和消除机械的不安全状态。设计人员的实践经验丰富，其设计水平和质量就高，就能在设计阶段提出消除、控制或隔离危险的方案。

设计错误包括强度计算不准，材料选用不当，设备外观不安全，结构设计不合理，操纵机构不当。即使设计人员选用的操纵器是正确的，如果在控制板上配置的位置不当，也可能在操作时被操作人员混淆而发生操作错误，或不适当地增加了操作人员的反应时间而忙中出错。

设计人员还应注意环境设计，不适当的操作位置和劳动姿势都可能使操作人员引起疲劳或思想紧张而造成错误。

② 制造错误。即使设计是正确的，如果制造设备时发生错误，也会成为事故隐患。在生产关键性部件和组件时，应特别注意防止发生错误。常见的制造错误有加工方法不当（如用铆接代替焊接），加工精度不够，装配不当，错装或漏装了零件，零件未固定或固定不牢。工件上的刻痕、压痕，工具造成的伤痕以及加工粗糙都可能造成应力集中而使设备在运行时出现故障。

③ 安装错误。安装时旋转零件不同轴，轴与轴承、齿轮啮合调整不好（过紧或过松），设备安装不水平，地脚螺栓未拧紧，设备内遗留的工具、零件、棉纱忘记取出等，都可能使设备发生故障。

④ 维修错误。没有定时对运动部件加润滑油，在发现零部件出现恶化现象时没有按维修要求更换零部件，都是维修错误。当设备大修重新组装时，可能会发生与新设备最初组装时类似的错误。安全装置是维修人员检修的重点之一。安全装置失效而未及时修理，设备超负荷运行而未制止，让设备带"病"运转，都属于维修不良或维修错误。

（2）安全教育不够。未经培训上岗，操作者业务技术低下，缺乏安全知识和自我保护能力，不懂安全操作技术，操作技能不熟练，工作时注意力不集中，对工作不负责任，受外界影响而情绪波动，不遵守安全操作规程，都是发生事故的潜在因素。

（3）安全管理缺陷。安全管理缺陷有很多，也很复杂，一般概括起来有如下几点：

① 劳动安全管理制度不健全、不合理。

② 规章制度执行不严格，有章不循。

③ 对现场工作缺乏检查或指导。

④ 无安全操作规程或安全操作规程不完善，针对性不强。

⑤ 缺乏安全监督检查。

对安全工作不重视，安全生产组织机构不健全，没有建立或落实安全生产责任制，没有或不认真实施事故防范措施，对事故隐患整改不力等等。所有这些在安全管理上存在的缺陷，均能引发事故，必须引起高度的重视。

第三节　机械的本质安全性

一、安全

1. 安全的概念

安全与危险是相对的概念。它们是人们对生产、生活中是否可能遭受健康损害和人身伤亡的综合认识。安全泛指没有危险、不出事故的状态。即"无危则安，无缺则全"。

（1）定义。生产过程中的安全，即安全生产，指的是不发生工伤事故、职业病、设备或财产损失的状态。按照系统安全观念，安全是指生产系统中人员免遭不可承受危险的伤害。工程上的安全性，是用概率表示的近似客观量，用以衡量安全的程度。

（2）系统工程中的安全概念

① 认为世界上没有绝对安全的事物，任何事物中都包含有不

安全因素，具有一定的危险性。

② 安全是一个相对的概念。

③ 危险性是对安全性的隶属度；当危险性低于某种程度时，人们就认为是安全的。危险性（A）是对安全性（B）的隶属度，即二者互为补数。A＋B＝1，例如，危险性为 3％，安全性为 97％，即安全。

④ 安全工作贯穿于系统整个寿命期间。

2. 安全性

设备的安全性指设备本身的安全装置符合操作维修安全要求；在可能发生操作失误、出现故障时不致造成大的破坏；在过载荷情况下，设备不会发生严重损坏；在发生事故时，也不会造成大的人身危险。这要求设备设计制造具有合理的安全系数，控制系统完善，监测仪表齐全，并应具有各种故障监测和指示装置。

实际上，在任何环境条件下都没有绝对的安全可言。人、物、环境都在不断地变化，随着这种变化，安全也就变成相对的了。往往是这些变化达到一个临界点时，不安全的状态就会出现，事故也就随之发生了。

发生事故有大、有小，有的直接损害人的健康或物的应用。有的对人或物并无影响或影响轻微。有许多"事故"并不把它们作为事故，其原因就是这些"事故"对人或物的损害或损伤是非常轻微的，这种轻微的损害或损伤不足以引起人或物的不正常状态。换言之，这些"事故"是大家允许存在的。因而，所谓安全，只表明人或物在一个环境中对危险和损伤所能承受的最大能力，即安全性。

二、本质安全性

1. 基本安全因素

通常情况下，把"人"、"物"以及关联这两者的"环境"三者称为与安全相关的基本因素。这三个基本安全因素中的任一因素都能独立地称为实现安全与否的充分条件，即每一因素都有可能导致危险状态的发生，并不需要另两个因素与之相呼应。往往是当其中的某一个因素处于不安全状态时，其他两个因素的危险性也会随之发生变化。当然，绝大多数事故的发生往往是诸多因素联合作用的结果。

2. 整体性因素

如果把"人"、"物"、"环境"三个基本因素构成的一个安全系统看作为系统的"整体性因素"的话，那么，这个整体性因素再加上三个安全基本因素也可以看作是四个因素。整体性因素体现为前三个因素的协调作用，是一个复合型安全因素。现代安全工程学就是从使用角度探求安全系统在上述诸因素作用下的机理与结构。

3. 本质安全

在实际的生产工作中，发现大多数事故的发生往往是上述四个因素作用与耦合的结果。但是，随着现代事故致因理论的研究与发展，人们逐渐认识到，在大多数的情况下，导致伤亡事故的两个最主要，也是最直接的原因是"人"和"物"，也就是人的不安全行为和物的不安全状态这两个因素作用的结果。而且往往后者更具决定意义。这是因为，一方面，物的不安全状态的尽量避免，将大大减少人所面临的危险；另一方面，如果能够做到即使在人发生某种不安全行为时，或是物在"失常"状态下，人在这种非预期的条件下仍然能够处于某一可接受的风险水平之下，这无疑是一种比较理想的安全系统。这种安全系统不仅强调"物"安全因素的充分性，同时也强调其必要性，从而提出了一种"本质安全"的概念。

三、机械的本质安全

现代机械安全技术的目标主要是追求和探讨包括软件在内的机械产品的本质安全性，具体体现就是"安全第一、预防为主，综合治理"的指导方针。也就是为了保证生产的安全，在机械设备的设计阶段就采取本质安全的技术措施，进行安全设计，经过对机械设备性能、产量、效率、可靠性、实用性、紧急性、安全性等各方面的综合分析，使机械设备本身达到本质安全。

1. 机械设备本质安全的特征

具有"本质安全"的机械产品的特征是：机械设备在预定的使用条件下，除具有稳定、可靠的正常安全防护功能外，其设备本身还兼具备自动保障人身安全的功能与设施，一旦发生操作者的误操作或判断错误时，人身不会受到伤害，生产系统和设备仍能保证安全。也就是当达到以下几点时，该机械产品具有"本质安全"。

① 发生非预期的失效或故障时，装置能自动切除或隔离故障部位，安全地停止运行或转换到备用部分，并同时发出声光报警信号。

② 所有情况下，不产生有毒害的排放物，不会造成污染和二次污染。

③ 符合人类工效学原则，能最大限度地减轻操作人员的体力消耗和脑力消耗，缓解精神紧张状态。

④ 有明显的警示，能充分地表明有可能产生的危险和遗留风险。

⑤ 一旦产生危险，人和物受到的损失应当在可接受的水平之下（标准安全指标以下）。

2. 考虑机械安全措施的原则

针对机械本质安全性的特征，要求从机械产品的设计开发阶段，直到使用、运输、调试、维修乃至拆除阶段的整个寿命周期内，都要充分考虑其安全性和防范措施。这就是当代对机械产品确立的一种被称之为"高级安全防护水平"的产品安全规定和设计思想。按照这种安全规定和设计思想考虑的机械安全措施的原则是：建立并贯彻防患于未然的安全原则，利用层层设防的方法，使现代机械产品的安全品质从生产安全系统中突显出来，上升到一个全新的技术水平，相应地减轻以往对人不得不附加多种安全防护带来的紧张情绪。

3. 安全措施

安全防护是通过采用安全装置、防护装置或其他手段，对机械危险进行预防的安全技术措施，其目的是防止机器在运行时产生各种对人员的接触伤害。防护装置和安全装置有时也统称为安全防护装置。安全防护的重点是机械的传动部分、操作区、高处作业区、机械的其他运动部分、移动机械的移动区域，以及某些机器由于特殊危险形式需要采取的特殊防护等。采用何种手段防护，应根据对具体机器进行风险评价的结果来决定。

（1）安全防护装置的一般要求。安全防护装置必须满足与其保护功能相适应的安全技术要求，其基本安全要求如下：

① 结构的形式和布局设计合理，具有切实的保护功能，以确保人体不受到伤害。

② 结构要坚固耐用，不易损坏；安装可靠，不易拆卸。

③ 装置表面应光滑、无尖棱利角，不增加任何附加危险，不应成为新的危险源。

④ 装置不容易被绕过或避开，不应出现漏保护区。

⑤ 满足安全距离的要求，使人体各部位（特别是手或脚）无法接触危险。

⑥ 不影响正常操作，不得与机械的任何可动零部件接触；对人的视线障碍最小。

⑦ 便于检查和修理。

（2）安全防护装置的设置原则。安全防护装置的设置原则有以下几点：

① 以操作人员所站立的平面为基准，凡高度在 2m 以内的各种运动零部件均应设防护。

② 以操作人员所站立的平面为基准，凡高度在 2m 以上，有物料传输装置、皮带传动装置以及在施工机械施工处的下方，均应设置防护。

③ 凡在坠落高度基准面 2m 以上的作业位置，均应设置防护。

④ 为避免挤压伤害，直线运动部件之间或直线运动部件与静止部件之间的间距应符合安全距离的要求。

⑤ 运动部件有行程距离要求的，应设置可靠的限位装量，防止因超行程运动而造成伤害。

⑥ 对可能因超负荷发生部件损坏而造成伤害的，应设置负荷限制装置。

⑦ 有惯性冲撞运动部件必须采取可靠的缓冲装置，防止因惯性而造成伤害事故。

⑧ 运动中可能松脱的零部件必须采取有效措施加以紧固，防止由于启动、制动、冲击、振动而引起松动。

⑨ 每台机械都应设置紧急停机装置，使已有的或即将发生的危险得以避开。紧急停机装置的标识必须清晰、易识别，并可迅速接近其装置，使危险过程立即停止并不产生附加风险。

（3）安全防护装置的选择。选择安全防护装置的型式应考虑所涉及的机械危险和其他非机械危险，根据运动件的性质和人员进入危险区的需要决定。对特定机器，安全防护应根据对该机器的风险评价结果进行选择。

① 机械正常运行期间操作者不需要进入危险区的场合。操作者不需要进入危险区的场合，应优先考虑选用固定式防护装置，包括进料、取料装置，辅助工作台，适当高度的栅栏及通道防护装置等。

② 机械正常运转时需要进入危险区的场合。当操作者需要进入危险区的次数较多、经常开启固定防护装置会带来不便时，可考虑采用联锁装置、自动停机装置、可调防护装置、自动关闭防护装置、双手操纵装置、可控防护装置等。

③ 对非运行状态等其他作业期间需进入危险区的场合。对于机器的设定、过程转换、查找故障、清理或维修等作业，防护装置必须移开或拆除，或安全装置功能受到抑制，可采用手动控制模式、止—动操纵装置或双手操纵装置、点动—有限运动操纵装置等。有些情况下，可能需要几个安全防护装置联合使用。

（4）设计控制系统的安全原则。机械在使用过程中，典型的危险工况有：意外启动；速度变化失控；运动不能停止；运动机器零件或工件掉下飞出；安全装置的功能受阻等。控制系统的设计应考虑各种作业的操作模式或采用故障显示装置，及使操作者可以安全进行干预的措施，并遵循以下原则和方法：

① 机构启动及变速的实现方式。机构的启动或加速运动应通过施加或增大电压或流体压力去实现，若采用二进制逻辑元件，应通过由"0"状态到"1"状态去实现；相反，停机或减速应通过去除或降低电压或流体压力去实现，若采用二进制逻辑元件，应通过"1"状态到"0"状态去实现。

② 重新启动的原则。动力中断后重新接通时，如果机器自发启动会产生危险，就应采取措施，使动力重新接通时机器不会自行启动，只有再次操作启动装置机器才能运转。

③ 零部件的可靠性。这应作为安全功能完备性的基础，使用的零部件应能承受在预定使用条件下的各种干扰和应力，不会因失效而使机器产生危险的误动作。

④ 定向失效模式。这是指部件或系统主要失效模式是预先已知的，而且只要失效总是这些部件或系统，这样可以事先针对其失效模式采取相应的预防措施。

⑤ 关键件的加倍（或冗余）。控制系统的关键零部件，可以通过备份的方法，当一个零部件万一失效，用备份件接替以实现预定功能。当与自动监控相结合时，自动监控应采用不同的设计工艺，以避免共同失效。

⑥ 自动监控。自动监控的功能是保证当部件或元件执行其功能的能力减弱或加工条件变化而产生危险时，以下安全措施开始起作用：停止危险过程，防止故障停机后自行再启动，触发报警器。

⑦ 可重编程序控制系统中安全功能的保护。在关键的安全控制系统中，应注意采取可靠措施防止储存程序被有意或无意改变。可能的话，应采用故障检验系统来检查由于改变程序而引起的差错。

⑧ 有关手动控制的原则

a. 手动操纵器应根据有关人类工效学原则进行设计和配置；

b. 停机操纵器应位于对应的每个启动操纵器附近；

c. 除了某些必须位于危险区的操纵器（如急停装置、吊挂式操纵器等）外，一般操纵器都应配置于危险区外；

d. 如果同一危险元件可由几个操纵器控制，则应倒过操纵器线路的设计，使其在给定时间内，只有一个操纵器有效；但这一原则不能用于双手操纵装置；

e. 在有风险的地方，操纵器的设计或防护应做到不是有意识的操作不会动作；

f. 操作模式的选择。如果机械允许使用几种操作模式以代表不同的安全水平（如允许调整、维修、检验等），则这些操作模式应装备能锁定在每个位置的模式选择器。选择器的每个位置都应相应于单一操作或控制模式。

⑨ 特定操作的控制模式。对于必须移开或拆除防护装置，或使安全装置功能受到抑制才能进行的操作（如设定、示教、过程转换、查找故障、清理或维修等），为保证操作者的安全，必须使自动控制模式无效，采用操作者伸手可达的手动控制模式（如止-动、点动或双手操纵装置），或在加强安全条件下（如降低速度、减小动力或其他适当措施）才允许危险元件运转并尽可能限制接近危险区。

（5）防止气动和液压系统的危险。当采用气动、液压、热能等装置的机械时，必须通过设计来避免与这些能量形式有关的各种潜在危险。

① 借助限压装置控制管路中的最大压力不能超过允许值；不因压力损失、压力降低或真空度降低而导致危险。

② 所有元件（尤其是管子和软管）及其连接应密封，要针对各种有害的外部影响加以防护，不因泄漏或元件失效而导致流体喷射。

③ 当机器与其动力源断开时，贮存器、蓄能器及类似容器应尽可能自动卸压，若难以实现，则应提供隔离措施或局部卸压及压力指示措施，以防剩余压力造成危险。

④ 机器与其能源断开后，所有可能保持压力的元件都应提供有明显识别排空的装置和绘制有注意事项的警告牌，提示对机器进

行任何调整或维修前必须对这些元件卸压。

（6）预防电的危险。电的安全是机械安全的重要组成部分。机器中电气部分应符合有关电气安全标准的要求，预防电的危险尤其应注意防止电击、短路、过载和静电。

（7）采用机械化和自动化技术。首先机器生产解放了劳动力，将劳动者从艰苦的劳动环境中解救出来，提高了生产效率，降低了生产成本，扩大了生产效益，为社会的经济发展注入了新的活力。当没有机器的时候，只能靠人工苦力进行劳作，每天作业的数量都是有限的，而且有时候还可能生病或其他原因耽误生产计划；机械生产可以进行流水作业，分工精细，在一定的时间段可以完成很多工作任务，这样就节省了劳务成本和生产资金的开支。

其次机器生产提高了劳动的安全系数，降低了人工的安全事故的发生，利用某些机器可以在高空、高危险的情况下进行作业，就可以避免人工事故的发生，能做很多人工比较危险的事情，极大地扩展了生产空间和劳动范围。

采用自动化技术不仅可以把人从繁重的体力劳动、部分脑力劳动以及恶劣、危险的工作环境中解放出来，而且能扩展人的器官功能，极大地提高劳动生产率，增强人类认识世界和改造世界的能力。

（8）符合人机工程学原则

① 操纵（控制）器的安全人机学要求。操纵器的设计应考虑到功能、准确性、速度和力的要求，与人体运动器官的运动特性相适应，与操作任务要求相适应；同时，还应考虑由于采用个人防护装备（如防护鞋、手套等）带来的约束。

② 操纵器的表面特征。操纵器的形状、尺寸、间隔和触感等表面特征的设计和配置，应使操作者的手或脚能准确、快速地执行控制任务，并使操作受力分布合理。

③ 操纵力和行程。操纵器的行程和操作力应根据控制任务、生物力学及人体测量参数选择，操纵力不应过大使劳动强度增加；操纵行程不应超过人的最佳用力范围，避免操作幅度过大，引起

疲劳。

④ 操纵器的布置。操纵器数量较多时，其布置与排列应能确保安全、准确、迅速地操作，可以根据控制器在过程中的功能和使用的顺序将它们分成若干部分；应首先考虑重要度和使用频率，同时兼顾人的操作习惯、操作顺序和逻辑关系；应尽可能给出明显指示正确动作次序的示意图，与相应的信号装置设在相邻位置或形成对应的空间关系，以保证正确有序的操作。

⑤ 操纵器的功能。各种操纵器的功能应易于辨认，避免混淆，使操作者能安全、即时地操作。必要时应辅以符合标准规定且容易理解的形象化符号或文字说明。当采用同一个操纵器执行几种不同动作时，每种动作的状态应能清晰地显示。例如，按压式操纵器，应能显示"接通"或"断开"的工作状态。

⑥ 操纵方向与系统过程的协调。操纵器的控制功能与动作方向应与机械系统过程的变化运动方向一致。控制动作、设备的应答和显示信息应相互适应和协调，用同样操作模式去操作同类型机器时应采用标准布置，以减少操作差错。

⑦ 防止附加风险。设有多个挡位的控制机构，应有可靠的定位措施，防止操作越位、意外触碰移位、因振动等原因自行移动；双手操作式的操纵器应保证安全距离，防止单手操作的可能；多人操作应有互锁装置，避免因多人动作不协调而造成危险；对关键的控制器应有防止误动作的保护措施，使操作不会引起附加风险。

（9）其他考虑

① 设计者进行设计时，应尽可能为操作者确定对机械的各种不同运动模式所采取的相应干预程度，然后选用与这些模式和程序有关的安全措施，以防操作者由于某种技术难度而采用危险的操作模式和干预技术。

② 设计者根据规定所采用的各项安全措施不能完全满足机械的安全要求时，就必须由用户通过安全培训、规定安全的工作程序、制定安全工作制度和进行安全生产监督等方法加以弥补，并且指明这些均是用户的责任，不是设计者和制造方的责任。

③ 设计者还应考虑机械有可能被未经培训的非专业人员使用的情况。因此，在机械的结构设计、安全防护装置的采用和实用信息的制定方面要尽可能考虑周全，使专业和非专业使用者都易于掌握，不致因误用而导致危险或事故。

（10）操作管理

① 要实事求是地建立各种安全管理制度，有计划地对机械进行维护保养，以及有目的地进行预防性维修。

② 运用故障诊断技术，对机械设备进行状态检测，以便及早发现或避免设备故障。

③ 对所有的安全装置有计划地定期检查，使安全装置始终处于可靠的待用状态，遇有紧急情况，安全装置能发挥作用。

④ 加强对操作者的安全教育及机械操作技能培训，提高操作者发现危险和处理紧急情况的能力。操作者应对机械设备的危险性认识清楚，严格遵守相关操作规程，尤其是安全操作规程，熟知并正确应用维修手册等技术资料。

第二章
机械安全设计

　　社会效益和经济效益是衡量社会生产活动的基本指标。设计是生产活动的重要组成部分，衡量设计成功与否的基本指标也应该是社会效益和经济效益，它们集中反映在涉及对象——产品上。

　　设计的目的是为了满足人类不断增长的需求，而人们需求的满足主要是通过企业不断提供的产品来实现的。企业在产品的设计研究开发中，往往更注意产品的功能性、经济型和美观性等问题，而忽视其安全性或对安全性缺乏全面考虑。产品是否安全，将直接影响其使用和功能的实现。安全性好的产品，能够维护消费者的安全利益，并得到信赖。反之，将导致不良的后果。

　　现代机械设计应该是全面的、系统的设计。除了考虑技术和经济方面的因素外，还应该充分体现以人为出发点的设计理念，表现在实际应用中就是使用者在进行操作时不易发生差错，不产生副作用，不影响身心健康，使用者和产品之间有合理的协调关系。这样的设计就是机械安全设计。

　　机械安全设计的总体目标是使机械产品达到本质安全，也就是在机械产品的整个寿命期内，即在制造、运输、安装、调试、设定、示教、编程、过程转换、运行、清理、查找故障、停止使用、拆卸及处理各个阶段都是充分安全的。一般来说，凡是能够通过设计解决的安全措施绝不留给用户解决；当确实是设计无力解决的，也要通过其他方式将风险告知并提醒用户。除了对机器正常使用采取的安全措施外，还要考虑能合理预见的各种误用情况下的安全性。另外，应该知道的是，无论采取何种安全措施，均以不影响机械正常的使用功能为前提。

第一节　机械安全设计的基本技术原则

一、对所设计的机械进行风险评价

机械安全设计要遵循"安全第一，预防为主，综合治理"的指导方针，所设计的机械设备要尽可能达到设备的本质安全，使机械设备具有高度的可靠性和安全性，杜绝和尽量减少安全事故，减少设备故障，从根本上实现安全生产的目的。为此，在进行机械安全设计时，应遵循以下基本技术原则。

1. 风险评价的基本概念

任何利用机械进行的生产或服务活动都伴随着危险，都存在着可能酿成事故的风险。进行风险评价的目的是为了根据现实的各种约束，用系统方式分析机器使用阶段可能产生的各种危险，以及在危险状态下可能发生损伤或危害健康的危险事件，提出合理可行的消除危险或减小风险的安全措施，在机器的使用阶段最大限度地保护操作者，使机械系统达到可接受的最高安全水平。

2. 风险评价的程序

风险评价，又称安全评价，是指在风险识别和估计的基础上，综合考虑风险发生的概率、损失幅度以及其他因素，得出系统发生风险的可能性及其程度，并与公认的安全标准进行比较，确定企业的风险等级，由此决定是否需要采取控制措施，以及控制到什么程度。风险识别和估计是风险评价的基础。只有在充分揭示企业所面临的各种风险和风险因素的前提下，才可能作出较为精确的评价。企业在运行过程中，原来的风险因素可能会发生变化，同时又可能出现新的风险因素，因此，风险识别必须对企业进行跟踪，以便及时了解企业在运行过程中风险和风险因素变化的情况。

风险评价的程序是根据机械设备使用的过程、使用和产出的物质、操作条件等信息，与有关的设计、使用、伤害事故的经验汇集到一起，对机器寿命周期内的各种风险进行评价的过程（风险评价流程图见图 2-1）。

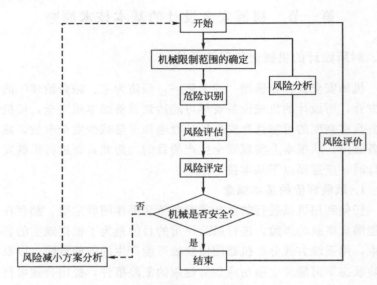

图 2-1　风险评价流程图

风险评价过程可分为风险分析和风险评定两个阶段。

（1）风险分析。风险分析包括确定机械限制范围、危险识别和风险评估 3 个步骤。风险分析提供风险评定所需要的信息。

① 机械的限制范围。机械设备是在一个有限的范围内，为完成一定的应用目的而设计的，因而机械都有限制。机械的限制不同，存在的危险和涉及的人员不尽相同，风险也不同。

机械的限制范围涉及以下几个因素：

a. 机械设备使用范围；

b. 机械设备寿命限制；

c. 机械对人员的体能限制要求；

d. 人员的专业技能限制。

② 危险识别。危险识别是风险评价的关键信息环节。危险识

别是否全面、准确，将影响风险评价和安全决策的质量。运用科学方法进行系统分析，识别出所有危险的种类、产生原因、危险所在的部位和可能发生的危险事件。

在机械行业识别危险源，应根据企业的生产特征，生产过程及设备状况，将可能产生危险的危险源全部列出。一般，机械设备主要危险源可以分类如下：

a. 机械危险源。指动力、制造、传输装置、起重机械、通道等危险源；

b. 电气危险源。指电气机器配线等危险源；

c. 物理危险源。指高温、射线、振动等危险源；

d. 化学危险源。指可燃性气体、液体、易燃性物质混合后产生的有害物质等危险源。

③ 风险评估。危险识别后，对每一种危险都应通过分析，确定其风险要素，然后进行风险评估。风险是产生伤害的概率和伤害的严重程度这两个要素的组合。风险分析也就是对这两个要素的分析确定。风险与风险要素之间的关系可以用公式表示为：风险＝伤害的严重程度×伤害出现的概率。

a. 伤害的严重程度。评定伤害的严重程度，首先确定对象，即确定是对人身安全的损伤，还是财产的损失或对劳动安全与卫生的综合影响。评估伤害程度时，还应考虑损失所涉及的范围，范围越大，涉及的人员越多，严重程度就越大；

b. 伤害出现的概率。分析伤害出现的概率时，可以从以下几个方面考虑：根据历史数据及相似机械的风险比较，确定危险出现的概率；考虑一些对避免或限制伤害的可能性有影响的因素；人员技能和安全意识方面的影响因素。

风险评估应通过定性的方法来进行，并尽可能通过定量方法补充。在许多情况下，伤害出现的概率和伤害的严重程度不易确定，特别是定量法，受到可用有效数据量的限制。因此，除了少数定量化的因素外，在许多场合，在得不到精确资料的情况下只能是定性的估计。

（2）风险评定。风险评定是根据风险分析提供的信息，通过风险比较，对机械安全作出判断，确定机器是否需要减小风险或是否达到了安全目标。如果需要减小机械存在的风险，则应选择相应的安全措施对策，并应重复风险分析的迭代过程。直到通过风险比较后的结果使人确信机械是安全的，实现了机械安全的预定目标。

风险比较是风险评定过程的一部分。根据类推原理，可将评价对象的机械相关风险与类似机械的风险相比较，使评价结论有可信的参照依据。风险比较时应注意以下问题：

① 两种机械具有可比性；

② 被比较机械的资料可靠性；

③ 两种机械的差异性。

（3）评价的性质。风险评价是指确定危害事件发生的概率和模拟事件的危害程度，计算其风险值的大小，对其可接受性作出评价，提出风险预防和减控措施及应急预案等，是以系统方式对与机械有关的危险进行考察的一系列逻辑步骤。

为了支持风险评价的过程，需要选择和使用风险评价的工具。风险评价方法有很多种，使用一种方法，就要了解它的特点和适用范围、优点和缺点等，并通过实践验证其效果，然后推广使用，才能得到事半功倍的效果。但无论哪种评价方法都必须满足下列要求。

① 科学性。风险评价的方法必须科学，确实能辨识出机械的所有危险。虽然危险是能够凭经验或知识辨识出来，但也有潜在的危险不容易被发现。因此，就必须找出充分的理论和实践依据，以保障方法的科学性。

② 适用性。评价方法都应当方便易用、结论明确，这样才易于被广泛接受。预设的参数值过多，难以理解的评价方法是不适用的。

③ 针对性。需要风险评价的机械危险千差万别，涉及误用、使用者、空间、时间等各个方面，没有哪一种方法能适合所有的

机械设备。不同类型的机械设备，潜在的危险不同，就需要不同的方法进行评价。所采用的评价方法有针对性，才能取得预期的结果。

（4）评价的步骤

第一步：机械各种限制的确定。为了使风险评价尽可能准确地反映机械安全的实际情况，必须掌握能说明问题的可靠数据和资料，大限度地搜集、分析、研究这些数据和资料，主要包括以下内容：

① 有关的法规、标准和规程。

② 机械的各种限制规范。

③ 产品图样和说明机器特性的其他有关资料。

④ 所有可能与操作者有关的操作模式和机械的使用等的详细说明。

⑤ 有关的材料，包括机械组成材料、加工材料、燃料等的详细说明。

⑥ 机械的运输、安装、试验、生产、拆卸和处置的说明。

⑦ 机械可能的故障数据、易损零部件。

⑧ 定量评价数据，包括零部件、系统和人的介入的可靠性数据。

⑨ 关于机械预定运行环境的信息（如温度、污染情况、电磁场等）。

第二步：危险识别。这是风险评价的关键环节，不论什么样的机械，都存在不同程度的危险。有危险就有风险，风险与危险的关系是：危险产生风险；风险寓于危险之中。正确识别全部危险，需要运用科学方法进行多角度、多层次的分析。危险识别是否全面、准确、真实，任何一种危险尤其是对安全有重大影响的危险在识别阶段是否被忽略，都将直接影响风险评价和安全决策的质量，甚至影响整个安全管理工作的最终结果。应该识别所有可能产生的危险的种类、原因、危险所在机器的部位、危险状态和可能发生的危险事件，确保识别所有可预见的危险。

第三步：初始风险。应在采取风险减小措施之前进行。评价初始风险分4个子步骤。风险打分系统示例见表2-1。

表2-1　风险打分系统

危险发生的可能性	危险严重程度			
	灾难性的	严重的	适中的	轻微的
很可能	高	高	高	中
可能	高	高	中	低
不太可能	中	中	低	可忽略
几乎不可能	低	低	低	可忽略

① 选择风险打分系统。风险打分系统是使用简单的要素及其组合来获得风险水平。表中包括引起伤害的严重性和可能性两个要素，每个要素分4个级别，这些不同级别的要素组合起来共形成16个不同的风险等级。

② 评价结果的严重程度。对于每个危险，应评价伤害的严重程度，历史数据是很有价值的。对严重程度，通常依据人员伤害、财产和设备损失价值、生产能力损失的时间和环境损害范围等来评定的。

③ 评价可能性。除非有经验数据，选择事故可能性的过程通常是主观的。对于一个复杂的危险情景，有资质的评估人员的集体讨论是必要的。评估发生可能性需要考虑频率、暴露持续的时间和范围、培训和认知、危险特征。当评估可能性时，应选择可信的最高等级。

④ 得出初始风险水平。一旦评价了严重程度和可能性（或其他参数），即能通过所选择的风险打分系统得出初始风险等级。初始评价结果将产生从低到高的风险列表，因为风险评价过程通常是主观的，风险分级系统同样也是主观的。初始风险评价完成后，对风险进行排序，与可接受的风险等级做比较，如果风险是不可接受的，需要进一步减小风险。见表2-2。

表 2-2　涉及人员—操作—危险类别表

编号	人员	操作	危险类型
1	可能人员	正常驾驶	机械危险
2	驾驶员	正常操作	电气危险
3	操作员	装卸	热危险
4	搬运人员	维护	噪声危险
5	维护人员	检修	振动危险
6	检查人员		辐射危险
7	现场的其他工作人员	—	材料和物质产生的危险
8	经过的人员/无关人员	—	人类工效学危险
9	—	—	机器使用环境有关的危险
10			综合危险

　　第四步：小风险。根据初始风险评价的结果，首先考虑高风险，然后考虑较低风险，依照安全设计改善、采取防护装置、标示警告信息、培训及增加个体防护装置的顺序，减小和消除风险。但不是所有的风险减小措施都是可行的，如技术、成本、使用性、生产率或其他考虑都可能决定减小措施的可行性。另外应注意针对某一危险而选择的风险减小的方法可能会引入新危险或产生影响其他工作任务的危险。如果的确出现了新危险，应重新评价该风险，另外再采取措施或采取附加减小措施。

　　第五步：遗留风险。一旦选择了可行的风险减小方法，要求对危险严重程度和可能性等风险要素进行第二次评价，应进行遗留风险评价，确认选择措施对于减小风险的有效性。

　　第六步，得出评价结论并记录存档。风险参数见表 2-3。

表 2-3　风险参数表

类别	符号	含义
伤害的严重程度 S	S1	轻微伤害(通常能恢复)
	S2	严重伤害(通常不能恢复,包括死亡)

续表

类别	符号	含义
暴露于危险的频率或持续时间 F	F1	轮班工作不超过 2 次或每次轮班工作累积暴露时间不超过 15min
	F2	轮班工作超过 2 次或每次轮班工作累积暴露时间超过 15min
危险事件发生的概率 P	P1	在工作中得到证实是公认成熟的安全技术，且坚固耐用
	P2	在最近 2 年内观察到的技术故障；由经过良好培训、知晓风险、岗位工作经验超过 6 个月的人员做出的不恰当操作
	P3	经常观察到技术故障（每 6 个月或更短）；由未经过培训、岗位工作经验不足 6 个月的人员作出的不恰当操作
规避或减小伤害的可能性 A	A1	在某些情况下可能
	A2	不可能

3. 风险评价的方法

目前，国内外实际应用的风险评价方法大致有以下几种：

（1）定性评价。定性评价是根据人的经验和判断能力对生产工艺、设备、环境、人员、管理等方面的状况进行评价。在定性评价中，基于对"系统"存在的危险进行全面识别和确认，首先对各个危险的风险要素进行"定性"即"分级"，然后综合评价整个系统的危险程度，即对整个系统的危险程度进行"定性"和"分级"。

这类方法的特点是简单、便于操作，评价过程及结果直观。但是，这类方法含有相当高的经验成分，带有一定的局限性，对系统危险性的描述缺乏深度，不同类型评价对象的评价结果没有可比性。

（2）机械安全风险定量评价。定量评价是指利用精确数字（传统数学）方法求得系统事故（一般都是指特定事故）发生的概率，并将计算得出的事故概率同规定或预期的安全指标进行比较，以评价系统的安全水平是否满足要求。

（3）常见评价方法的适用范围。常见的评价方法：工作危害分析（JHA）、安全检查表（SCL）、预先危险分析（PHA）、危险与可操作性研究（HAZOP）、危险指数法、失效模式与影响分析（FMEA）、故障数分析（FTA）、事件数分析（ETA）、道化学火灾爆炸指数评价方法、作业条件危险性评价法、事故后果模拟分析方法等。表 2-4 列出了常见评价方法的使用范围。

表 2-4　常见评价方法的使用范围表

各生产阶段	评价方法					
	设计	试生产	工程实施	正常运转	事故调查	拆除报废
安全检查表 SCL	★	●	●	●	★	
预先危险性分析 PHA	●	●	●	●	★	●
工作危害分析 JHA	★	●	●	●	●	●
危险与可操作性分析 HAZOP	★	●	●	●	●	★
危险指数法	●	★	★	●	●	★
故障数分析 FTA	★	●	●	●	●	★
事件数分析 ETA	★	●	●	●	●	★
道化学火灾爆炸指数评价方法	★	★	★	●	●	★
作业条件危险性评价法	★	●	●	●	●	★
事故后果模拟分析方法	★	●	●	●	●	★

注："●"表示适用，"★"表示不建议采用。

4. 风险评价时应注意的问题

目前风险评价所依据的信息除少量数据外，大部分都是定性的。因此，一般只进行定性评价。在这种情况下，评价水平在很大程度上取决于评价者的判断能力，要作出正确判断，就必须掌握足够的信息，并须进行仔细的研究分析，决不能根据少量的不全面的事故历史资料而简单作出低风险的推测并从而采取不严格的安全措施。

由于各种作业危险性的客观存在，人们对作业产生一定的畏惧心理是必然的。然而这些危险是否都必然转化为伤害事故呢？回答当然是否定的。一般来说，危险只是生产作业系统中潜在的事故源，它们并不可能都转化为事故，只有在一定的条件下危险才会变为事故。而危险向事故转化的可能性与系统的安全性（安全措施）有关。这种可能性叫做事故风险，它与系统潜在的危险成正比，但与系统所采取的安全措施成反比，即：

$$事故风险＝潜在危险/安全措施$$

在一定条件下，事故风险可以进行量化计算：

$$事故风险＝事故损失/单位时间＝事故概率×损害大小$$

式中　事故概率——事故起数/单位时间；

　　　　损害大小——损害量/单位事故。

从公式可以看出，当事故概率为零或没有损害时，系统的事故风险为零。

由此可以认为，系统的高危险并不一定意味着事故的必然性。当客观条件使得系统的危险性具有转变为事故的可能时，就说这个系统具有一定的风险。就同一冲压作业系统而言，其本身所具有的风险，对有的人来说可能永远不会转化为事故；而对另一些人而言，危险则会使他们付出血的代价。这是因为前者对系统有着充分的了解，能识别出并能有效地控制住系统的危险性，且始终遵循安全第一的原则，可以保持长时间的安全生产而不出事故。

二、优先采用本质安全措施

1. 采用先进技术手段，从根源上消除危险

这种措施是最理想的措施。许多机械事故是由于人体接触了机器的危险点而造成的，如果能将危险操作采用自动控制，用专用工具代替人的手工操作，实现自动化、机械化等，都能消除危险，保证人身安全。

2. 使机器具有自动防止误操作的能力

违章指挥、违章作业、违反劳动纪律等"三违"现象，在实际

生产中是难以完全避免的，这种现象的结果往往是操作人员违反操作规程，从而导致操作失误，引发机械伤害事故。如果机器能够采用自动防范措施，即使操作人员发生误操作，机器也能够使其不按规定程序操作就不能动作，就是动作了也不会造成伤害事故。这也是较为理想的安全措施。

3. 使机器具有完善的自我保护功能

机器的自我保护功能是指当机器的某一部分出现故障时，其余部分能自动脱离该故障部分并安全地转移到备用部分或停止运行，同时发出报警并且做到在故障未被排除之前不会蔓延或扩大，达到安全的目的。

4. 以教育培训为手段，培育本质安全型员工

如何培育本质安全型员工，首先应该在思想上开展安全隐患排查，一方面从思想认识入手，进行正向追问，以工作实际验证思想状况；另一方面，从存在问题入手，进行反向追问，最终找出思想根源。正向追问包括：

① 对于安全工作是否存在模糊认识。

② 安全第一的思想是否牢固。

③ 安全工作是否摆在了重于一切先于一切的位置。

④ 安排工作是否首先考虑安全问题。

⑤ 对职责范围内的安全隐患是否清楚。

⑥ 治理隐患的措施是否具体。

⑦ 治理措施是否已贯彻安排。

⑧ 治理措施是否已落实。

⑨ 隐患是否已消除。

反向追问包括：

① 安全隐患是否仍然存在。

② 治理措施是否落实。

③ 治理措施是否贯彻安排。

④ 治理措施是否具体。

⑤ 对此隐患是否清楚。

⑥ 安排工作是否首先考虑安全问题。

⑦ 安全工作是否摆在了重于一切先于一切的位置。

⑧ 安全第一的思想是否牢固。

⑨ 对于安全工作是否存在模糊认识。

正向追问、反向追问层层递进，挖掘思想根源，制定整改措施，消除思想隐患。

其次，强化员工的安全教育及培训，实现员工行为的本质安全，通过案例教育来强化安全意识，结合实际工作开展各类安全通报学习，将别人惨痛的教训转化为自己宝贵的经验；通过法制教育和制度学习来增强岗位意识和安全管理水平，避免违章指挥和违章作业。同时要结合实际工作强化安全理念教育，安排工作首先要考虑安全问题，既要考虑作业安全，也要考虑设备安全，不断营造浓厚的安全生产氛围，提高员工的技术素质、安全技能和安全意识，促使员工由"要我安全"向"我要安全"转变。

再次，提升员工的技术水平，安全首先要从技术上来确保，不仅要熟悉所辖设备的工作原理、性能参数、运行特点和维护要求等，而且要掌握相关专业知识以及设备的检修工艺。但往往存在两种情况，老同志对新设备、新系统和新工艺不熟悉，相关专业理论知识有欠缺；新同志对所辖设备熟悉不够，检修工艺掌握更是不足。如此一来，"人"是我们最大的安全隐患，因此我们必须抓好技术培训工作。技术培训要从单纯的书面学习向图片、视频培训转变，将检修工作可能运用到的知识点进行归类，并分为各个专题制作 PPT 或视频培训教材，如各种检修工艺、重要缺陷处理过程、相关工作流程等。技术培训要针对技改设备或系统、新技术或工艺和疑难技术问题，采取专题讲座或论坛方式开展技术交流。

5. 优化项目策划，打造本质安全型设备

（1）在日常运行维护中强化设备障碍、异常的原因分析工作。真正做到"四不放过"，从源头治理和经验推广入手，减少设备异常次数。重视设备上重复性、周期性缺陷。"千里之堤溃于蚁穴"，对于频发性缺陷要组织人员深入分析，从根本上解决问题，避免设备不必要的重复检修；对于重要偶然出现的缺陷和故障，更须严密关注，摸清设备特性，分析故障规律，直至找出根本原因，然后彻底消除；从而减少并最终杜绝重复和重大故障的发生，提高设备的可靠性和经济性。对设备的各项疑难杂症引起足够的重视，必须及时组织相关点检员、班组工程师和检修人员进行分析研究，共同进行技术攻关。如果问题吃不准，还可通过设计单位、生产厂家、兄弟单位邀请专家现场会诊，务必确保找到问题根本原因，制定科学有效的对策，给部门决策提供依据。

（2）加大设备的整治力度。针对目前设备缺陷居高不下的情况，切实加强设备管理和检修治理工作，努力提高设备健康水平。一方面要充分利用零级缺陷、危险薄弱管理、隐患排查和技术监督等技术管理平台，定期开展设备评估工作，确保运行设备各项指标在控，故障暂无法处理设备暂时受控，从设备源头上努力提高设备等效可用系数；另一方面以抓好检修质量管理管控、降低机组非计划停运次数为重点，开展设备专项治理；在提高设备检修方面下气力，加大隐患排查治理和安全投入力度，除了日常的隐患排查治理外，还与"打非治违"等专项活动紧密结合，积极排查各类安全隐患，并对排查出的隐患按照"措施、责任、资金、时限、预案"五到位的原则进行整改。

（3）在项目计划方面，认真做好月度计划、机组大小检修的计划工作。要本着"应修必修、修必修好"的原则，杜绝产生"过修、欠修"现象，对检修计划的合理性、准确性提出更高的要求，使之更加科学、务实。计划人员对系统或设备的性能、功能故障、故障原因、故障影响等进行修前评估分析，以保证设备运行的可靠性、环保性和经济性为目标，选择最有效的检修策略（如故障检修、计划预修、状态检修、改进性检修等），有效减少检修作业工作量，节约检修费用，将检修资源集中到最重要的地方。

（4）在技改项目实施中，从设计到运行维护的全过程，都要全面采取措施。全面提高设备设施的安全性能。在方案论证、设计、加工或施工阶段，对可能出现的各种危险源进行识别、评价和研究，提出事故预防对策。在装备选型时，要充分考虑安全作业的需要。要强化装备安装、运行、维护中的安全管理，坚持开展装备安全性分析、系统性检查，坚持状态检修和精心维护，防患于未然。要依靠科技进步，加大先进安全技术的推广应用力度，及时淘汰落后技术装备，对设备设施缺陷进行科学的维修。

三、符合人类工效学准则

1. 设计时需要考虑人机匹配

疲劳、紧张和恐惧是导致事故的重要因素。进行安全设计时需要考虑的一个重要问题就是人机匹配的问题。设计时必须充分考虑人机特性，使机器适合于人的各种操作，以便最大限度地减轻人的体力和脑力消耗及操作时的紧张和恐惧，从而减少因人的疲劳和差错导致的危险（见图2-2）。人机匹配应符合的原则是：

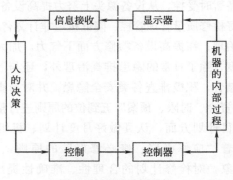

图 2-2 人机匹配系统

① 要选用最有利于发挥人的能力和提高人的操作可靠性的匹配方式。

② 匹配方式要有利于使整个系统能够达到最大的效率。

③ 要使人操作起来方便、省力。

④ 要采用信息流程和信息加工过程自然的、使人容易学习的、差错少的匹配方式。

⑤ 不要采用需要人做高度精密的、频繁的、简单重复或过于单调的、连续不停的、作长时间精确计算的匹配方式。

⑥ 匹配方式要使人认识到或感到自己的工作很有意义或很重

要，不可把人安排作机器的辅助物。

2. 设计者应考虑的几个因素

设计者要考虑下面的几个因素，使人的疲劳降低到最小程度；使零部件的功能得到最大的发挥。

（1）正确地布置各种控制操作装置。

（2）正确地选择工作台的位置及高度。

（3）尽量提供合适的工作座椅。

（4）出入作业地点要方便。

（5）零件的功能、在设备中的部位及用途。

（6）零件的载荷，根据载荷或根据强度要求决定材料的牌号。

（7）热处理的条件，有热处理与没有热处理条件的情况下选不同的材料。

（8）对重量的要求，经常提在手上的零件要求轻便，在满足机械强度条件下可选择相对密度小的材料。

（9）使用寿命的要求，是临时用还是长期用，打算用一年还是使用 10 年。

（10）环境温度的影响，环境温度的变化会影响到零件的伸缩。

（11）零件表面质量的要求和防腐要求。

（12）成本因素。

四、符合安全卫生要求

1. 防尘防毒

（1）对尘毒危害严重的生产装置内的设备和管道，在满足生产工艺要求的条件下，集中布置在半封闭或全封闭建（构）筑物内，并设计合理的通风系统。建（构）筑物的通风换气条件，应保证作业环境空气中的毒尘等有害物质的浓度不超过国家标准和有关规定，并应采取密闭、负压等综合措施。

（2）在生产过程中，对可能逸出含尘毒气体的生产过程，应尽量采用自动化操作，并设计可靠排风和净化回收装置，保证作业环境和排放的有害物质浓度符合国家标准和有关规定。

（3）对于毒性危害严重的生产过程和设备，设计可靠的事故处理装置及应急防护措施。

（4）在有毒性危害的作业环境中，应设计必要的淋洗器、洗眼器等卫生防护设施，其覆盖半径应小于 15m。并根据作业特点和防护要求，配置事故柜、急救箱和个人防护用品。

（5）毒尘危害严重的厂房和仓库建（构）筑物的墙壁、顶棚和地面均应光滑，便于清扫，必要时设计防水、防腐等特殊保护层及专门清洗设施。

2. 防暑降温与防寒防湿

（1）生产装置热源在满足生产条件下，应采取集中露天布置。封闭厂房内的热源，集中布置在天窗下面，或布置在夏季主导风向的下风向。

（2）产生大量热的封闭厂房应充分利用自然通风降温，必要时可以设计排风送风降温设施，排、送风降温系统可与尘毒排风系统联合设计。

3. 高温作业降温措施

（1）重要的高温作业操作室、中央控制室应设计空调装置。

（2）严寒地区为防止车间大门长时间或频繁开启而受到冷空气侵袭，应设置门斗、外室或热空气幕等。

（3）车间的围护结构应防止雨水渗入，内表面应防止凝结水产生。对用水量较多、产湿量较大的车间，应采取排水防湿设施，防止顶棚滴水和地面积水。

4. 噪声及振动控制

（1）建设项目设计与厂区噪声控制标准应符合《工业企业噪声控制设计规范》（GBJ87）。

（2）建设项目噪声（或振动）控制设计应根据生产工艺特点和设备性质，采取综合防治措施，采用新工艺、新技术、新设备以及生产过程机械化、自动化和密闭化，实现远距离或隔离操作。

（3）在满足生产的条件下，总图布置应结合声学因素合理规划，宜将高噪声区和低噪声区分开布置，噪声污染区应远离生活区，并充分利用地形、地物、建（构）筑物等自然屏障阻滞噪声（或振动）的传播。

（4）设计中选定的各类机械设备应有噪声（必要时加振动）指标，设计中应选用低噪声的机械设备，对单机超标的噪声源，在设计中应根据噪声源特性采取有效的防治措施，使噪声（和振动）符合国家标准和有关规定。

（5）设计中，由于较强振动或冲击引起固体声传播及振动辐射噪声的机械设备，或振动对人员、机械设备运行以及周围环境产生影响与干扰时，应采取防振和隔振设计。

（6）在高噪声作业区工作的操作人员必须配备必要的个人噪声防护用具，必要时应设置隔音操作室。

5. 防辐射

（1）具有电离辐射影响的化工生产过程必须设计可靠的防护措施，电离辐射防护设计应符合《放射性卫生防护基本标准》的规定。

（2）具有高频、微波、激光、紫外线、红外线等非电离辐射影响的防护设计，应符合相应的国家标准和有关规定。

（3）设计应根据辐射源性质和危害程度合理布置辐射源。辐射作业区与生活区之间应设置必要的防护距离。

（4）设计应根据辐射源性质采取相应的屏蔽辐射源措施，必要时设计屏蔽室、屏蔽墙或隔离区。

（5）对封闭性的放射源，应根据剂量强度、照射时间以及照射源距离，采取有效的防护措施。

（6）对生产过程的内辐射，采取生产过程密闭化，设计可靠的监测仪表、自动报警和自动联锁系统，实现自动化和远距离操作。

（7）放射性物料及废料应设计专用的容器和运输工具，在指定路线上运送。放射源库、放射性物料和废物料处理场必须有安全防护措施。

（8）具有辐射作业场所的生产过程应根据危害性质配置必要的监测仪表。操作和使用放射线、放射性同位素仪器和设备的人员应配备个人专用防护器具。

五、机械安全措施和安全设计程序

1. 机械安全措施

（1）设备的可靠性。可靠性是指机器或其零部件在规定的使用条件下和规定期限内执行规定的功能而不出现故障的能力。

① 规定的使用条件。这是指机械设计时考虑的空间限制，包括环境条件（如温度、压力、湿度、振动、大气腐蚀等）、负荷条件（载荷、电压、电流等）、工作方式（连续工作或断续工作）、运输条件、存贮条件及使用维护条件等。

② 规定的时间。这是指机械设备在设计时规定的时间性指标，如使用期、有效期、行驶里程、作用次数等。

③ 规定的功能。这是指机械设备的性能指标，是该机械全体功能的总和，而不是其中一个元件或一部分的功能。

可靠性应作为安全功能完备性的基础，这一原则适用于机器的零部件及机械各组成部分。提高机械的可靠性可以降低危险故障率，减少需要查找故障和检修的次数，不因为失效使机器产生危险的误动作，从而可以减小操作者面临危险的概率。

（2）采用机械化和自动化技术。在生产过程中，用机械设备来补充、扩大、减轻或代替人的劳动，该过程便称为机械化过程。自动化则更进了一步，即机械具有自动处理数据的功能。机械化和自动化技术可以使人的操作岗位远离危险或有害现场，从而减少工伤事故，防止职业病。同时，也对操作人员提出了较全面的素质要求。

① 操作自动化。在比较危险的岗位或被迫以机器特定的节奏连续参与的生产过程，使用机器人或机械手代替人的操作，使得工作条件不断改善。

② 装卸搬运机械化。装卸机械化可通过工件的送进滑道、手动分度工作台等设备实现；搬运的自动化可通过采用工业机器人、机械手、自动送料装置等实现。这样可以限制由搬运操作产生的风险，减少重物坠落、磕碰、撞击等接触伤害。装卸应注意防止由于

装置与机器零件或被加工物料之间阻挡而产生的危险，以及检修故障时产生的危险。

（3）调整、维修的安全。在设计机器时，应尽量考虑将一些易损而需经常更换的零部件设计得便于拆装和更换；提供安全接近或站立措施（梯子、平台、通道）；锁定切断的动力；机器的调整、润滑、一般维修等操作点配置在危险区外，这样可减少操作者进入危险区的次数，从而减小操作者面临危险的概率。

2. 安全设计程序

（1）明确系统需要完成的功能以及相关的性能指标　性能指标包括：生产效率，产品的几何尺寸，设备的运行速度，定位精度等（性能指标可以先参照已有的相关设备的性能指标以及生产实际中提出的要求，在后续的设计中可能要进行修正）。

（2）了解国内外相关设备的情况　包括性能，成本，实现方式（运动分解，机械结构，控制方法等），要了解这些设备哪些部分运行得比较好，哪些部分还存在问题。这样，好的部分可以借鉴，不好的地方我们就可以另辟新途。

（3）对现有设备中应用的各种典型的机械结构，要搞清楚它的优缺点和使用场合。

（4）综合现有设备的情况来规划动作流程　即要实现给定功能需要完成哪些动作，可以通过画时序图的方法。

遵循的原则是：

① 分解出的动作尽可能少。

② 尽可能采用并行动作，提高效率。

③ 尽量使用已经比较成熟的方案。

（5）然后再确定各个运动采用什么结构　比如：直线运动可用滚珠丝杠，同步带，直线电机，或者汽缸；绕轴转动可用电机，气动马达等，电机也有多种选择。选择的依据主要有负载，速度，精度，柔性，功率，成本等。

（6）零件的具体设计：一般从以下几个方面考虑：

① 尽量选用标准件和购买件，节省成本，保证质量。

② 几何结构和尺寸的确定：可以从产品的几何尺寸入手，逐步确定，关键部件要进行强度校核，或者刚度校核。还可以从工艺性、装配的可行性、维护的方便性、使用的方便性、安全性、加工成本等方面来考虑。

③ 精度分配。可以通过机械设计手册查得常用的一些配合的精度以及常用机械加工能达到的精度，综合这两方面来考虑。

④ 对于结构比较紧凑，动作比较复杂的机构，一定要注意在运动过程中不能有干涉现象。

（7）电机、滚珠丝杆等的选型应该有计算依据，例如通过受力、速度、动作时间等来确定电机的扭矩、功率、转速，一般选择的电机需要留有一定的余量。

（8）对于要求可调的部分要设计调整机构。

第二节　机械安全设计的主要内容

设计是连接需求到满足需求链上的第一环，也是最基本的一环。机械产品的质量、性能和成本，在很大程度上是由设计阶段的工作决定的。在进行机械产品的设计时，必须贯彻"安全第一，预防为主，综合治理"的方针，把安全设计放到极其重要的位置。通过安全设计有效地节约能源，降低成本。使产品物美价廉的前提是产品的安全可靠，所以，机械产品的安全必须引起设计者高度重视，因为这不仅是一个经济问题，而且是一个全社会都十分关心的社会问题。

一、机械的安全设计

机械的安全设计，需要综合考虑零件安全、整机安全、工作安全和环境安全四个方面。

1. 零件安全

它主要指在规定外载荷和规定时间内，零件不发生断裂、过度变形、过度磨损、过度腐蚀以及不丧失稳定性。为了保证零件安全，设计上必须使其具有足够的强度、足够的刚度、必要的耐磨性和抗腐蚀性及受压时的稳定性。这些都是需要设计者非常重视且不允许出问题的地方。机械零件设计的一般步骤如下。

（1）选择零件的类型和结构。这要根据零件的使用要求，在熟悉各种零件的类型、特点及应用范围的基础上进行。

（2）分析和计算载荷。分析和计算载荷，是根据机器的工作情况，来确定作用在零件上的载荷。

（3）选择合适的材料。要根据零件的使用要求、工艺要求和经济性要求来选择合适的材料。

（4）确定零件的主要尺寸和参数。根据对零件的失效分析和所确定的计算准则进行计算，便可确定零件的主要尺寸和参数。

（5）零件的结构设计。应根据功能要求、工艺要求、标准化要求，确定零件合理的形状和结构尺寸。

（6）校核计算。只是对重要的零件且有必要时才进行这种校核计算，以确定零件工作时的安全程度。

（7）绘制零件的工作图。

（8）编写设计计算说明书。

2. 整机安全

整机安全是指保证整个技术系统在规定条件下实现总功能。机械产品总功能的实现主要是由功能原理设计决定的，同时还与零件安全等因素密切相关。往往因为零件的破坏或失效，而使整个技术系统的总功能难以实现，影响整机安全。整机安全要求应符合以下准则。

（1）技术性能准则。技术性能包括产品功能、制造和运行状况在内的一切性能，既指静态性能，也指动态性能。例如，产品所能传递的功率、效率、使用寿命、强度、刚度、抗摩擦、磨损性能、振动稳定性、热特性等。技术性能准则是指相关的技术性能必须达到规定的要求。例如振动会产生额外的动载荷和变应力，尤其是当其频率接近机械系统或零件的固有频率时，将发生共振现象，这时振幅将急剧增大，有可能导致零件甚至整个系统的迅速损坏。振动性稳定准则就是限制机械系统或零件的相关振动参数，如固有频率、振幅、噪声等在规定的允许范围之内。又如机器工作时的发热可能会导致热应力、热应变，甚至会造成热损坏。热特性准则就是限制各种相关的热参数（如热应力、热应变、温升等）在规定范围内。

（2）标准化准则

① 与机械产品设计有关的主要标准大致有：如《六角头铰制孔用螺栓》（GB/T 27）、《六角头螺杆带孔螺栓》（GB/T 31.1）、《双头螺栓》（GB/T 897）、《六角头螺栓》（GB/T 578）、《全螺纹六角头螺栓》（GB/T 5781）等。

② 概念标准化。设计过程中所涉及的名词术语、符号、计量单位等应符合标准。

③ 实物形态标准化。零部件、原材料、设备及能源等的结构形式、尺寸、性能等，都应按统一的规定选用。

④ 方法标准化。操作方法、测量方法、试验方法等都应按相应规定实施。

标准化准则就是在设计的全过程中的所有行为，都要满足上述标准化的要求。现已发布的与机械零件设计有关的标准，从运用范围上来讲，可以分为国家标准、行业标准和企业标准三个等级。从使用强制性来说，可分为必须执行的和推荐使用的两种。

（3）可靠性准则。可靠性是指产品或零部件在规定的使用条件下，在预期的寿命内能完成规定功能的概率。可靠性准则就是指所设计的产品、部件或零件应能满足规定的可靠性要求。

（4）安全性准则

① 零件安全性。指在规定外载荷和规定时间内零件不发生断裂、过度变形、过度磨损和不丧失稳定性等等。

② 整机安全性。指机器保证在规定条件下不出故障，能正常实现总功能的要求。

③ 工作安全性。指对操作人员的保护，保证人身安全和身心健康等等。

④ 环境安全性。指对机器周围的环境和人不造成污染和危害。

3. 工作安全

它是指对操作人员的防护，保证人身安全和身心健康。要真正做到工作安全，必须把人类工效学的理论和知识运用到机械产品的设计中，使人和产品之间的关系合理协调，体现以人为本的设计理念。

4. 环境安全

环境安全是指对整个系统的周围环境和人员不造成污染，同时也要保证机器对环境的适应性。在产品设计中，为了降低成本，提高经济效益，容易忽视环境安全。这样有可能造成机器工作时对大气的污染，对人的健康甚至生命带有危害。例如，机械振动引起过大的噪声会影响人的身心健康。由于噪声引起操作者疲劳，可能导致事故发生。噪声是机器质量的重要评价指标。降低噪声，防止噪声污染，是机械产品环境安全设计的重要内容之一。

二、机械安全设计的方法及应用

安全设计的方法可分为直接安全设计、间接安全设计和提示性安全设计三种类型。

1. 直接安全设计法

它是指直接满足安全需要，保证机器在使用中不出危险。直接安全设计法主要遵循下面三个原理。

（1）安全存在原理。要使得组成技术系统的各零件之间的连接在规定的载荷和时间内完全处于安全状态，就必须做到：

① 构件的受力状态、使用时间和使用环境是清楚的。

② 选择的计算理论、计算方法及材料是正确和合理的。

③ 试验负荷要高于工作负荷。

④ 严格界定使用时间和范围。

⑤ 充分估计辐射、腐蚀、老化、温度、介质、表面涂层及加工过程对材料的影响。

基于安全存在原理的设计在机械设计中被普遍应用。例如，在零件或构件的设计时，运用材料力学、弹性力学和有限元分析等理论和方法，对其强度、刚度和稳定性进行计算，并选择它的材料等。

（2）有限损坏原理。当出现功能干扰或破坏无法避免时，不会使主要部件或整机遭到破坏。这就要求将破坏引导到特定的次要部位，比如采用特定的功能零件。当出现危险时，该功能零件首先破坏，从而避免整机或其他重要部位的损坏，更不至于造成人身事故。这种零件应安装在对机器影响最小，且便于发现、便于更换的位置上，一旦破坏，就能马上发现，立即进行更换。对于可能松脱的零件应该加以限位，使其不致脱落而造成机器损坏事故。有限损坏原理是"丢卒保车"和"牺牲局部利益保护全局"思想在机械设计中的充分体现。

基于有限损坏原理的安全设计常为设计者运用。如采用安全销、安全阀和易损件等。破断式安全联轴器的设计也是该原理应用的典型例子。这类联轴器的结构特点与普通联轴器大体相同，所不同的是他们希望组成中都有一个保险环节，即在连接部位装有一个对机器起保护作用的易损构件（如销钉、螺钉或连杆等），当机器过载运行时，易损构件首先破坏，从而切断运动或动力的传递，对机器起到安全保护作用。例如它们中的销钉式安全联轴器，它的结构与凸缘联轴器类似，只是在原来装螺栓的地方用一个特制的销钉代替。设计这种销钉的要求是：销钉应是一个强度最弱的零件；应使销钉剪断时的强度值能够反映所要求传递转矩的极限值。

（3）冗余配置原理。冗余，指重复配置系统的一些部件，当系统发生故障时，冗余配置的部件介入并承担故障部件的工作，由此减少系统的故障时间而自动备援，即当某一设备发生损坏时，它可以自动作为后备式设备替代设备。当技术系统发生故障或失效时，会造成人身安全或重大设备事故。为了提高可靠性，常采用重复的备用系统。就是除了必要的零件、部件或机构外，还额外附加一套备用的零件、部件或备用机构。当个别零件、部件或机构发生故障时，能立即启用备用部分，整个系统仍能正常工作，避免事故的发生，这就是冗余配置原理。

基于冗余配置原理的安全设计如飞机的多驱动和副油箱；压力

容器中的两个安全阀；井下矿上排水的水泵系统采用三套配置（一套运转、一套维修、一套备用）等，一旦主功能载体失效，即可启动备用装置。

一般来说冗余系统目的在于：为了保险起见，采取两套同样独立配置的硬件、软件或设计等，防止在其中一套系统出现故障时，另一套系统能立即启动，代替工作，这就好比演员的 A、B 角。一套单独的系统也许运行的故障率很高，但采取冗余措施后，在不改变内部设计的情况下，这套系统的可靠性立即可以大幅度提高。假如单独系统的故障率为 50%，而采取冗余系统后马上可以将故障率降低到 25%。

① 优点

a. 以现有的系统为依托，不需要任何时间或科研投入，可以立即实现；

b. 配置、安装、使用简单，无需额外的培训、设计等；

c. 使用冗余系统，理论上来讲，系统的故障率可以接近为零。

② 缺点

a. 使用冗余系统就代表该系统臃肿；

b. 投入成本巨大，需要购买额外的系统，以及增加该系统的后期维护成本等；

c. 完全独立的系统并不存在，所以冗余系统最大的缺点在于，相互独立的配置之间会互相影响（尤其是依靠人的冗余系统），可靠性相对理论计算会大幅度下降。

2. 间接安全设计法

间接安全设计法是指通过防护系统和保护装置来实现技术系统安全可靠的设计方法。

机械设备大都有如齿轮传动机构、皮带传动机构、蜗杆传动机构、链传动机构、联轴器等机构。这些机构都是高速运动的旋转体，如果人体的某一部位被绞带进去，就会造成伤害事故，甚至会发生机毁人亡的悲剧，所以必须在传动机构的危险部位安装灵敏可靠的防护装置，以保证人身安全。防护装置的形式有：

（1）固定防护装置。固定防护装置是一种简易、经济的防护方式，主要防止人触及机械传动的危险部位，如齿轮啮合传动的防护、皮带传动的防护和联轴器件的防护等设置防护装置，以防止操作者身体或其他物件触及，要求其安装要坚固牢靠，外形无尖角，应圆滑、美观，便于装拆、维修和保养，一经安装，就应保持固定，不应轻易地移动和分离。

（2）联锁防护装置。当不能或不适合使用固定防护装置时，可选择与运动机构互锁的联锁防护装置，它通过控制传动系统的操纵机构，确保防护装置进入工作位置后才启动。以保障操作者身体不能触及危险点。这种装置广泛用于危险性大、事故率高的机械设备。

（3）自动防护装置。自动防护装置通常由传动装置本身通过联锁或杠杆系统操纵，可有效防止操作者与正在运转的机件相接触，或能在危险的情况下停止运动，避免发生任何事故。

防护系统和保护装置应能够在设备出现危险或超负荷工作时，自动脱离危险状态。液压回路中设置的安全阀就是间接安全设计法的具体体现。为了避免液压及其控制系统因过载而引起的事故，正常情况下，安全阀是关闭的，只有负荷超过规定的极限时才开启，将过载的压力泄放，从而起到安全保护作用。因此，安全阀的测定压力应该比系统最高工作压力高一些。再如汽车传动系统中设计的离合器，一旦系统出现超负荷，其主动部分和从动部分产生相对滑动，对传动系统起到过载保护作用。

3. 提示性安全设计法

它是指在事故或危险出现以前，通过指示灯、警铃发出警报声等声光信息提醒人们注意，以便使用者及时停止机器的工作，排除障碍的设计方法。

提示性安全设计法一般只是在由于技术上或经济上的原因，不能采用前述两种安全设计法而又可能出现不安全情况时才可以采用。在运用此方法时，可以根据机器可能发生的危险程度给出一级提示（如指示灯闪烁）和二级提示（如警铃蜂鸣）等，行驶机械在油箱里的燃油所剩不多时，指示灯闪亮，提示驾驶者注意，就是提示性安全设计法应用的实例。

一般来说，光电保护装置又称作光电保护器、安全光幕、安全光栅，是通过一组红外线光束，形成保护光栅，当光栅被遮挡时，光电保护装置发出信号，控制具有潜在危险的机械设备停止工作，以降低作业人员在工作环境中受到伤害的可能性，有效保护作业人员的人身安全。主要用于锻压行业、汽车制造业、电子电器制造业，与机械设备配套保护操作者的人身安全。其有别于一般传感器的特征为：具备安全等级要求，可用于锻压行业操作者的人身安全检测领域。

作为设计者，应该根据产生不安全情况的危险性的大小、技术的难易程度和成本等因素按直接安全设计、间接安全设计和提示性安全设计这样的顺序来对机械进行安全设计。

三、机械安全设计的主要内容

机械安全设计的内容，主要包括机器结构的安全设计、消除和减少机械和非机械危险或风险的设计、机械控制系统安全部件的设计、机械安全装置的设计、机械的安全信息及机械的附加预防措施的设计等几部分。

1. 机器结构的安全设计

（1）机械零件、部件形状及其位置的设计

① 人体易接近的机械零件、部件应光滑、圆润，无锐边、尖角等。

② 为避免挤压和剪切危险，可增大或减小运动件之间的距离。

（2）限制运动件的质量和速度，这样可减小因其动能和惯性作用导致的危险。

（3）限制往复运动的机械零件部件的运动距离和加速度，这样可避免产生撞击危险和冲击危险。

（4）限制弹性元件的势能（包括在压力、真空条件下气体或液体的势能），这样可以使其不产生相应的机械危险。

（5）限制操纵器的操纵力，在不影响操纵机构使用功能的情况下，应将其操纵力限制在最低值。

（6）限制机器的噪声，减小噪声影响，应从噪声传播途径、噪声源入手，减轻噪声对施工现场内外的影响。切断施工噪声的传播途径，可以对工作现场采取遮挡、封闭、绿化等吸声、隔声措施，从噪声源减小噪声。对机械设备采取必要的消声、隔振和减振措施，同时做好机械设备日常维护工作。

（7）限制机械的振动。机械振动是物体（或物体的一部分）在平衡位置（物体静止时的位置）附近作的往复运动。机械振动有不同的分类方法。按产生振动的原因可分为自由振动、受迫振动和自激振动；按振动的规律可分为简谐振动、非谐周期振动和随机振动；按振动系统结构参数的特性可分为线性振动和非线性振动；按振动位移的特征可分为扭转振动和直线振动。

控制振动有以下措施。

① 改革工艺，从根本上取消和减少手持风动工具的作业，用液压、焊接、粘接代替铆接；改进风动工具，采用有效减振措施，改革工具排气口的位置；采用自动、半自动操纵装置，以减少肢体直接接触振动体；手持振动工具者，应戴双层衬垫无指手套或衬垫泡沫塑料无指手套，并注意保暖防寒。

② 设计问题。实际振动问题往往错综复杂，它可能同时包含识别、分析、综合等几方面的问题。通常将实际问题抽象为力学模型，实质上是系统识别问题。针对系统模型列式求解的过程，实质上是振动分析的过程。分析并非问题的终结，分析的结果还必须用于改进设计或排除故障（实际的或潜在的），这就是振动综合或设计的问题。

（8）限制机器的表面温度。对于人体经常接触的各种机器表面，应将其表面温度限制在临界值以下，以避免对人体造成灼伤或烫伤的危险。

（9）合理规定和计算零件的强度和应力。为了防止零件的断裂和破碎引起的危险，必须仔细地分析和计算机器主要受力零件和高速旋转件的强度以及所承受的应力，以确保其具有足够的强度和安全系数。对于机械应力，一般应根据不同情况采用下述方法加以限制。

① 对诸如螺栓连接、焊接连接等，应通过结构设计、强度计算和紧固方法等限制应力。

② 通过预防超载方法（如采用易熔塞、限制阀、断路器、力矩限制器等）限制应力。

③ 避免零件在可变应力下产生疲劳。

(10) 合理选用材料。用于制造机械产品的材料，在机器的整个寿命期的各个阶段都不能危及人的安全与健康，应考虑和注意的方面如下。

① 材料的力学性能，如强度、冲击韧性、屈服极限等。

② 材料的化学性能，如抗腐蚀性、抗老化性等。

③ 材料的毒性、污染性等。

④ 材料的均匀性等。

(11) 采用本质安全技术、工艺和动力源。有些机械产品在特殊条件下工作，为了使其适应特定环境的安全需要，需采用与环境相适应的某些本质安全技术、工艺和动力源。如在易爆炸环境中工作的机械，应采用全液压或全气动的控制系统和操作机构，并在液压系统中采用阻燃液体，或者采用本质安全电气装置，以防止电火花或过高温度引起爆炸。另外，在有些情况下，需要采用低于"功能特低电压"的电源，以防止产生电击危险。

(12) 应用强制机械作用原则。所谓强制机械作用，是指一个零件的运动不可避免地使另一个与其直接接触或通过刚性连接的零件随其一起运动，而无延时和偏移。如机器的急停操纵装置等必须应用这种强制机械作用以实现快速停机。急停装置用于在机器故障或人员遇到危险时紧急停止机器运行，任何人员都可操作。

(13) 遵循人类工效学原则

① 应用人类功效学原则的基本要求是使所设计的机器具有良好的操作性，减小操作者在操作时的紧张和体力消耗，从而减少因

过分疲劳产生差错而导致的各种危险。

② 设计机器时应遵循的人类工效学的主要原则

a. 注意人-机功能的分配。在初步设计阶段，凡能做到机械化和自动化的地方，都应尽可能采用机械化和自动化的技术与装备，借此可以减少操作者的干预和介入；

b. 在确定机器的有关尺寸和运动时，应注意使之与人体尺寸和操作动作相适应，以避免操作者在操作时产生干扰、紧张和生理与心理学方面的危险；

c. 在设计人-机接口（如操纵器）时，要使操作者和机器的相互作用尽可能清楚、明确，不能有丝毫含糊不清；

d. 避免操作者在使用和维修机器时过分运动和用力，要提供合适的调整和维修工具等；

e. 尽量避免和减小噪声、振动和热效能；

f. 避免将操作者的操作动作与机器的制动循环相联系；

g. 机器的照明系统设计要合适。必要时，机器上应提供局部照明；对晃眼的光线、阴影和频闪效应应注意遮挡和避让；

h. 手动操作装置的设计、配置和标记应明显可见、可识别和便于操作，不会引起附加风险等；

i. 指示器、刻度盘和显示装置应在操作者可观察到的范围之内，便于查看、识别和理解等。

（14）提高机器及其零、部件的可靠性。减少因机器的故障、查找故障和维修引起的危险。应按照可靠性设计原则和规程设计机器及其零、部件，诸如应用以下原则：

① 简单化原则。即在保证产品和零、部件功能的前提下，尽量简化结构和零件的数量。

② 成组化、模块化、标准化原则。即设计时尽量采用经过验证的标准件、组件和通用模块及其相应技术。

③ 降额设计原则。即使零、部件的工件应力小于额定值，提高其安全裕度和可靠性。对于机械产品来说，设法减小内应力和减缓应力集中，这相当于提高其疲劳强度额定值。

④ 合理选材原则。即严格材料管理，以满足工艺要求为前提，注意高性能新材料的开发利用。

⑤ 冗余技术原则。即设计时可用若干个可靠性不太高的零、部件组代替一个高可靠性的零、部件，以使当一个零、部件出现故障或失效时，另一个或几个零、部件可以继续执行其功能。

⑥ 耐环境设计原则。应用这一原则设计有两种途径，一是对产品或零、部件本身进行诸如防振、耐热、抗湿、抗干扰等耐环境设计；另一个是设计产品在极端环境下的保护装置。

⑦ 失效-安全设计原则。即依靠产品自身结构确保其安全性。例如压力表的防爆室、飞机机翼的多重设计等。

⑧ 防误设计原则。产品即使在使用者误操作情况下，也不致发生故障。

⑨ 维修性设计原则。即易于检查、维护和修理；便于观察；有良好的可接近性；易于搬动；备有适当的维修工位；零、部件有较高的标准化程度和可互换性；尽量减少维修所需的专用工具和设备。

以上原则对于机器的动力系统、控制系统、安全功能和其他功能系统均适用。

（15）提高装、卸和送、取料工作的机械化、自动化程度。例如采用机械手、工业机器人、自动搬运装置等。使用这类装置时，应注意保证其与机器零件或被加工材料间不致产生干扰而导致危险。

（16）尽量使维修、润滑和调整点位于危险区之外，以减少操作者进入危险区的次数。

2. 消除机械产生危险的途径和措施

（1）消除或减小机械危险的主要途径与常用措施

① 消除或减小挤压危险。一般通过以下两种途径：

a. 尽量减小相对运动件的距离，使人体的有关部位不能卷入该间距；

b. 增大相对运动件的间距，使人体的有关部位能安全地进入此间距而不会产生挤压。

② 消除或减小剪切危险。一般可通过以下三种途径：

a. 消除相对运动件间的间隙；

b. 减小相对运动件的间隙，使人体的有关部位不能进入该间隙；

c. 增大两剪切部分的间距，使人体的有关部位可以安全地进入该间隙。

③ 消除或减小切割危险。消除切割危险一般通过以下途径：

a. 消除零件的锐边、尖角和粗糙的表面等；

b. 减小运动件的运动速度或距离；

c. 减小力、力矩和运动件的惯性。

④ 消除或减小缠绕危险。消除或减小缠绕危险一般有以下途径：

a. 减低运动件的运动速度或距离；

b. 限制力、力矩和运动件的惯性；

c. 使旋转件上的固定螺钉、螺栓、销、键凸出物埋入或被覆盖。

⑤ 消除或减小拉入危险。拉入是产生缠绕、剪切或挤压的前导和诱因，消除或减小此类危险途径与消除或减小缠绕危险的途径相同。

⑥ 消除或减小冲击或撞击危险。冲击或撞击危险可通过限制往复运动件的速度、加速度、距离和惯性等予以防范。

⑦ 消除或减小摩擦磨损危险。摩擦磨损危险可通过减小运动件的速度、距离、力、力矩、惯性及使用尽可能光滑的表面等予以防范。

（2）消除或减小非机械危险性的主要途径和措施。除机械性危险外，机械还可能产生其他种种危险。消除或减小非机械性危险的途径与措施取决于危险的类型和性质。在针对一种危险所采取的措施与针对另一种危险的措施相冲突的情况下，应遵守"务求最小可能风险"的原则，即优先处理产生最大风险的危险，而不管这种危险是否为机械性危险。

① 消除或减小电的危险

a. 消除或减小电的危险主要有以下途径：

• 将电气部分放在符合相应标准的电柜（盒）内，电柜（盒）直接与人体接触的部分应采用安全电压保护；

• 采用加强绝缘或双重绝缘措施；

• 使电路中各电气部分相互隔离，防止因电路带电部分基本绝缘失效时，通过与暴露的导体部分接触而可能激发的冲击电流；

• 采用电路绝缘失效时的电源自动断开技术；

• 降低裸露导体中的剩余电压。在电源切断后，任何裸露导体中的剩余电压不得大于 60V，否则应采取措施放电至 60V 或 60V 以下。

b. 消除或减小短路危险的主要途径。采用过电流防护装置，如熔断器、断路器等。过流防护装置应连接到电源的防护导线上，且其切断容量至少应等于其安装处的短路电流；

c. 消除或减小过载危险的主要途径。减小过载危险一般可通过采用过载防护装置、温度敏感装置或电流限制装置实现；

d. 消除或减小静电危险的主要途径。一般可通过防止或限制能形成有潜在危险的静电电荷和（或）安装放电系统来减小静电危险。

② 消除或减小热危险

a. 尽可能降低运动件的运动速度；

b. 减小运动副的摩擦；

c. 加强冷却降温措施；

d. 防止高温流体的喷射等。

③ 消除或减小噪声危险

a. 提高运动副的配合精度；

b. 减小运动件之间的摩擦；

c. 减小振动；

d. 尽可能降低运动速度。

④ 消除或减小振动危险

a. 做好回转件的静平衡和动平衡；

b. 采取合适的减振措施；

c. 合理控制转速。

⑤ 尽量不用或少用具有放射性的材料或物质

a. 若使用了放射性材料或物质，应严格密封或隔离；

b. 尽量不用或少用具有放射性的材料和物质。

⑥ 消除或减小材料或物质产生的危险

a. 尽量不用或少用有毒、有害和易燃、易爆等危险材料或物质；

b. 如果使用了有危险性的材料或物质，应采取密封或隔离措施；

c. 严格控制或妥善处理机器排放的各种有毒有害物质。

3. 机械控制系统安全设计

机器控制系统安全部件是指那些对应于来自受控设备和（或）来自操作者的输入信号而产生有关安全输出信号的控制系统的一个部件或部分部件。一个控制系统组合的有关安全部件起始于有关安全信号被触发处，结束于动力控制元件的输出处，一般也包括监控系统在内。这种部件主要用于提供控制系统的安全功能，保证机器的安全运行。它们可以由硬件和软件组成，既可以是控制系统的整体部分，也可以是单独的一部分。

（1）危险工况的典型机器情景。设计机器控制系统时，应充分注意可能导致预料不到的潜在的危险机器工况。这种危险工况的典型机器情景如下。

① 机器被无意识地或意外地启动。

② 速度失控。

③ 运动中的零件、部件不能停止。

④ 运动的零件或由机器夹紧的工件掉下或飞出。

⑤ 安全装置受阻，不能发挥作用。

（2）由机器控制系统有关安全部件提供的安全功能。由机器控制系统有关安全部件提供的安全功能是指输入信号触发的并通过控制系统有关安全部件处理的能使机器达到安全状态的一种功能。典型的安全功能如下。

① 停机功能。即由防护装置触发的停机功能应在防护装置刚一动作就使机器处于安全状态。这种停机功能应优先于运行停机功能。

当一组机器以协同方式一起工作时，应采取措施将信号提供给监控器和（或）存在安全停机条件的其他机器。

② 急停功能。急停开关的作用是使机器在任何情况下，立即停止动作，防止伤害或者损失扩大。特点和其叫法是完全一样，在急需停止机器运行的情况下才使用。有关安全部件应具有急停功能信号传给协同系统的各个部分的装置。

③ 手动重调功能。即由防护装置触发停机指令后，这种指令应一直保存到具备重新启动的安全条件（重调防护装置安全功能，解除停机指令）。如果由风险评价指明了这一点，这种停机指令的解除应通过手动分布仔细地操作并加以确认（手动重调）。手动重调应通过控制系统有关安全部件内的分离式手动操纵装置进行。最重要的是保证所有安全功能和安全装置处于运行准备状态，如果不能做到这一点，就必须重新进行手动重调。重调操纵器应设置于危险区外并能清楚地看到危险区内是否有人的安全位置。

④ 启动和重新启动。即当有关安全装置给出启动或重新启动指令时，只有在不存在危险状态情况下，启动或重新启动才应自动地执行。对启动和重新启动的这些要求应当也适应于可能被遥控的那些机器。

⑤ 响应时间。当对控制系统有关安全部件的风险评价表明需要时，设计者或供应方应说明响应时间。控制系统的响应时间是机器全部响应时间的一部分。

⑥ 与安全有关的参数。当与安全有关的参数（例如位置、速度、温度、压力）偏离规定限值时，控制系统应启用适当措施（例如驱动停机装置、报警信号、报警器等）。如果在可编程电子系统中与安全有关的参数的手动输入差错会导致危险状态，那么在有关安全控制系统内应提供数据检查系统，如检查各种限制、格式和

（或）逻辑数值的系统。

⑦ 局部控制功能。当机器被局部控制时（如通过可携带控制装置、吊挂操纵板），应做到选用的局部控制措施位于危险区外。局部控制区外边应不可能出现或发生危险状态，局部和外部控制（如遥控）之间的切换应不产生危险状态。

⑧ 动力源的波动、丧失和恢复。当动力源出现能级超出设计运行范围的波动（包括能源丧失）时，控制系统有关安全部件应继续提供或激发能使机器系统其他部分保持安全状态的输出。

⑨ 抑制。抑制不得导致任何人面临危险状态。抑制终止时，控制系统有关安全部件的所有安全功能都应恢复。提供抑制功能的有关安全部件的类别。

⑩ 安全功能的手动暂停。当有必要手动暂停安全功能（如设定、调整、维护、修理）时，应做到在那些不允许手动暂停的运动模式中，提供有效而可靠的措施防止手动暂停；在机器可能继续正常运行之前，应恢复控制系统有关安全部件的安全功能；担负手动暂停的控制系统有关安全部件应选择使其遗留风险是可接受的。

（3）故障情况下控制系统安全部件的设计。机器控制系统中的安全部件根据其承受故障的能力和随后在故障条件下的工况共分为5类，详见表2-5。

表 2-5　控制系统中的安全部件的类别

类别	要求	系统工况	实现安全的主要原则
B	控制系统有关安全部件和（或）其防护装置以及它们的元件都应根据有关标准设计、选择、装配和组合，以使其能承受可接受的影响	出现故障时可能导致安全功能的丧失	通过选用元件提高承受故障能力
1	应采用 B 类的要求 使用经过试验的安全元件和安全原则	像上述的 B 类那样，但安全功能具有更高的与安全相关的可靠性	

类别	要求	系统工况	实现安全的主要原则
2	应采用 B 类的要求和经过验证的安全原则 应通过机器控制系统以适当的时间间隔检查安全功能 （注：适当的时间间隔取决于机器的类型和应用场合）	a. 两次检查期间出现故障会导致安全功能丧失 b. 通过检查，判明安全功能丧失	通过结构设计和改型来提高特定安全功能
3	应采用 B 类的要求和使用经过验证的安全原则 控制系统的设计要求如下： a. 控制中的单向故障应不导致安全功能丧失 b. 只要合理可行，查明单向故障	a. 出现单向故障时安全功能始终执行 b. 有些（但不是全部）故障将被查明 c. 故障的累积有可能导致安全功能的丧失	
4	应采用 B 类的要求和使用经过验证的安全原则 控制系统的设计要求如下： a. 控制中的单向故障不应导致安全功能丧失 b. 在下一个有关安全功能指令发出时或发出前查明单向故障，如果不可能查明，那么，故障的累积不应导致安全功能的丧失	a. 故障出现时安全功能始终执行 b. 故障要及时查明，以防止安全功能丧失	

B 类是基本类，当出现故障时，不能执行安全功能。其中的 1 类主要是通过选择和应用合适的元件提高耐故障能力。2、3、4 类对特定安全功能方面性能的提高主要是通过改进控制系统有关安全部件结构实现的。在 2 类中，是通过定期检查正在被执行的特定安全功能达到的，在 2 类和 4 类中是通过保证单相故障不会导致安全功能丧失达到的。在 3 类中，只要合理可行，且查明单向故障，而在 4 类中，除要查明方向故障外，还要规定承受故障积累的能力。

各类别之间耐故障工况的直接比较只有在一次仅有一个参数变化时才能进行。较高的类别只有在可比较的条件下，例如使用类似的制造技术可靠性可比较的元件、类似的维修规范和在可比较的应用场合，才能提供更大的耐故障性。

（4）类别的选择。由机器控制系统有关安全部件提供的安全功能是根据对安全措施的选择与设计程序来确定的。执行各种安全功能的控制系统所有有关的安全部件都应选择故障工况类别，以达到预期的风险减小的目的。

由于减小机器风险可有多种方式，所以控制系统有关安全部件选择与设计也有多种方式，因此，其过程也是一个反复迭代的过程。按照 GB/T 15706—2012 标准的要求，迭代过程参见图 2-3。

具体的控制系统有关安全部件类别的选择主要取决于该部件承受安全功能所达到的风险减小情况、故障出现的概率、在故障情况下产生的风险以及避免故障的可能性。

为获得所需的输出信号，可以只用一个有关安全部件，也可以应用多个有关安全部件的组合。一种安全功能可以通过一个或多个部件实现。几种安全功能也可以通过一个部件实现。当不同类别的各分部件执行同一种安全功能时，最终类别只能通过重新全面分析所考虑结构的系统故障工况才能确定。

一般来说，使风险定量化通常是很难的，有时甚至是不可能的，因此，依据对机器风险评价确定的达到风险减小的措施并选择控制系统有关安全部件类别时，通常采用一种所谓设计参考点的简单方法。这种方法只能给出风险减小的估计，并以此预先对设计者根据故障情况下的工况选择类别给予指导，参见图 2-4。

（5）必须考虑到的故障。根据选择所需的类别，控制系统各有关安全部件按其承受故障的能力加以选择。为了评价其承受故障的能力，应考虑生效的各种模式。某些故障是可以排除的。

所谓故障，是指产品无能力执行其所需功能的一种特征状态。故障通常是产品自身失效的结果，但它可以存在于失效之前。所谓失效，是产品执行所需功能的能力的终止。"失效"与"故障"的区别是，"失效"是一种事件，而"故障"是一种状态。

各种机械中，一些常见的重大故障和失效归纳如下。

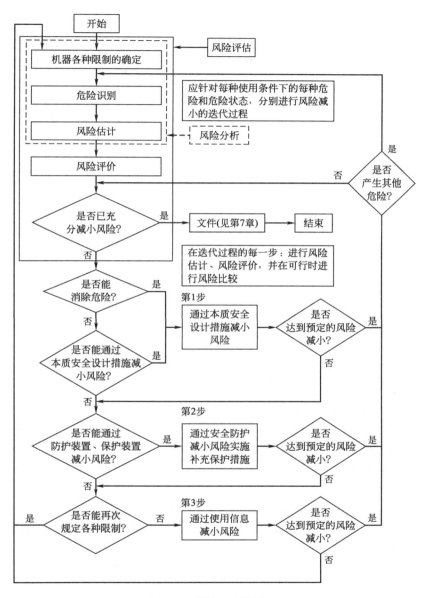

图 2-3 设计的迭代过程

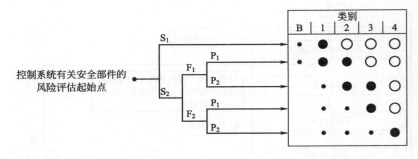

图 2-4　控制系统有关安全部件安全性能类别设计参考

图中　S_1—轻度（通常是可恢复的）损伤，包括死亡；

S_2—严重（通常是不可恢复的）损伤，包括死亡；

F_1—偶然到时常和（或）暴露时间短；

F_2—频繁到连续和（或）暴露时间长；

P_1—在特定条件下可能；

P_2—几乎不可能；

B 及其 1～4—控制系统有关安全部件的类别；

●—参考点的优先选用类别；

•—需要附加措施的可能类别；

○—对有关风险的超标定措施

① 电气/电子元件的一些故障和失效

a. 短路或开路，例如接地故障和任何导线的开路；

b. 短路或开路出现在单个元件（例如开关装置、控制或调节设备、机器制动机构、继电器接触元件等）中；

c. 电磁元件的不退出或不抬起，例如在接触器、磁力阀中不退出或不抬起；

d. 电动机（如伺服电动机）的不启动或不停机；

e. 运动元件的机械锁紧；固定元件（如位置开关）的松动或位移；

f. 模拟元件，如电阻器、电容器、晶体管的飘移超过允许值；

g. 集成元件（不稳定的）输出信号的振荡；

h. 复杂集成元件（如微处理器、可编程电子系统应用特定集成电路）的整体功能或部分功能丧失（最坏的工况情况）。

② 液压和气动元件的一些故障和失效

a. 运动元件不切换或不完全切换，例如阀门活塞的阻滞；

b. 运动元件的原始控制位置飘移，例如在使用方向控制阀的情况下所出现的；

c. 泄漏及其流量变化，例如在使用方向控制阀的情况下所出现的；

d. 在使用伺服阀和比例阀的情况下控制特性不稳定；

e. 压力损失或管道爆裂，例如在软管中的软管接头处出现的；

f. 过滤元件阻塞（尤其是由固体物质引起的）；

g. 压力和（或）流量不正常，例如在使用液压泵、液压马达、压缩机、汽缸的情况下所出现的；

h. 在使用传感器如压力开关的情况下输入或输出信号特性失效或异常变化。

③ 机械元件的故障和失效

a. 弹簧断裂；

b. 导向运动件不灵活或阻滞；

c. 连接件不牢固；

d. 磨损，例如在使用滑道、棘爪、滚子的情况下出现的；

e. 错位；

f. 环境影响，例如腐蚀、温度的影响。

第三节　机械安全防护装置的设计

机械设备大多是由电驱动和电控制的，运动形式和危险部位较多。一旦机械或电子控制发生故障造成失控或人的行为失误，设备上的安全防护装置就显得至关重要，这是除设备本身具有安全性能以外实现设备本质安全的重要措施。其目的是在操作人员发生误操作或误判断的情况下，也可因设备系统安全而避免设备和人身伤害事故的发生。

设备的危险形式、危险零部件、危险部位对人身安全产生威胁时，就应在这些地方配设一种或多种不同类型的可靠的安全防护装置。如果设备本身缺陷，设计时事先没有考虑到，而在使用阶段就应增设解决。

安全防护装置是随着生产工具的进步而产生的，它要求装置本身应具有本质安全性能，对于设备本身不能避免危险而另外所设计制造的一种可靠的安全防护装置与主机联锁，是机械设备的一种重要组成部分。

机械设备安全装置齐全，且处于最佳组合时，才能自动排除故障，确保人身和设备安全。当然在有条件的情况下，应尽量采用机械化、自动化程序控制等，这是实现机械设备本质安全的最基本途径。

一、安全防护装置的类别

安全防护装置按其使用功能可分为两大类：安全保护装置和安全控制装置。安全保护装置是用来防止机械危险部位引起伤害的安全装置，是在操作者一旦进入危险工作状态时，能直接对操作者进行人身安全保护的机构，一般指配备在生产设备上起保障人员和设备安全作用的所有附属装置。安全控制装置有两种：一种是在操作者一旦进入危险区时，控制装置对自动器进行控制，使机器停止运转；另一种是控制装置本身创造人手不可能进入危险区的条件，如双手操作式安全控制装置所设计的那样。安全控制装置本身并不直接参与人身保护动作。

安全防护装置按具体功能又可分为以下各类。

1. 连续检查和自动控制装置

这是指检测器和控制系统相结合的装置，用来保持预定的安全水平。这种装置能连续检测有毒、有害、易燃、易爆气体、粉尘、温度、压力、振动、噪声等有害因素。当检测的参数超过限定值时就能确定危险性水平并有足够的时间采取行动，如进行调整。检测装置自动驱动控制装置以降低危险性水平，如驱动排风机进行通风，降低有害物浓度；或切断设备电源，停止加料或停机等。

2. 联锁装置

这是一种与操纵器联动的防护装置，用来确保操作者在接近危险点时的安全。联锁防护装置的基本原理是，只有当防护装置关合时，机器才能运转，而只有当机器的危险部件停止运动时，防护装置才能开启。联锁安全防护装置有多种形式，可采取机械的、电气的、液压的、气动的或组合的形式，但必须可靠，有抗干扰能力，并具有自动防止故障的能力。在设计联锁装置时，必须使其在发生任何故障时，都不使人暴露在危险之中。联锁防护装置大多用于传动机构旋转部件、压力机等。

3. 故障保险装置

设备发生故障并不一定都会造成伤害，只是可能发生事故。为了防止设备损坏、人员伤亡或生产下降的事故，可以采用能自动防止故障的保险装置。当设备发生故障时能自动停止运行。其基本原则是首先保护人，其次是防止对环境的损害，保护设备不受破坏，最后是防止生产下降。故障保险装置有以下三种类型。

（1）发生故障时工作可靠，但性能下降。它能降低设备的性能，在采用纠正措施前，设备停止工作，就不再存在危险，也不会造成伤害。例如当电路超负荷或短路时，电气线路的熔断器和熔丝熔断，使电路切断，系统和设备即处于安全状态。

（2）多重保险系统。这种装置能使设备在发生故障后，在采取纠正措施前，仍能维持安全运行。在关键性操作中，发生故障或出现不正常情况时能激发一个视觉显示器，或在警报系统中用声光信号激发另一个备用系统可靠地工作。如生产中的双电源、双回路水源、备用（冗余）设备。

（3）在故障下仍能继续安全运行。发生故障后设备仍能安全运行直到采取纠正措施为止，而设备没有功能上的损失。如锅炉供水的制动防止故障装置，可以连续供水以保持锅炉不致缺水，当锅炉水位下降，供水阀能自动打开进行供水。

4. 双手操作式安全控制装置

双手操作式安全装置的工作原理是将滑块的下行程运动与对双手的限制联系起来，强制操作者必须双手同时推按操纵器，滑块才向下运动。此间如果操作者一只手离开，或双手都离开操纵器，在手伸入危险区之前，滑块停止下行程或超过下死点，使双手没有机会进入危险区，从而避免受到伤害。按操纵器的形式不同，分为双手按钮式和双手手柄式。

(1) 双手按钮式安全装置。图 2-5 所示为双手按钮式安全装置的电气控制电路简图，由双手操作的启动按钮 SB2 和 SB3、停止按钮 SB1、凸轮开关 SA 和控制离合器接通的中间继电器线圈 K 组成。线圈 K 接通则离合器结合；反之，离合器分离。凸轮开关 SA 在滑块到达下死点时接通，在滑块到达上死点时开路。

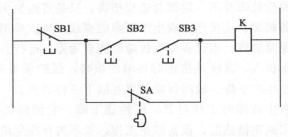

图 2-5　双手按钮式安全装置电路图

单人操作的工作原理是：当双手同时按压启动按钮 SB2 和 SB3 时，电流经过 SB1—SB2—SB3—K 形成回路，继电器线圈 K 接通，离合器结合，滑块下行程。在此期间，凸轮开关 SA 开路。如果此时只要有一只手离开 SB2 或 SB3，则回路切断，滑块停止运动。要想保证作业的正常进行，必须双手同时按压 SB2 和 SB3 两个按钮。当滑块到达下死点时，凸轮开关 SA 闭合，电流经过 SB1—SA—K 形成回路，K 线圈接通，滑块回程运动。此时，即使双手都离开 SB2 和 SB3，也不影响滑块的运动。当滑块回到上死点时，SA 开路。必须双手同时按压启动按钮，才开始下一次冲程。

多人同时操作的双手按钮式装置的动作原理与单人操作基本相

同。操作时，参与操作的每个人必须同时用双手按压启动按钮，滑块才能下行程运动，倘若哪怕只有一个人单手操作，滑块也不动作，这样就避免了由于多人操作动作不协调，或某人误操作所造成的事故。

（2）双手柄式安全装置。它的安全功能与双手按钮式类似，必须用双手同时操作两个操纵柄，离合器才能结合。为避免操作者劳动强度过大，每个手柄的操纵力不应超过 14.7N。双手操作式安全装置必须符合以下要求：

① 双手操作的原则。双手必须同时操作，离合器才能结合。只要一只手瞬时离开操纵器，滑块就会停止下行程或超过下死点。

② 重新启动的原则。装置必须有措施保证，在滑块下行程期间中断控制又需要恢复时，或单行程操作在滑块达到上死点需再次开始下一次行程时，只有双手全部松开操纵器，然后重新用双手再次启动，滑块才能动作。在单次操作规范中，当完成一次操作循环后，即使双手继续按压着操作按钮，工作部件应不会再继续运行。

③ 最小安全距离的原则。操纵器的安装必须确保安全距离，才能达到安全目的，否则，即使有安全装置，也有发生人身事故的可能。

安全距离应根据压力机离合器的性能来确定。

双手按钮式安全装置计算公式为：

$$D_s = U(T_1 + T_2) \tag{2-1}$$

式中　T_1——从手或身体遮断感应反应区开始至电磁控制装置动作的时间，s；

$\quad\quad T_2$——从控制器开始制动至滑块停止运行时的时间，s；

$\quad\quad U$——人手移动速度，1600mm/s；

$\quad\quad D_s$——双手操作按钮与危险区的安全距离，mm。

刚性离合器压力的安全距离应根据压力机离合器的接合次数和滑块行程次数来计算。计算公式如下：

$$D_s = \left(\frac{1}{2} + \frac{1}{A}\right) \cdot \frac{96000}{B} \tag{2-2}$$

式中　D_s——安全距离，cm；

　　　　A——离合器接合次数；

　　　　B——行程次数，r/min。

　　操作按钮的安装位置距压力机危险区应不小于安全距离，不同型式压力机的操作按钮位置分别为：

　　a. 按钮安装在开式压力机模具垫板下方时（见图2-6），其安装尺寸应符合下式：

$$a+b+\frac{1}{3}H_D>D_s \tag{2-3}$$

式中　a——按钮到滑块前面的水平距离；

　　　　b——按钮到工作台面的垂直距离；

　　　　H_D——装模高度（滑块与垫板之间的闭合高度）。

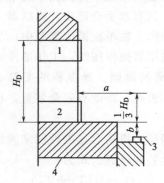

图 2-6　压力机操作按钮安装在低部位时

1—上模；2—下模；3—按钮开关；

4—工作台板（垫板）

　　b. 对于双柱型压力机（见图2-7），按钮安装尺寸应符合下式：

$$a+b+\frac{1}{3}H_D+\frac{1}{6}L_b>D_s \tag{2-4}$$

式中　a、b——同前；

　　　　L_b——垫板进深（图2-8）。

　　c. 按钮安装在压力机上方人手可触及的高度时（见图2-9），

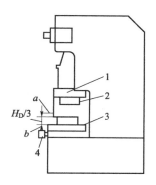

图 2-7 双柱型压力机按钮安装位置

1—滑块；2—上模；3—工作台

4—按钮开关

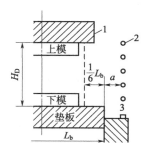

图 2-8 采用光线投射式

安全装置时按钮安装位置

1—滑块；2—光轴；3—操作按钮

其安装尺寸应符合下式：

$$a+\left(b+\frac{1}{3}H_D\right)>D_s \qquad (2\text{-}5)$$

d. 对于同时采用双手操作按钮和光线投射式安全装置的压力机（见图 2-8）按钮安装尺寸应符合下式：

$$a+\frac{1}{6}L_b>D_s \qquad (2\text{-}6)$$

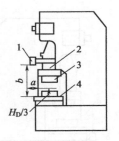

图 2-9　按钮安装在压力机
上方时的位置

1—按钮开关；2—滑块；3—上模；4—工作台

式中　a——从光轴到垫板前的水平距离；

L_b、D_s——同前。

对于双手柄式安全装置：

$$D_s \geqslant 1.6 T_s \qquad (2\text{-}7)$$

其中

$$T_s = \left(\frac{1}{2} + \frac{1}{N}\right) T_n \qquad (2\text{-}8)$$

式中　1.6——手的伸进速度，m/s；

　　　T_s——从双手柄结合压力机的离合器至滑块运行到下死点
　　　　　　的时间，s；

　　　N——离合器的接合槽数；

　　　T_n——曲柄旋转一周的时间，s。

5. 控制安全装置

如果机器的运动可以迅速地停止，就可以使用控制装置。控制装置的原理是，只有当控制装置完全闭合时，机器才能开动。但操作者接近控制装置后，机器的运行程序才开始工作。如果控制装置断开，机器的运动就会迅速停止，或者反转。在一个控制系统中，控制装置在机器运转时，不会锁定在闭合的状态。

6. 自动安全装置

自动安全装置的机制是，把任何暴露在危险中的人体部分从危险区域中移开。它仅能使用在有足够时间来完成动作而不会导致伤害的环境中，因此，仅限于在低速运动的机器上采用。

7. 隔离安全装置

隔离安全装置是一种阻止身体的任何部分靠近危险区域的设施，例如固定的转栏等。

8. 可调安全装置

在无法实现对危险区域进行隔离的情况下（在使用机器时，有可能不可避免地会遇到这种情况），可以使用可调安全装置（具有可调节部分的固定安全装置）。这种安全装置可能起到的保护作用在很大程度上有赖于操作者的使用和对安全装置正确地调节以及合理地维护。

二、安全防护装置的设置

1. 机械设备亟须安全防护装置

各种机械设备，大都有如齿轮传动机构、皮带传动机构、蜗轮与蜗杆传动机械、链条链轮、联轴器等传动构件。这些机构都是高速运动的旋转体，如果人身体的某一部分被绞带进去，就会造成伤害事故，甚至会发生机毁人亡的悲剧，所以必须在传动机构的危险部位安装上灵敏可靠的防护装置，以保证人身安全。

2. 必须设计安全防护装置的机械设备部位

（1）旋转机械的传动外露部分，如传动带、砂轮、电锯、皮带轮和飞轮等，都要设防护装置。一般有防护网、防护栏杆、可动式或固定式防护罩和其他专用装置。必要时，可移动式防护罩还应有联锁装置，当打开防护罩时，危险部位立即停止运动。

① 为所有的轴端安装防护装置。转动机械的防护罩包括转动机械的全部外露转动部分的防护罩，含转动机械的联轴器、传动皮带、机械密封等处（或盘根）等所有转动部分。

② 为所有做旋转或振荡运动的杠杆、凸轮、传动装置或轴安装防护装置。

③ 为所有的传送带安装防护栏（尤其要注意传送带下面）、头

尾部滚筒的封闭装置。

④ 为所有的皮带传动装置和链条传动装置安装防护装置。

⑤ 为所有正常情况下能够伸手摸到运动部件安装防护装置或封闭。

(2) 冲压设备的施压部分要安设如挡手板、拨手器联锁电钮、安全开关、光电控制等防护装置。当人体某一部分进入危险区之前使滑块停止运动。

① 推手式保护装置。是一种通过与滑块联动的,通过挡板的摆动将手推离开模口的机械式保护装置。摆杆护手装置又称拨手保护装置,是运用杠杆原理将手拨开的装置。拉手安全装置,是一种用滑轮、杠杆、绳索将操作者手的动作与滑块运动联动的装置。机械式防护装置结构简单、制造方便,但对作业干扰较大,操作工人不大喜欢使用,应用受到局限。

② 双手按钮式保护装置。是一种用电气开关控制的保护装置。起动滑块时,强制将人手限制在模外,实现隔离保护。只有操作者的双手同时按下 2 个按钮时,中间继电器才有电,电磁铁动作,滑块起动。凸轮中开关在下死点前处于开路状态,若中途放开任何 1 个开关,电磁铁都会失电,使滑块停止运动;直到滑块到达下死点后,凸轮开关才闭合。这时放开按钮,滑块仍能自动回程。

③ 光电式保护装置。是由一套光电开关与机械装置组合而成的。它是在冲模前设置各种发光源,形成光束并封闭操作者前侧、上下模具处的危险区。当操作者手停留或误入该区域时,使光束受阻,发出电讯号,经放大后由控制线路作用使继电器动作,最后使滑块自动停止或不能下行,从而保证操作者人体安全。光电式保护装置按光源不同可分为红外光电保护装置和白炽光电保护装置。

(3) 起重运输设备的安全装置

① 上升限位装置。又称过卷扬限制装置。当重物起升到上极限位置时,限位器发生作用,使重物停止上升,可以防止重物继续上升导致的钢丝绳被拉断、重物下坠事故。流动式起重机上升极限位置限制器主要采用重锤式。

② 下降极限位置限制器。是在吊具低于下极限位置时，能自动切断下降的动力源，以保证钢丝绳在卷筒上的缠绕不少于设计规定的安全圈数。凡有可能造成吊具越过下极限位置工作的起重机，均应装设下降极限位置限制器。

③ 行程极限位置限制器。行程极限位置限制器由顶杆和限位开关组成。当行程到达极限位置时，顶杆触动限位开关，切断动力源，使相应机构停止工作。流动式起重机的起重臂为了控制吊臂幅度的极限角度，都装有行程开关，包括：弹簧式、电器开关式、电器开关和液压式等。

④ 力矩限制器。起重量与工作幅度的乘积称为起重力矩。当起重量不变，工作幅度越大时，起重力矩就越大。当起重力矩不变时，那么起重量与工作幅度成反比。当起重力矩大于允许的极限力矩时，会造成臂架折断，甚至会造成起重机倾覆。

起重机械设置力矩限制器后，当载荷力矩达到额定起重力矩时，能自动切断起升动力源，并发出禁止性报警信号。

⑤ 幅度指示器。流动式起重机应当设置幅度指示器。幅度指示器是用来指示起重机吊臂的倾角（幅度）以及在该倾角（幅度）下的额定起重量的装置。它有多种形式：一种是采用一个重力摆针和刻度盘，盘上刻有相应倾角（幅度）和允许起吊的最大起重量。当起重臂改变角度时，重力摆针与吊壁的夹角发生变化，摆针则指向相应的起重量。操作人员可按照指针指示的起重量安全操作。

（4）加工过热和过冷的部件时。为避免操作者触及过热或过冷部件，在不影响操作和设备功能的情况下，必须配置防接触屏蔽装置。

（5）生产、使用、贮存或运输中存在有易燃易爆的生产设施（如锅炉、压力容器、可燃气体燃烧设备以及其他燃料燃烧设备），都要根据其不同性质配置安全阀、水位计、温度计、防爆膜、自动报警装置、截止阀、限压装置、点火或稳定火焰装置等安全防护装置。

（6）自动生产线和复杂的生产设备及重要的安全系统，都应设自动监控装置、开车预警信号装置、联锁装置、减缓运行装置、防逆转等起强制作用的安全防护装置。

（7）能产生粉尘、有害气体、有害蒸汽或者发生辐射的生产设备，应安设自动加料及卸料装置、净化和排放装置、检测装置、报警装置、联锁装置、屏蔽等。

（8）进行检修的机械设备、电气设备，都要挂上警告或危险牌示。

三、安全防护装置的设计

通过结构设计不能避免和充分限制的危险，应采用安全防护装置（防护装置、安全装置）加以防护。有些安全防护装置可以用于避免人所面临的多种危险，例如防止进入机械危险区的固定式防护装置，同时也能用于减小噪声级别和收集机器有毒排放物。

1. 防护装置和安全装置的选用

采用安全防护装置的主要目的是防止运动件产生的危险。对特定机械安全防护装置的正确选用应根据对该种机械的风险评价结果进行，并应首先考虑采用固定式防护装置。这样做比较简单，但一般只适应操作者在机械运动期间不需进入危险区的应用场合。当需要进入危险区的频次增加，因经常移开和放回固定防护装置而带来不便时，应采取联锁活动防护装置或自动停机装置等。

（1）机械正常运转时操作者不需要进入危险区的场合。在此种情况下，可考虑选择如下一些常用形式的安全防护装置。

① 固定防护装置。包括送料、取料装置，辅助工作台，适当高度的栅栏，通道防护装置等。防护装置的开口尺寸应符合有关安全距离的标准要求。

② 联锁装置。机械加工的设备（尤其是旋转的设备）中的防护罩一般都包含安全联锁装置：如一些剪板机、加工中心等。需要注意的是，安全联锁装置可以根据操作者的需求安装在不同的地方，并非一定要求设备自带。

③ 自动停机装置。是防止由运动的传动件或提供加工的运动

件产生危险的安全防护装置。如钢丝绳牵引机械自动停机装置，由轴承、限位开关、接触板、钢丝绳上托辊、钢丝绳下托辊组成。所述钢丝绳下托辊安装于钢丝绳牵引机械的外框架上，钢丝绳上托辊两端安装有两块接触板，两块接触板通过轴承活动安装在外框架上，限位开关安装于外框架侧壁上，位于接触板下方，限位开关通过线路与同步电动机一和同步电动机二相连。这样便能够及时保护牵引机械的同步电机等装置，提高使用寿命。自动停机安全防护装置选择如图 2-10 所示。

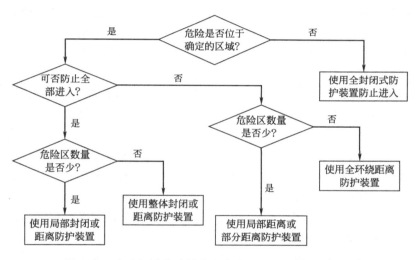

图 2-10　防止运动传动件产生危险的安全防护装置选择

（2）机械正常运转时需要进入危险区的场合。在此情况下，可考虑选择如下一些形式的安全防护装置。

① 联锁装置。许多场合，每个受控设备存在两种状态，而受控设备状态变化要求按程序进行，每个受控设备状态的改变取决于前面一个（或数个）受控设备的状态，而本身状态的改变又影响了下一个（或数个）受控设备的状态。这样，数个用来控制这些受控设备的锁具组合形成了一个联锁系统。该系统中每一个锁具在非操作状态时，均插有一把编码钥匙。当需要改变受控设备状态时，操

作人员取得授权钥匙，插入第一个锁具，改变该受控设备状态（只有在锁具中插有两把钥匙才能改变），取出另一把钥匙，插入下一个锁具，改变第二个受控设备状态。按照这样的方法（我们称之为编码钥匙传递控制）使系统的每一个受控设备的状态改变，能按照预先设定的程序进行，同时每一个锁具之间形成了联锁。

② 自动停机装置。如高压清洗机在使用中时常会频繁地开关水枪，为更好地延长机器的使用寿命，同时省去使用者因短时间停用而手动去开关电源的麻烦，因此在机器上安置了自动停机机构，使其能在关闭水枪的同时机器停止工作，而打开水枪后能自动接通电源，机器开始工作。现有技术中的自动停机装置的结构为，在开关盒内的开关处向外延伸设有一触点，触点的外部紧靠在开关盒外侧的杠杆一端，杠杆的另一端置于溢流阀阀杆后端，杠杆则通过中部的一插销来定位。其工作原理是当关枪后出水管内水压过大时，置于出水管内的溢流阀阀杆会向后移动，并冲击阀杆后侧杠杆的一端，而杠杆的另一端在跷跷板的原理下动作并通过触点按压开关按钮，将电源切断，从而使机器停止工作，同时也控制了出水管内的水压。而当出水管内的水压处于非正常状态且压力偏低时，导致溢流阀阀杆的行程与水压过大时不一致，所以此时的阀杆不能与杠杆顺利接触而断开电源，为此，需要通过调整杠杆的角度，使其与溢流阀阀杆相碰从而达到开关电源的目的。

③ 自动关闭防护装置。如发生火灾时，能自动切断防火门，关闭装置的电源，让防火门自动关闭。

④ 可调防护装置。如千斤顶可调防护装置，由筒体、连接杆、底座和固定体组成。连接杆和底座是一体结构，筒体通过连接杆与底座连接，底座底部设有一纵向燕尾槽；固定体下部是一根截面呈燕尾状导轨，上部是一个一边与燕尾状导轨长度相等并连接的板卡紧固件。固定体通过燕尾状导轨安装于底座燕尾槽内。将固定体上部插入机壳肋板，拧紧板卡紧固件上的紧固螺钉将固定体与机壳肋板连接固定。底座经固定体上的燕尾状导轨紧固于发电机机壳肋板上，千斤顶顶头内嵌于筒体内。由于使用了千斤顶顶头防护装置，

有效地防止了顶头蹦出伤人事件的发生，既保证了操作者的人身安全，又保证了设备的完好。其具有结构简单、操作方便、安全可靠等优点。

⑤ 双手操纵装置。如冲压机床所用的双手操纵装置。要使滑块下行，必须用双手同时操作（按下操纵杆或按钮）。亦即使滑块向下滑行运行时，两手不得离开操纵杆或按钮，避免手在危险区间里被伤害。

⑥ 可控防护装置。在防护装置关闭时，操作者或其身体的任何部位不可能处于危险区或危险区与防护装置之间。机器的尺寸和形状允许操作者或任何人员到达机器周围查看整个机器的运转。进入危险区的唯一方式是打开可控防护装置或联锁防护装置；与可控防护装置相连的联锁装置具有能达到的最高的可靠性。

（3）对机器设定、示教、过程转换、清洗或维修时需进入危险区的场合。在此种场合，机器应尽可能设计得使所提供的安全防护装置保证生产操作者的安全，也能保证负责设定、示教等人员的安全，而不妨碍他们执行任务。当不能做到上述要求时，对机器应尽可能提供减小风险的适当措施并采用手动控制方式。当采用手动控制时，自动控制模式将不起作用，同时，只有通过触发启动装置（止—推操纵装置或双手操纵装置），才能允许危险元件运动。

当执行不需要机器与其动力源保持联系的任务时（尤其是执行维修等任务时），应将机器与动力源断开，并将残存的能量泄放，以保证最高程度的安全。

2. 防护装置与安全装置的设计与制造要求

防护装置和安全装置设计制造的一般要求。在设计安全防护装置时，其形式与构造方式的选择应考虑所涉及的机械危险及其他危险，安全防护装置应与机器的工作环境相适应，且不易被损坏，一般应符合下列要求。

① 防护装置的设计方面

a. 所有防护装置的可预见操作的各方面都应在设计阶段给予适当的考虑，以保证防护装置的设计和制造本身不产生进一步的危险；

b. 挤压区。防护装置的设计应使其不能与机器或其他防护装置的零、部件构成危险的挤压区；

c. 耐久性。防护装置的设计应保证在机器的整个可预见的使用寿命期内能良好地执行其功能或能够更换性能下降的零、部件；

d. 卫生。防护装置的设计应尽可能使其通过装存物质或材料（如食品颗粒、污液）的方式不产生卫生方面的危险；

e. 清洗。在某些应用场合，尤其是在食品和药品加工中使用的防护装置的设计，应使其不仅使用安全而且便于清洗；

f. 排污。在某些有工艺要求的场合，诸如食品、药品、电子及相关工业中，防护装置的设计应使其能排出加工过程中的污物。

② 防护装置的制造方面。在确定防护装置的制造方法时应考虑以下方面的问题。

a. 锐边等危险突出物。防护装置的制造不应使其暴露锐边和尖角或其他的危险突出物；

b. 连接的牢固性。焊接、粘接或机械式紧固连接应有足够的强度，以承受正常的可预见的载荷。在使用粘接剂的场合，应使其与所采用的工艺和使用的材料相匹配。在使用机械紧固件的场合，其强度、数量和位置应足以保证防护装置的稳定性和刚度；

c. 只能用工具拆卸。防护装置的可拆卸部件应只能借助工具才可以拆卸；

d. 可拆卸防护装置的可靠定位。在可能的情况下，未安装定位件时可拆卸防护装置不应保持在应有位置；

e. 活动式防护装置的可靠关闭。活动式防护装置的关闭位置应可靠确定。防护装置应借助于重力、弹簧、卡扣、防护锁定或其他方法保持在限定的位置；

f. 可调式防护装置。可调的部件应使其开口在与物料通道相匹配的前提下，被限制得最小，且不使用工具也能方便地调整；

g. 活动式防护装置。活动式防护装置的打开应要求确定操作，而且在可能的情况下，活动式防护装置应借助铰链或滑道与机器或相邻的固定零件相连接，以使其即使在打开时也能被保持在某一位置，上述连接只有借助工具才可拆卸。

第四节　机械安全使用及附加预防措施

一、机械的安全使用信息

机械的安全使用信息是机械安全的不可分割的组成部分，是机械制造厂向用户提供产品时必须提供的主要文件之一，是产品的一个重要的组成部分，也是机械安全设计的一个主要内容。它用来明确规定机械的预定用途，包括保证安全和正确使用机器所需要的各种说明。

1. 一般要求

① 机械的安全使用信息。应通知和警告使用者有关无法通过设计来消除或充分减小的，而且安全防护装置也对其无效的或不完全有效的遗留风险。

机械的安全使用信息中应要求使用者按其规定或说明合理地使用机器，也应对按其使用信息的要求而采用其他方式使用机器的潜在风险提出适当的警告。

② 机械的使用信息不应用于弥补设计缺陷。

③ 机械的安全信息。必须包括运输、交付试验运转（装配、安装和调整）、使用（设定、示教或过程转换、运转、清理、查找故障和维修）的信息。如果需要，还应包括解除指令、拆卸和报废处理的信息。这些使用信息可以是分述的，也可以是综合的。

2. 机械的安全使用信息的类别与配置

这种使用信息的类别与配置应根据以下因素确定。

① 风险。

② 使用者需要使用信息的时间。

③ 机器的结构。

④ 这种使用信息或其中部分信息各给出应在：

a. 机器本体上；

b. 随机文件中（尤其是在操作手册中）。

3. 信号和警告装置

视觉信号（如闪亮灯）、听觉信号（如报警器）可用于危险事件将发生时（如机器启动或超速的报警）。

（1）这两种信号必须符合以下要求

① 在危险事件出现前发出。

② 含义确切。

③ 能被明确地觉察到，并能与所用的其他信号相区别。

④ 容易被使用者识别。

（2）设计者应注意到由于视觉和（或）听觉信号发射太频繁而导致"灵敏度"降低的风险，以免警告装置失去作用。

4. 标志、符号（象形图示）、文字警告

（1）安全标志。机械工业常用安全标志见图 2-11。

（2）识别性内容。如制造厂的名称与地址、系列和型号说明。

（3）表明对某些指令的符合性内容。如以文字表明是否可在潜在爆炸气氛中使用的各种符号性说明。

（4）安全使用条件的内容。如旋转件的最高转速、工具的最大直径、可移动部分的最大质量、穿着个人防护装备的必要性、防护装置的调整数据、检验频次等。

符号和文字警告不能简单地只写"危险"二字。易理解的形象化图形符号应优先于文字警告。文字警告应采用该机器的国家语言，并符合公认的标准。

有关电气装置的标志应符合相应电气标志标准的规定。

5. 随机文件（尤其是操作手册）

操作手册或其他文字说明应包括以下内容。

① 关于机器的运输、搬运和贮存的信息。例如：机器的贮存条件；尺寸、质量（重量）、重心位置、搬运说明（如起吊设备吊装点）。

② 关于机器交付试运转的信息。例如：固定和振动缓冲要求；

图 2-11　机械工业常用安全标志

装配和安装条件；使用和维修需要的空间；允许的环境条件（温度、湿度、振动、电磁辐射等）；机器与动力源的连接说明（尤其是对于防止电的过载）；关于废弃物的清除或处理建议。如果需要，对用户必须采取的防护措施（特殊安全装置、安全距离、安全符号和信号等）提出建议。

③ 关于机器本身的信息。例如：对机器及其附件、防护装置和（或）安全装置的详细说明；机器预定的全部应用范围，包括禁用范围，如果可能，还应考虑机器的变形；图表（尤其是安全功能的图解表示）；由机器产生的噪声、振动数据和由机器发出的射线、气体、蒸气及粉尘等数据；电气装置的有关数据；证明机器符合有关强制性要求的正式文件等。

④ 有关机器的使用信息。例如：手动操纵器的说明；设定与调整的说明；停机的模式和方法（尤其是紧急停机）；关于无法由

通过采用安全措施消除的风险信息；关于由某种应用或使用某些附件可能产生的特殊风险信息，以及关于这些应用所需的特定安全防护装置的信息；有关禁用信息；对故障的识别与位置确定、修理和协调后再启动的说明。如果需要，应对有关使用个人防护装置所需培训做出说明。

⑤ 维修信息。例如：检查的性质和频次；关于需要具有特定技术知识或特殊技能的熟练人员执行维修说明；关于便于执行维修任务（尤其是查找故障）的图样和图表。

⑥ 关于停止使用、拆卸和由安全原因而报废的信息。

⑦ 紧急状态信息。例如：所用的消防装置形式；关于可能发射或泄漏有害物质的警告。如果可能，应指明防止其影响的措施。

二、附加预防措施

附加预防措施主要包括紧急状态和有关措施和为改善机器安全而采用的一些辅助性预防手段。

1. 着眼于紧急状态的预防措施

（1）急停装置。每台机器都应装备有一个或多个急停装置，以使已有或即将发生的危险状态能得到避开。但有些情况除外，例如：

① 用急停装置无法减小其风险的机器。因它既不能停机，也不能对所涉及的风险采用所需的专用措施。

② 手持式机器和手导式机器。急停装置必须显眼，便于识别，并可使操作者能迅速接近手动操纵器；能尽快抑制危险过程，同时不产生附加危险；需要时，允许触发某类安全装置动作。急停装置操纵器被驱动后必须保持结合状态，只有通过适当操作，才能使其脱开，脱开操纵器不应使机器重新启动，而只有允许启动时才能启动。电动急停装置设计的具体要求应符合相应电气装置标准的规定。

（2）人陷入危险时的躲避和援救保护措施。可构成这种保护措施的例子如：在可能使操纵者陷入各种危险的设施中，应备有逃走路径和屏障；当机器紧急停机时，可用手动安排某些元件运动；某些零件能做反方向运动。

2. 有助于安全的手段、装备、系统的布局

（1）保证机器的可维修性。进行机器设计时，应考虑一些可维修因素，例如：内部零件的可接近性；容易移动并有可能用人力搬动；工作位置适当；限制专用工具或装备的数量；便于查看等。

（2）断开动力源和能量泄放措施。机器装备应有能与动力源断开的技术措施以及泄放残存能量的措施。这些措施应能达到以下要求：

① 使机器与所有动力源或其他供给系统断开　这种断开必须做到既可见（动力源连续性明显终端），又能通过允许检查断开装备上的操纵器位置而得到确认，并且还必须明确表示出机器的哪些部分已被断开。

② 如果需要（如在大型机器或设施中），应将所有切断装置锁定在"断开"位置。

③ 保证在断开点的"下游"不再有位能（如电能、可以释放的液压或机械能）和动能（如通过惯性可以继续运动的部件）。

（3）机器及其重型零件、部件容易安全搬运的措施。不能移动或不能通过人力搬动的机器及其零件、部件应装有适当的附属装置，以供借助起吊设备来搬动这些零件、部件。这些附属装置或措施如下：

① 具有吊环、吊钩、吊环螺栓或起重用螺孔的标准起吊装置。

② 当不可能安装附件时，应采用具有起重吊钩的自动抓取装置。

③ 为叉车搬运的导向槽。

④ 在机器上和其某些可拆卸的零件、部件上标明以千克（kg）为单位的质量。

⑤ 使起重装置与机器成为一体。

（4）安全进入机器的措施。机器应设计得使执行操作和日常调整、维修等所有工作都尽可能在地面上进行。不能这样做的场合，机器应具有机内平台、阶梯或其他设施，以及执行这些任务的安全通道。应注意保证这些平台或阶梯不能导致操作者接近机器的危险区。

在工作条件下使用的步行区应用防滑材料制造，并应根据其距地面的高度提供适当的扶手、栏杆、踏板、把手等。

在大型自动化设备中应特别注意给出如通道、跨越桥等安全进入的措施。

（5）机器及其零部件稳定性措施。机器及其零件、部件应设计得稳固，不能由于振动、风力、冲击或其他可预见的外力或因内部运动力（惯性力、电动力等）作用而翻倒和产生不可预测的运动。如果不能做到这些，则应通过采用专门的安全措施达到稳定性，如限制机器零、部件的运动量，一旦危及到机器稳定性时，用指示器、报警器发出警告或提供联锁装置防止倾倒，或将机器牢固地紧固到基础上。应考虑静态稳定性和动态稳定性两个方面。

（6）提供有助于发现和纠正故障的诊断系统。有可能时，在设计阶段应考虑有助于发现故障的诊断系统。这种系统不仅可以改善机械的有效性和可维修性，同时还可以减少维修人员面临的危险。

第三章

各类机械安全技术

第一节　金属切削机械安全概论

在现代机械制造工业中加工机械零件的方法有多种，如铸造、锻造、焊接、切削和各种特种加工方法等。其中，切削加工是将金属毛坯加工成具有一定形状、尺寸和表面质量的零件的主要加工方法，尤其是在加工精密零件时，目前主要依靠切削加工来达到所需的加工精度和表面质量的要求。目前，金属切削机床是加工机械零件的主要设备，它所担负的工作量在一般的机械制造厂中约占机器工作总量的 40%～60%。

一、金属切削加工的基本知识

1. 金属切削机床的工作特性

金属切削机床是用切削的方法将金属毛坯加工成为机械零件的设备。切削加工是利用切削工具从工件上切除多余材料的加工方法。金属切削机床进行切削加工时，需要将加工的工件和切削工具都固定在机床上，机床的动力源通过传动系统将动力和运动传给工件和刀具，使两者产生相对运动。在两者的相对运动过程中，切削工具将工件多余的材料切去，将工件加工成为达到设计要求的尺寸和精度的零件。由于切削工具的对象是金属，因此旋转速度快，切削工具（刀具）锋利，这是金属切削加工的主要特点。正是由于金属切削机床是高速精密机械，其加工精度和安全性不仅影响产品质量和加工效率，而且关系到操作者的安全和健康。

（1）切削机床的种类。金属切削机床简称机床，它是用切削加工方法将金属（或其他材料）的毛坯或半成品加工成零件的机器。由于是制造机械的机器，故又称"工作母机"或"工具机"。

① 按照通用程度分类为通用机床。通用机床型号的表示方法如下：

通用机床的型号由基本部分和辅助部分组成，中间用"/"隔开，读作"之"。基本部分需统一管理，辅助部分纳入型号与否由生产厂家自定。型号的构成如下：

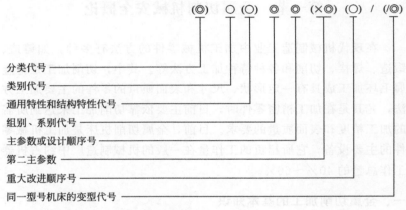

注：1. 有"○"符号者，为大写的汉语拼音；
　　2. 有"◎"符号者，为阿拉伯数字。

a. 机床的类代号。机床的类代号用汉语拼音字母（大写）表示，位于型号的首位（见下）。我国机床为 11 大类，其中如有分类者，在类代号前用数字表示区别（第 1 分类不表示），如第 2 分类的磨床，在"M"前加"2"，写成"2M"，见表 3-1。

表 3-1　机床类代号和分类代号

类别	车床	钻床	镗床	磨床			齿轮加工机床	螺纹加工机床	铣床	刨床	拉床	割床	其他机床
代号	C	Z	T	M	2M	3M	Y	S	X	B	L	G	Q
读音	车	钻	镗	磨	二磨	三磨	牙	丝	铣	刨	拉	割	其

b. 通用特性代号。当某类型机床，除有普通型式外，还具有通用特性，则在类代号之后，用大写的汉语拼音字母予以表示，例如，精密车床，在 C 后面加 M。

c. 机床的组、系代号。每类机床划分为 10 个组，每组又划分为 10 个系（系列）。在同类机床中，主要布局或使用范围基本相同的机床，即为同一组；在同一组机床中，其主参数相同，主要结构及布局型式相同的机床，即为同一系。

机床的组用一位阿拉伯数字表示，位于类代号或通用特性代号之后；机床的系，用一位阿拉伯数字表示，位于组代号之后。

d. 机床的主参数和第二主参数。型号中的主参数用折算值（一般为机床主参数实际数值的 1/10 或 1/100）两位数表示，位于组、系代号之后。它反映机床的主要技术规格，其尺寸单位为 mm，如 C6150 车床，主参数折算值为 50。折算系数为 1/10，即主参数（床身上最大回转直径）为 500mm。

第二主参数加在主参数后面，用"×"加以分开，如 C2150×6 表示最大棒料直径为 50mm 的卧式六轴自动车床。

e. 机床的重大改进序号。当机床的结构、性能有重大改进和提高时，按其设计改进的次序分别用汉语拼音"A、B、C、D…"表示，附在机床型号的末尾，以示区别。如 C6140A 是 C6140 型车床经过第一次重大改进的车床。

目前，工厂中使用较为普遍的几种老型号机床，是按 1959 年以前公布的机床型号编制办法编定的。按规定，以前已定的型号现在不改变。例如 C620-1 型卧式车床，型号中的代号及数字的含义如下：

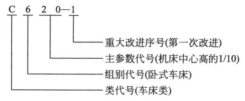

设计单位代号。设计单位为机床厂时，设计单位代号由机床厂

所在城市名称的大写汉语拼音字母及该机床厂在该城市建立的先后顺序号，或机床厂名称的大写汉语拼音字母表示；设计单位为机床研究所时，设计单位顺序号由研究所名称的大写汉语拼音字母表示。

② 按照加工精度分类。机床按其加工精度的不同可分为普通精度机床、精密机床和高精度机床。

a. 普通精度机床的加工精度分为（mm）外圆精度 0.01；外圆圆柱度 0.01/100；端面平面度 0.02/200；螺纹螺距精度 0.06/300；外圆粗糙度 Ra 为 2.5～1.25μm。

b. 精密机床的加工精度。理论上机床的精度不会高于机床操作机构的最小刻度。但是，考虑到机床质量、设备老化、不正确操作等情况，机床的精度往往低于最小刻度。普通的车床，比方说 CA6140A，出厂精度为 0.02mm，因为它的溜板箱上的刻度最小为 0.02mm，你不可能让机床精确运动 0.02mm 以下的距离，所以它的精度是 0.02mm。一般的数控型车床精度为 0.001mm。现在国内 0.001mm 的机床也很常见了。超精密级的机床就比较少了，国内一般为 0.0001mm，国外的可以到 1nm，也就是 0.000001mm。

c. 高精度机床的加工精度。高精度机床一般为数控机床，数控在国标中的定义是"用数字化信号对机床运动及其加工过程进行控制的一种方法"。现代数控机床是集高新技术于一体的典型机电一体化加工设备。数控加工设备主要分切削加工、压力加工和特种加工（如数控电火花加工机床等）3 类。切削加工类数控机床的加工过程能按预定的程序自动进行，消除了人为的操作误差和实现了手工操作难以达到的控制精度，加工精度还可以用软件来校正和补偿。因此，可以获得比机床精度还要高的加工精度及重复定位精度；工件在一次装夹后，能先后进行粗、精加工，配置自动换刀装置后，还能缩短辅助加工时间，提高生产率。由于机床的运动轨迹受可编程的数字信号控制，因而可以加工单件和小批量且形式复杂的零件，生产准备周期大为缩短。综上所述，数控机床具有精度高、效率高、自动化程度高和柔性好的特点。

从数控机床的生产现状和发展趋势看，由于微电子技术、信息处理技术等新技术、新工艺在机床行业的渗透和应用，它与普通机床相比不仅在机械结构性能方面发生了"质"和"形"的变化，且其外观造型也形成了自身独特的风格和特点。其加工精度见表3-2。

表3-2　部分高精度机床的加工精度

设备分类	品牌/型号（产地）	切削范围/mm	精度/mm	机床特殊功能
卧式加工中心	DOOSAN/HM800（韩国）	1250×1250×1200	0.01	中心出水70巴
	DOOSAN/HM630（韩国）	1000×1000×1000	0.01	中心出水＋四轴联动
	MAZAK/HCN5000L（日本）	800×800×800	0.01	主轴转速14000 中心出水，四轴联动
数控立式车床	DOOSAN/PUMA V800（韩国）	φ830×750	0.01	21寸卡盘
	DOOSAN/PUMA V400（韩国）	φ500×650	0.01	15寸卡盘
大型数控卧式车床	DOOSAN/PUMA600（韩国）	φ950×1600	0.01	32寸卡盘＋液压中心架
	DOOSAN/PUMA5100L（韩国）	φ800×2200	0.01	24寸卡盘＋液压中心架
中小型数控卧式车床	DOOSAN/PUM245（韩国）	φ450×550	0.01	10寸卡盘
	DOOSAN/PUM235（韩国）	φ400×550	0.01	8寸卡盘
五轴、四轴联动加工中心	MAZAK/VAR500（日本）	800×800×1000	0.01	五轴
	HASS/VF-5（美国）	740×408×320	0.01	四轴联动
	鼎泰/1000（台湾）	1000×650×700	0.01	三轴
车铣复合	DOOSAN/PUMA235（韩国）	φ320×550	0.01	X向、Z向动力头
	宫野/42BNA-S（日本）	φ42×250	0.005	双主轴、双向动力头
走心机	STAR/SB32（日本）	φ32×210	0.01	双主轴均有动力头
	STAR/SR20G（日本）	φ23×205	0.01	双主轴均有动力头

③ 按照自动化程度分类。可分为手动、机动、半自动和全自动机床。

④ 按照机床质量分类。可分为仪表机床、中型机床（一般机床）、大型机床（质量达10t以上）、重型机床（质量在30t以上）、超重型机床（质量在100t以上）。

⑤ 按机床主要工作部件的数目分类。可分为单轴、多轴、单刀或多刀机床。

（2）切削机床的基本结构

金属切削机床种类繁多，在其结构上也各不相同。但其基本装置都是一样的，包括传动装置、制动装置、安全装置等，它们的基本结构包括：机座、传动装置、动力源、润滑系统。

① 机座（床身或机架）。机座上装有支撑和传动的部件，将被加工的工件和刀具固定夹牢并带动它们作相对运动，这些部件主要有工作主轴、拖板、工作台、刀架等。由导轨、滚动轴承、滚动轴等导向。

② 传动机构。将动力传到各运动部件，传动部件有蜗轮蜗杆、齿轮齿条、曲轴连杆机构、液压传动机构、齿轮及链传动和皮带传动等机构等。为了改变工件和刀具的运动速度，机床上都有有级或无级变数机构，一般是齿轮变速箱。

③ 动力源。一般是电动机及其操纵器。机床动力源根据用途分为三种类型：提供切削速度的主轴驱动动力源，进给驱动动力源及辅助运动驱动动力源。数控机床中多使用电动机作为动力源。

a. 主轴驱动动力源。为主轴提供能量和较高的速度，因为电动机可以在很宽的工作范围内经济地提供足够的能量和速度，所以大部分数控机床的主运动由电动机驱动。一般不采用交流电动机直接驱动主轴。在需要调速的场合，通常使用直流电动机。直流电动机可以在无级调速时输出足够的功率。

b. 进给驱动动力源。在普通机床中，通常由主轴带动齿轮链驱动进给运动。在数控加工中，进给运动就不能由主轴带动齿轮链驱动了。刀具或工件的运动有两种独立的要求：

a）在切削加工时，刀具或工件的实际位置总是要尽可能接近参考信号的位置；

b）除了加工螺纹，进给速度不需要精确控制。

与主轴驱动动力源相比，进给驱动动力源的功率要小得多。此外，进给运动的速度比切削运动慢得多。尽管进给运动的速度不高，但是，进给驱动动力源的控制精度和响应速度必须很高。

c. 辅助运动驱动动力源。通常使用交流感应电动机作为辅助运动驱动动力源，包括冷却泵、除屑、驱动液压马达等，在这些应用场合，只需要进行开/关控制。

④ 润滑及冷却系统。尽管应用高速切削加工可实现干切削，使得数控加工机床配置液压冷却润滑系统目前成为一个有争议的技术问题。但是，为了有效提高设备加工生产率，延长设备与刀具使用寿命，改善零件加工质量，绝大多数高速数控机床仍设计配置有完善的液压冷却润滑液系统，特别是用于钛合金等难加工结构件的加工的高速数控 MC 机床，通常设计有高压大流量液压冷却润滑系统。

2. 切削加工的常见事故与原因

（1）金属切削机床常见事故

① 设备接地不良，漏电，照明未采用安全电压，导致发生触电事故。

② 旋转部位楔子、销钉凸出而未加防护罩，导致绞缠人体，发生伤害事故。

③ 清除铁屑末时未采用专用工具，且操作者未戴护目镜，发生刺割事故或崩伤事故。

④ 加工细长杆轴料时，车床尾部无防弯曲装置或托架，导致长料在运动中甩出伤人事故。

⑤ 加工的零部件装卡不牢，运转中飞出击伤人体。

⑥ 机床的防护保险装置、防护栏、保护盖不全或维修不及时，易造成绞伤、碾伤事故。

⑦ 砂轮有裂纹或装卡不合规定要求，发生砂轮破碎飞出伤人事故。

⑧ 操作者在操作旋转机床时戴手套，而手套被机床的转动部分缠绕，发生绞手事故，甚至人身伤亡事故。

（2）金属切削机床发生事故的原因。造成金属切削机床伤害事故有以下几方面的原因：

① 人的不安全行为

a. 机械产生的噪声使操作者的知觉和听觉麻痹，导致不易判断或判断错误；

b. 依据错误或不完整的信息操纵或控制机械造成失误；

c. 机械的显示器、指示信号等显示失误使操作者误操作；

d. 控制与操纵系统的识别性、标准化不良而使操作者产生操作失误；

e. 时间紧迫致使没有充分考虑而处理问题；

f. 缺乏对机械危险性的认识而产生操作失误；

g. 技术不熟练，操作方法不当；

h. 准备不充分，安排不周密，因仓促而导致操作失误；

i. 作业程序不当，监督检查不够，违章作业；

j. 人为地使机器处于不安全状态，如取下安全罩、切除联锁装置等。走捷径、图方便、忽略安全程序。如不盘车、不置换分析等。

② 误入危区的原因

a. 操作机器的变化，如改变操作条件或改进安全装置时；

b. 图省事、走捷径的心理，对熟悉的机器，会有意省掉某些程序而误入危险区；

c. 条件反射下忘记危险区；

d. 单调的操作使操作者疲劳而误入危险区；

e. 由于身体或环境影响造成视觉或听觉失误而误入危险区；

f. 错误的思维和记忆，尤其是对机器及操作不熟悉的新工人容易误入危险区；

g. 指挥者错误指挥，操作者未能抵制而误入危险区；

h. 信息沟通不良而误入危险区；

i. 异常状态及其他条件下的失误。

③ 机械的不安全状态。机械的不安全状态，如机器的安全防护设施不完善，通风、防毒、防尘、照明、防震、防噪声以及气象条件等安全卫生设施缺乏等均能诱发事故。动机械所造成的伤害事

故的危险源常常存在于下列部位：

a. 旋转的机件具有将人体或物体从外部卷入的危险；机床的卡盘、钻头、铣刀等、传动部件和旋转轴的突出部分有钩挂衣袖、裤腿、长发等而将人卷入的危险；风翅、叶轮有绞碾的危险；相对接触而旋转的滚筒有使人被卷入的危险；

b. 作直线往复运动的部位存在着撞伤和挤伤的危险。冲压、剪切、锻压等机械的模具、锤头、刀口等部位存在着撞压、剪切的危险；

c. 机械的摇摆部位又存在着撞击的危险；

d. 机械的控制点、操纵点、检查点、取样点、送料过程等也都存在着不同的潜在危险因素。

二、机械伤害形式

1. 咬入和挤压

这种伤害是在两个零部件之间产生的，其中一个或两个是运动零部件，这时人体的四肢被卷进两个部件的接触处。

（1）挤压。典型的挤压伤害是压力机。当滑块（冲头）下落时，如人手正在安放工件或调整模具，就会受伤。这种危险不一定两个部件完全接触，只要距离很近，四肢就可能受挤压。除直线运动部件外，人手还可能在螺旋输送机、塑料注射成型机中受挤压。如果安装距离过近或操作不当，如在转动阀门的平轮或关闭防护罩时也会受挤压。

（2）咬入（咬合）。典型的咬入点（也可叫挤压点）是啮合的明齿轮、皮带与皮带轮、链与链轮，两个相反方向转动的轧辊。一般是两个运动部件直接接触，将人的四肢卷进运转中的咬入点。

2. 碰撞和撞击

这种伤害有两种主要形式，一种是比较重的往复运动部件撞人，伤害程度与运动部件的质量和运动速度的乘积即部件的动量有关。典型例子是人受到前进方向刨床床面的碰撞。碰撞包括运动物体撞人或人撞固定物件。另一种是飞来物及落下物的撞击造成的伤害。飞来物主要指高速旋转的零部件、工具、工件、紧固件固定不牢或松脱时，会以高速甩出。这些物体质量很大，转速很高，由于动能与速度的平方成正比，所以动能很大。飞来物撞击人体，能使人造成严重的伤害。高速飞出的切屑也能使人受到伤害。

3. 接触

当人体接触机械的运动部件或运动部件直接接触人体时都可能造成机械伤害。运动部件一般指具有锐边、尖角、利棱的刀具，有凸出物的表面和摩擦表面；也包括过热、过冷表面和电绝缘不良而导电的静止物体的表面。后者不属于机械伤害。接触伤害有 4 类。

（1）夹断。当人体伸入两个接触部件中间时，人的肢体可能被夹断。夹断与挤压不同，夹断发生在两个部件的直接接触，挤压不一定完全接触，两个部件不一定是刀刃。其中一个是运动部件或两个都是运动部件都能造成夹断伤害。

（2）剪切。两个具有锐利边刃的部件，在一个或两个部件运动时，能产生剪切作用。当两者靠近而人的四肢伸入时，刀刃能将四肢切断。

（3）割伤和擦伤。这种伤害可以发生在运动机械和静止设备上。当静止设备上有尖角和锐边，而人体与该设备作相对运动时，能被尖角和锐边割伤。当然有尖角、锐边的部件转动时，对人造成的伤害更大，如人体接触旋转刀具、锯片，都会造成严重的割伤。高速旋转的粗糙面如砂轮能使人擦伤。

（4）卡住或缠住。具有卡住作用的部位是指静止设备表面或运动部件上的尖角或凸出物。这些凸出物能绊住、缠住人宽松的衣服，甚至皮肤。当卡住后，有引向另一种危险，特别是运动部件上的凸出物、皮带接头、车床的转轴、加工件都能将人的手套、衣袖、头发、辫子甚至工作服口袋中擦机器用的棉纱缠住而使人造成严重伤害。

4. 摩擦和磨损

这一类的伤害一般发生在旋转的刀具、砂轮等机械部件上。当人体接触到正在旋转的这些部件时，就会与其产生剧烈的摩擦而给人体带来伤害。

5. 飞出物击伤

由于发生断裂、松动、脱落或弹性位能等机械释放，使失控的物件飞甩或反弹出去，对人造成伤害。例如，轴的破坏引起装配在其上的皮带轮、飞轮、齿轮或其他运动零部件坠落或飞出；螺栓的松动或脱落引起被它坚固的运动零部件脱落或飞出；高速运动的零件破裂碎块甩出；切屑废屑的崩甩等。另外，弹性元件的位能引起的弹射。例如，弹簧、皮带等的断裂；在压力、真空下的液体或气体位能引起的高压流体喷射等。

6. 跌倒、坠落

由于地面堆物无序或地面凹凸不平导致的磕绊跌伤，接触面摩擦力过小（光滑、油污、冰雪等）造成打滑、跌倒。假如由于跌倒引起二次伤害，那么后果将会更严重。

人从高处失足坠落，误踏入坑井坠落；电梯悬挂装置破坏，轿厢超速下行，撞击坑底对人员造成的伤害。

机械危险大量表现为人员与运动物件的接触伤害，各种形式的机械危险、机械危险与其他非机械危险往往交织在一起。在进行危险识别时，应该从机械系统的整体出发，考虑机器的不同状态、同一危险的不同表现方式、不同危险因素之间的联系和作用，以及显现或潜在的不同形态等。

7. 物体坠落打击

处于高位置的物体具有势能，当它们意外坠落时，势能转化为动能，造成伤害。例如，高处掉下的零件、工具或其他物体（哪怕是很小的）；悬挂物体的吊挂零件破坏或夹具夹持不牢引起物体坠落；由于质量分布不均衡，重心不稳，在外力作用下发生倾翻、滚落；运动部件运行超行程脱轨导致的伤害等。

8. 切割和擦伤

切削刀具的锋刃，零件表面的毛刺，工件或废屑的锋利飞边，机械设备的尖棱、利角和锐边；粗糙的表面（如砂轮、毛坯）等，无论物体的状态是运动的还是静止的，这些由于形状产生的危险都会构成伤害。

三、机械伤害频率和严重率

各国对机械伤害的事故作出了统计分析表明，各种机械的伤害频率和伤害的严重率是不同的。表 3-3 是美国安全卫生研究所（NIOSH）有关各种机械伤害频率和严重率的报告。

表 3-3　各种机械的伤害频率和严重率（每百万工时）

机械名称	平均伤害频率	平均严重率	机械名称	平均伤害频率	平均严重率
机械压力机	0.321	0.070	铣床	0.041	0.033
液压压力机	0.301	0.046	压力机、成型机	0.034	0.054
切断用圆锯机	0.214	0.054	带锯	0.027	0.030
磨床	0.201	0.030	成型滚筒、轧光机	0.019	0.033
车床	0.083	0.030	木工刨床	0.013	0.038
钻床	0.076	0.028	锻压机	0.009	0.035
抛光机、磨光机	0.066	0.024	刨床	0.004	0.016
弧焊机	0.058	0.037	木工车床	0.003	0.060
多种切断机	0.053	0.045			

从表 3-3 可知，伤害频率的顺序是机械压力机，液压压力机，切断用圆锯机等。由表 3-3 中可知，无论是伤害频率还是伤害严重率都以压力机最危险。

我国规定危险性较大的生产设备是锅炉、压力容器、机械压力机、木工机械、塑料注射成型机，这些机械由国家安全监察机构审批设计图纸后才能生产。

四、机械伤害后果

机械伤害的后果一般都比较严重，轻则损伤皮肉，重则断肢致残，甚至危及生命。《企业职工伤亡事故分类》（GB 6441）对伤害后果有明确的规定。

1. 受伤部位

可遍及全身各部位，如颅脑、面颌部、眼部、鼻、耳、口、颈部、胸部、腰部、脊柱、四肢、包括上肢、腕、下肢、踝及脚。严重时可造成多处受伤。受伤时可造成外伤、内伤或兼有内外伤。

2. 受伤性质

指人体受伤的类型。机械伤害包括：挫伤、轧伤、压伤、倒塌压埋伤、割伤、擦伤、刺伤、骨折、撕脱伤、扭伤、切断伤、冲击伤及多处受伤。

3. 伤害后果

机械伤害造成的后果程度不同，最轻的只有皮肤表面的轻微外伤，一般不影响工作，这类伤害一般不统计上报。我国规定须统计上报的职工伤亡事故是指由于在生产劳动过程中，发生的人身伤害已影响到劳动者的工作能力。

（1）伤害后果分类

① 暂时性势能伤害。指伤害者暂时不能从事原岗位工作的伤害，必须进行治疗。

② 永久性部分失能伤害。指伤害者肢体某些功能不可逆丧失的伤害，包括局部肢体的截肢，经治疗可以恢复工作，有的可能需要变换工作岗位。

③ 永久性失能伤害。指除死亡外，一次事故中，受伤者造成完全残疾的伤害，伤害者已完全丧失劳动能力。

（2）伤害程度分类。GB 6441—86 规定以损失工作日来划分伤害程度。损失工作日是指被伤害者失能的工作时间。该标准附录 B 是损失工作日计算表。表中规定了死亡或永久性失能伤害、永久性部分失能伤害，包括截肢或完全失去机能部位损失工作日换算表、骨折损失工作日换算表、功能损失工作日换算表。对于表中未规定数值的暂时性失能伤害按实际歇工天数计算。标准对计算方法有严格的规定。计算损失工作日后即可确定伤害程度。其分类如下。

① 轻伤。指损失工作日低于 105 日的失能伤害。

② 重伤。指损失工作日为 105 工作日以上（含 105 工作日），6000 工作日以下的失能伤害。

③ 死亡。指损失工作日为 6000 工作日以上（含 6000 工作日）

的失能伤害。

第二节　金属切削机械安全技术

一、金属切削加工的伤害事故及预防

金属切削时要防止转动卡盘花键等转动部件把人体卷进的伤害。工件、夹具飞出撞击人的伤害、铁屑致伤人的伤害。还要采取措施，防止工人操作时失去平衡撞到静止的部件或工作台上。普通车床示意图见图 3-1。

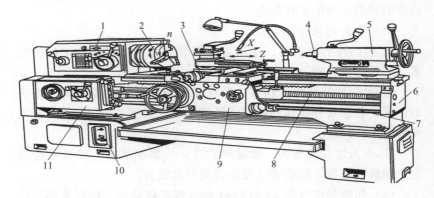

图 3-1　普通车床示意图

1—齿轮箱；2—卡盘；3—进刀架；4—顶尖；5—尾座；6—丝杠、光杠顶头；
7—光杠；8—丝杠；9—进刀控制箱；10—电源盒；11—变速操纵器

1. 车削加工的安全操作措施

（1）切屑的伤害及防护措施。车床上加工的各种钢料零件韧性较好，车削时所产生的切屑富于塑性卷曲，边缘锋利。在高速切削钢件时会形成红热的、很长的切屑，极易伤人，同时经常缠绕在工件、车刀及刀架上，所以工作中应经常用铁钩及时清理或拉断，必要时应停车清除，但绝对不允许用手去清除或拉断。为防止铁屑伤害常采取断屏、控制切屑流向措施和加设各种防护挡板。断屑的措施是在车刀上磨出断屑槽或台阶；采用适当断屑器；采用机械卡固刀具。

（2）工件的装卡。在车削加工的过程中，因工件装卡不当而发生损坏机床、折断或损坏刀具以及工件掉下或飞出伤人的事故为数较多。所以，为确保车削加工的安全生产，装卡工件时必须格外注意。对大小、形状各异的零件要选用合适的卡具，不论三爪、四爪卡盘或专用卡具和主轴的连接都必须稳固可靠。对工件要卡正、卡紧，大工件卡紧可用套管，保证工件高速旋转并切削受力时，不移位、不脱落和不甩出。必要时可用顶尖、中心架等增强卡固。卡紧后立即取下扳手。

（3）安全操作。工作前要全面检查机床，确认良好方可使用。工件及刀具的装卡保证位置正确、牢固可靠。加工过程中，更换刀具、装卸工件及测量工件时，必须停车。工件在旋转时不得用手触摸或用棉丝擦拭。要适当选择切削速度、进给量和吃刀深度，不许超负荷加工。床头、刀架及床面上不得放置工件、工卡具及其他杂物。使用锉刀时要将车刀移到安全位置，右手在前、左手在后，防止衣袖卷入。机床要有专人负责使用和保养，其他人员不得动用。

2. 操作者对立式车床操作的特殊措施

（1）操作前，先检查保险装置和防护装置是否灵活好用，妨碍转动的东西要清除。工具、量具不准放在横梁或刀架上。

（2）装卸工件、工具时要和行车司机、装吊工密切配合。

（3）工件、刀具要紧固好。所用的千斤顶、斜面垫板、垫块等应固定好，并经常检查以防松动。

（4）工件在没夹紧前，只能点动校正工件，并要注意人体与旋转体保持一定的距离。严禁站在旋转工作台上调整机床和操作按钮。非操作人员不准靠近机床。

（5）使用的扳手必须与螺帽或螺栓相符。夹紧时，用力要适当，以防滑倒。

（6）如工件外形超出卡盘，必须采取适当措施，以避免碰撞立柱、横梁或把人撞伤。

（7）对刀时必须慢速进行，自动对刀时，刀头距工件40～60mm，即停止自动运动，要手摇进给。

（8）在切削过程中，刀具未退离工件前不准停车。

（9）加工偏心工件时，要加配重铁，保持卡盘平衡。

（10）登垫板操作时要注意安全，不准将身体伸向旋转体。

（11）切削过程中禁止测量工件和变换工作台转速及方向。

（12）不准隔着回转的工件取东西或清理铁屑。

（13）发现工件松动、机床运转异常、进刀过猛时应立即停车调整。

（14）大型立车二人以上操作，必须明确主操作人负责统一指挥，互相配合。非主操作人不得下令开车。

（15）加工过程中机床不得离人。

3. 车削加工的安全技术

（1）机床运转异常状态。机床正常运转时，各项参数均应稳定在允许范围内；若各项参数偏离了正常范围，就预示系统或机床本身或设备某一零件、部位出现故障，必须立即查明变化原因，防止引起事故。常见的异常现象有：温升异常、转速异常、振动和噪声过大、出现撞击声、输入输出参数异常、机床内部缺陷。

① 温升异常。常见于各种机床所使用的电动机及轴承齿轮箱。温升超过允许值时，说明机床超负荷或零件出现故障，严重时能闻到润滑油的恶臭和看到白烟；

② 转速异常。机床运转速度突然超过或低于正常转速，可能是由于负荷突然变化或机床出现机械故障；

③ 振动和噪声过大。机床由于振动而产生的故障率占整个故障的60％～70％。其原因是多方面的，如机床设计不良、机床制造缺陷、安装缺陷、零部件动作不平衡、零部件磨损、缺乏润滑、机床中进入异物等；

④ 出现撞击声。零部件松动脱落、进入异物、转子不平衡均可能产生撞击声；

⑤ 输入输出参数异常。表现为：加工精度变化；机床效率变

化（如泵效率）；机床消耗的功率异常；加工产品的质量异常如球磨机粉碎物的粒度变化；加料量突然降低，说明生产系统有泄漏或堵塞；机床带病运转时输出改变等；

⑥ 机床内部缺陷。包括组成机床的零件出现裂纹、电气设备设施绝缘质量下降、由于腐蚀而引起的缺陷等。

以上种种现象，都是事故的前兆和隐患。事故预兆除利用人的听觉、视觉和感觉可以检测到一些明显的现象（如冒烟、噪声、振动、温度变化等）外，主要应使用安装在生产线上的控制仪器和测量仪表或专用测量仪器监测。

（2）运动机械中易损件的故障检测 一般机械设备的故障较多表现为容易损坏的零件成为易损件。运动机械的故障往往都是指易损件的故障。提高易损件的质量和使用寿命，及时更新报废件，是预防事故的重要任务。

① 零部件故障检测的重点。包括转动轴，轴承，齿轮，叶轮。其中滚动轴承和齿轮的损坏更为普遍；

② 滚动轴承的损伤现象及故障。损伤现象有滚珠砸碎、断裂、压坏、磨损、化学腐蚀、电腐蚀、润滑油结污、烧结、生锈、保持架损坏、裂纹等；检测参数有振动、噪声、温度、磨损残余物分析和组成件的间隙；

③ 齿轮装置故障。主要有齿轮本体损伤（包括齿和齿面损伤），轴、键、接头、联轴器的损伤，轴承的损伤。检测参数有噪声、振动，齿轮箱漏油、发热。

（3）金属切削机床常见危险因素的控制措施

① 设备可靠接地，照明采用安全电压；

② 楔子、销子不能突出表面；

③ 用专用工具，带护目镜；

④ 尾部安防弯装置及设料架；

⑤ 零部件装卡牢固；

⑥ 及时维修安全防护、保护装置；

⑦ 选用合格砂轮，装卡合理；

⑧ 加强检查，杜绝违章现象，穿戴好劳动防护用品。

二、铣床的伤害事故及预防

在铣床工作中，铣刀、切屑、工件和安装工件的夹具都可能使铣工遭受伤害。例如，当夹装工件从机床上卸下时，工人的手靠近设有遮挡的铣刀，铣刀运转时测量零件或用手和其他物件在铣刀下面清除铁屑，在检验加工表面粗糙度时，手指靠近铣刀等，都可能发生伤害事故。见图 3-2。

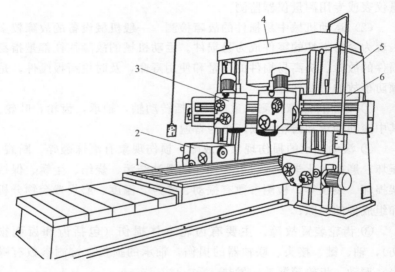

图 3-2 龙门铣床示意图

1—工作台；2—水平主轴铣头；3—垂直主轴铣头；

4—顶梁；5—立柱；6—横梁

1. 铣床的安全操作

（1）工作前要检查机床各系统是否安全好用，各手轮摇把的位置是否正确，快速进刀有无障碍，各限位开关是否能起到安全保护的作用。

（2）每次开车及开动各移动部位时，要注意刀具及各手柄是否在需要位置上。扳快速移动手柄时，要先轻轻开动一下，看移动部位和方向是否相符。严禁突然开动快速移动手柄。

（3）安装刀杆、支架、垫圈、分度头、虎钳、刀孔等，接触面均应擦干净。

（4）机床开动前，检查刀具是否装牢，工件是否牢固，压板必须平稳，支撑压板的垫铁不宜过高或块数过多，刀杆垫圈不能做其他垫用，使用前要检查平行度。

（5）在机床上进行上下工件、刀具、紧固、调整、变速及测量工件等工作时必须停车，更换刀杆、刀盘、立铣头、铣刀时，均应停车。拉杆螺钉松脱后，注意避免砸手或损伤机床。

（6）机床开动时，不准量尺寸、对样板或用手摸加工面。加工时不准将头贴近加工表面观察吃刀情况。取卸工件时，必须移动刀具后进行。

（7）拆装立铣刀时，台面须垫木板，禁止用手去托刀盘。

（8）装平铣刀，使用扳手扳螺母时，要注意扳手开口选用适当，用力不可过猛，防止滑倒。

（9）对刀时必须慢速进刀，刀接近工件时，需要手摇进刀，不准快速进刀，正在走刀时，不准停车。铣深槽时要停车退刀。快速进刀时，注意手柄伤人。万能铣垂直进刀时，工件装卡要与工作台有一定的距离。

（10）吃刀不能过猛，自动走刀必须摘掉工作台上的手轮。不准突然改变进刀速度。有限位撞块应预先调整好。

（11）在进行顺铣时一定要清除丝杠与螺母之间的间隙，防止打坏铣刀。

（12）开快速时，必须使手轮与转轴脱开，防止手轮转动伤人，高速铣削时，要防止铁屑伤人，并不准急刹车，防止将轴切断。

（13）铣床的纵向、横向、垂直移动，应与操作手柄指的方向一致，否则不能工作。铣床工作时，纵向、横向、垂直的自动走刀只能选择一个方向，不能随意拆下各方向的安全挡板。

（14）工作结束时，关闭各开关，把机床各手柄扳回空位，擦拭机床，注润滑油，维护机床清洁。

2. 铣床的安全防护装置

为防止运转的铣刀及刀轴将操作工人的手或衣服卷入铣刀和工件之间，造成伤害事故，可在旋转的铣刀上安装防护装置。操作区的危险点有，夹伤点，旋转部件，飞溅物体和火花等。为了保护操作区的操作人员和其他人员的安全，必须使用一种或多种保护措施，比如电控安全防护装置防护罩等。安全联锁型防护罩对于普通型的立式铣床及卧式铣床的安全防护效果是非常理想的。当防护罩离开原位，安全联锁开关上的正极触电打开，发送一个急停信号给机器；安全微动开关电器线缆配置了保护套，并且连接到机器的安全回路，所有的安全微动开关都安装在一个围起来的外壳里面（等级 IP67），安装非常方便，改善了以前没有安全联锁的缺陷，保护了操作者的双手，不直接接触到高速旋转的部件保护了操盘者的面部，铁屑等不伤害到眼睛。

三、钻床的伤害事故及预防

钻床指主要用钻头在工件上加工孔的机床。通常钻头旋转为主运动，钻头轴向移动为进给运动。钻床结构简单，加工精度相对较低，可钻通孔、盲孔，更换特殊刀具，可扩、锪孔，铰孔或进行攻丝等加工。加工过程中工件不动，让刀具移动，将刀具中心对正孔中心，并使刀具转动（主运动）。钻床的特点是工件固定不动，刀具做旋转运动，并沿主轴方向进给，操作可以是手动，也可以是机动。

钻床工作时，心轴、套筒、钻头和传动装置等回转部分，如没有设置适当的防护装置，可能会将人的衣服和头发卷入。工件在钻床工作台上加装不牢、钻头没有装紧或钻头折断时，都能发生事故。

钻韧性金属时，如果没有断屑装置；或钻脆性金属时，清除铁屑没有遵守安全规程，都可能造成铁屑伤人。

钻床结构见图 3-3。

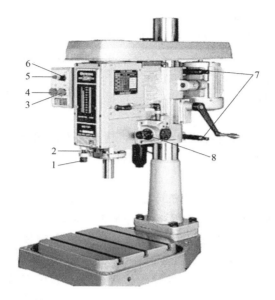

图 3-3 钻床示意图

1—快进刀冲程调整旋钮；2—全行程调整旋钮；3—启动开关；4—紧急复原开关；
5—指示灯；6—电源开关；7—夹紧螺钉；8—切削速度调整旋钮

1. 钻床的安全操作

（1）工作前必须穿好工作服，扎好袖口，不准围围巾，严禁戴手套，女生发辫应挽在帽子内。

（2）要检查设备上的防护、保险、信号装置。机械传动部分、电气部分要有可靠的防护装置。工、卡具是否完好，否则不准开动。

（3）钻床的平台要紧固，工件要夹紧。钻小件时，应用专用工具夹持，防止被加工件带起旋转，不准用手拿着或按着钻孔。

（4）手动进刀一般按逐渐增压和减压的原则进行，以免用力过猛造成事故。

（5）调整钻床速度、行程、装夹工具和工件时，以及擦拭钻床时要停车进行。

（6）钻床开动后，不准触摸运动着的工件、刀具和传动部分。禁止隔着机床转动部分传递或拿取工具等物品。

（7）钻头上绕长屑时，要停车清除，禁止用口吹、手拉，应使用刷子或铁钩清除。

（8）凡两人或两人以上在同一台机床工作时，必须有一人负责安全，统一指挥，防止发生事故。

（9）发现异常情况应立即停车，请有关人员进行检查。

（10）钻床运转时，不准离开工作岗位，因故要离开时必须停车并切断电源。

（11）工作完后，关闭机床总闸，擦净机床，清扫工作地点。

（12）使用前要检查钻床各部件是否正常。

（13）钻头与工件必须装夹紧固，不能用手握住工件，以免钻头旋转引起伤人事故以及设备损坏事故。

（14）集中精力操作，摇臂和拖板必须锁紧后方可工作，装卸钻头时不可用手锤和其他工具物件敲打，也不可借助主轴上下往返撞击钻头，应用专用钥匙和扳手来装卸，钻夹头不得夹锥形柄钻头。

（15）钻薄板需加垫木板，钻头快要钻透工件时，要轻施压力，以免折断钻头损坏设备或发生意外事故。

（16）钻头在运转时，禁止用棉纱和毛巾擦拭钻床及清除铁屑。工作后钻床必须擦拭干净，切断电源，零件堆放及工作场地保持整齐、整洁，认真做好交接班工作。

2. 钻削安全技术

钻削加工是机械加工车间耗时最多的工序。事实上，在所有的加工工时中，有36％消耗在孔加工操作上。与此对应的是，车削加工耗时为25％，铣削加工耗时为26％。因此，采用高性能整体硬质合金钻头取代高速钢和普通硬质合金钻头，能够大幅度减少钻削加工所需的工时，从而降低孔加工成本。近几年来，切削加工参数（尤其是切削速度）在不断提高，特别是高性能整体硬质合金钻头的切削速度提高明显。在机床能够提供足够的功率、稳定性和冷却液输送能力的条件下，采用 200m/min 的切削速度钻削钢件已不足为奇。尽管如此，与车削或铣削加工的一般切削速度相比，钻削加工在加工效率上还有很大的提高潜力。

为了工作时的安全，对钻床的设计、夹具的设计、钻头的刃磨等方面都要采取各种安全措施。夹装钻头的套筒外不可有凸出的边缘。夹紧钻头的装置必须保证把钻头夹紧牢固，对准中心装卸方便。

当零件经钻孔、铰孔、刮光孔底等一系列操作，而钻头需要时常装卸或钻不同直径的孔时，宜采用快速装卸式套筒。这种套筒在心轴回转时装卸钻头比较安全，并显著地提高了劳动生产率。

在操作中应防止钻头折断，钻头的折断主要是由于下列原因引起的：

a. 钻孔时，钻头碰到零件上的砂眼或硬块；

b. 钻头上的螺旋槽充塞铁屑来不及清除。

用麻花钻头钻切非常厚的韧性金属时，从钻头排出的两条螺旋形铁屑随钻头一起回转，使工人受到伤害。这种钻屑必须在钻切过程中使之碎断成碎片。钻屑畅通，钻头就不宜折断。

四、镗床的伤害事故及预防

生产作业常常用不合要求的销钉固定刀具，致使钉露出镗杆。工人经常探头看被加工的孔眼情况，身体靠近镗杆，衣服被卷进去，造成不应有的伤害事故。卧式镗床结构见图 3-4。

1. 镗床安全技术措施

工程技术人员在设计刀具的同时，要设计紧固刀具的销钉。紧固后销钉端部必须埋在镗杆内，不准有突出部分，操作者必须使用符合安全要求的销钉，不允许任意用其他物件代替使用。

2. 镗削加工安全操作规程

（1）穿好紧身合适的防护服，戴好防护帽，袖口扣紧或衣袖卷起，上衣扎在裤子里，腰带端头不应悬摆，留有长发的要束发并塞入安全防护帽。

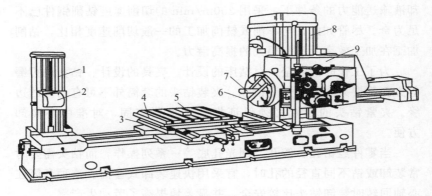

图 3-4　卧式镗床结构

1—后立柱；2—尾架；3—下滑座；4—上滑座；5—工作台；
6—平转盘；7—主轴；8—前立柱；9—主轴箱

（2）严禁戴手套操作，严禁用手清除切屑。为避免钻头绞住头发、衣服等，钻孔时不要把头伸向钻孔处。

（3）工作前应认真检查夹具及锁紧装置是否完好正常。

（4）调整镗床时应注意：升降镗床主轴箱之前，要先松开立柱上的夹紧装置，否则会使镗杆弯曲及夹紧装置损坏而造成伤害事故；装镗杆前应仔细检查主轴孔和镗杆是否有损伤、是否清洁，安装时不要用锤子和其他工具敲击镗杆，迫使镗杆穿过尾座支架。

（5）工件夹紧要牢固，工作中应不松动。

（6）工作开始时，应先用手进给，使刀具接近加工部分，然后再用机动进给。

（7）当刀具在工作位置时不要停车或开车，待刀具离开工作位置后，再开车或停车。

（8）机床运转时，切勿将手伸过工作台；在检验工件时，如手有碰着刀具的危险，应在检验之前将刀具退到安全位置。

五、刨床伤害事故及预防

在刨床工作中，切屑飞溅的危险程度要比车床切屑的危险程度小。在牛头刨床上，如果操作者脸部靠近切屑部位，切屑可能引起伤害事故。切屑飞溅到地面上，也会引起刺伤脚的事故。龙门刨床除了铁屑以外，就是台面的危险性。龙门刨床台面移动时会将工人压向不动物体。为避免这类事故发生，刨床台面最大形成的终点与墙壁之间的安全距离不应小于 700mm。刨床结构见图 3-5。

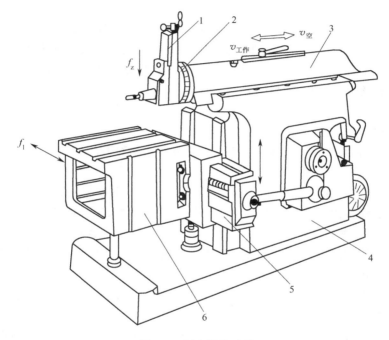

图 3-5　刨床结构示意

1—刀架；2—转盘；3—滑枕；4—床身；5—横梁；6—工作台

1. 刨床安全操作规程

（1）启动前准备

① 工件必须夹牢在夹具或工作台上，夹装工件的压板不得超出工作台，在机床最大行程内不准站人。刀具不得伸出过长，应装夹牢靠。

② 校正工件时，严禁用金属物猛敲或用刀架推顶工件。

③ 工件宽度超出单臂刨床加工宽度时，其重心对工作台重心的偏移量不应大于工作台宽度的 1/4。

④ 调整冲程应使刀具不接触工件，用手柄摇动进行全行程试验，滑枕调整后应锁紧并随时取下摇手柄，以免落下伤人。

⑤ 龙门刨床的床面或工件伸出过长时，应设防护栏杆，在栏杆内禁止通过行人或堆码物品。

⑥ 龙门刨床在刨削大工件前，应先检查工件与龙门柱、刀架间的预留空隙，并检查工件高度限位器安装是否安装正确牢固。

⑦ 龙门刨的工作台面和床面及刀架上禁止站人、存放工具和其他物品。操作人员不得跨越台面。

⑧ 作用于牛头刨床手柄上的力，在工作台水平移动时，不应超过 80N，上下移动时，不应超过 100N。

⑨ 工件装卸、翻身时应注意锐边、毛刺割手。

（2）运转中注意事项

① 在刨削行程范围内，前后不得站人，不准将头、手伸到牛头前观察刨削部分和刀具，未停稳前，不准测量工件或清除切屑。

② 吃刀量和进刀量要适当，进刀前应使刨刀缓慢接近工件。

③ 刨床必须先运转后方准吃刀或进刀，在刨削进行中欲使刨床停止运转时，应先将刨床退离工件。

④ 运转速度稳定时，滑动轴承温升不应超过 60℃，滚动轴承温升不应超过 80℃。

⑤ 进行龙门刨床工作台行程调整时，必须停机，最大行程时两端余量不得大于 0.45m。

⑥ 经常检查刀具、工件的固定情况和机床各部件的运转是否正常。

（3）停机注意事项

① 工作中如发现滑枕升温过高；换向冲击声或行程振荡声异响；或突然停车等异常状况，应立即切断电源；退出刀具，进行检查、调整、修理等。

② 停机后，应将牛头滑枕或龙门刨工作台面、刀架回到规定

位置。

2. 刨床的防护装置

（1）为了保护在操作区的操作人员和其他人员，必须使用一种或多种保护措施，比如栅栏，双手控制装置，电控安全装置等专用防护罩，并装有有机玻璃，正面有移动门，门可以左右滑轨移动，当门打开时，设备立即急停。

（2）在牛头刨工作台的端头设置铁屑收集筒，以便收集铁屑。

（3）在龙门刨床上设置固定式或可调式防护栏杆。栏杆和床身之间禁止行人通过。龙门刨床安装时应保证工作台伸出床身最远点与墙壁之间的安全距离不小于 700mm。

（4）龙门刨床除在床身上装换向和减速用的行程开关外，还应装行程限位开关。当换向和减速的行程开关失灵时床身超过行程运动，行程开关起作用，会切断控制线路电源，从而使刨床停止运行，防止发生事故。

六、磨削加工的伤害事故及预防

磨削加工时，从砂轮上会飞溅出大量细的磨屑，从工件上会飞溅出大量金属磨屑。磨屑和金属屑会使工人眼部受到伤害。尘末吸入肺部对身体有害。由于种种原因，磨削时可能造成砂轮破裂，从而导致工人遭受严重的伤害。在靠近转动的砂轮进行某些手工操作时，工人的手有可能碰到高速旋转的砂轮而受到伤害。砂轮机结构见图 3-6。

1. 砂轮机的选择与安装

（1）砂轮机的选择。砂轮机应选择适合工件工艺性能的类型，包括磨料粒度、强度、结合剂、形状尺寸和线速度等，使其在磨削中不断剥落以击碎的磨粒重新露出锋利锐角，驳斥磨料的锐利特性及砂轮的自锐性。

（2）砂轮的安装。砂轮安装前，应先检查其外观是否完好，有无隐形缺陷。检查方法是将砂轮放置于平整的硬地面上，用 200～300g 重的小木槌敲击。敲击点在砂轮任一侧面上，垂直中线两旁

图 3-6 砂轮机结构示意

1—旋转轴套滚珠轴承；2—拥有可视安全罩；3—全封闭防护罩；
4—强力感应马达；5—产品支架可调节无需任何工具

45°。距砂轮外圆表面 20～50mm 处。敲打后将砂轮旋转 45°再重复
进行一次。若砂轮无裂纹，则发出清脆的声音，允许使用。如果发
出的是闷声或哑声音，就不准使用。

　　安装砂轮前必须核对砂轮主轴的转速，不准超过砂轮允许的最
高工作速度。工作速度计算公式：

$$V = \pi D n / (60 \times 1000)$$

式中　π——圆周率，取 3.14；

　　　 D——砂轮片直径，mm；

　　　 n——每分钟砂轮的转数，r/min；

　　　 V——砂轮的圆周速度，m/s。

砂轮安装时必须遵守下列规程。

　　① 左右两个法兰盘的直径必须相符，以保证左右两部分压紧
环面的位置及直径一致，使砂轮不受弯曲应力的作用。

　　② 法兰盘与砂轮端面间要垫上 1～2mm 厚的弹性材料制的衬
垫（橡胶、软纸板、毛毡、皮革等），衬垫的直径要比法兰盘直径
稍大一些，以消除砂轮表面的不平度，增加法兰盘和砂轮的接触
面，使砂轮受力均匀。

　　③ 保证法兰盘与砂轮侧面非接触面的间歇一般不小

于 1.5mm。

④ **拧紧紧固螺钉**，不要用力过猛，一般可按对角顺序逐步拧紧螺钉，使砂轮受力均匀。

⑤ 选用的法兰盘直径不得小于砂轮直径的 1/3。切断砂轮的法兰盘直径不得小于砂轮直径的 1/4。

⑥ 砂轮孔与法兰盘颈部分有恰当间歇，一般为 0.1～0.5mm。如发现砂轮孔与法兰盘轴颈配合过紧，可以修刮砂轮内孔，不可用力压入，以免砂轮破碎。如果太松，砂轮中心与法兰盘中心偏移太大，砂轮将失去平衡，这时应在法兰盘轴颈上垫上一层纸加以消除。如间歇过大，应重新配法兰盘。

⑦ 砂轮在法兰盘上装夹定位后，即可装入磨床主轴，应保证法兰盘的锥孔与主轴锥体有良好的接触面。

⑧ 砂轮轴上的紧固螺钉的旋向与主轴旋转的方向相反，在主轴旋转时螺帽趋向夹紧，以防止磨床主轴高速旋转时螺母自动松开。

⑨ 新砂轮装入磨头后，先点动或低速试转。若无明显振动，先空转 10min，再改用正常转速情况正常后才能使用。空转时人员应站在砂轮的侧面。

2. 砂轮的运输

(1) 砂轮对撞击和振动有高度的敏感性，有时轻微的冲击就可能使其产生裂纹。因此，在搬运时，应注意轻拿轻放，以防碰撞和摔落，更不能在硬质地面上滚动砂轮。

(2) 在厂内搬动砂轮时，必须用带弹簧座的小车或使用充气轮胎的小车搬运。另外，还应用砂子，锯末或其他软物垫衬，以免砂轮震裂。

3. 砂轮的保管

(1) 砂轮存放室应干燥，且温度变化不大，库内温度不能过高也不能低于结冰点，如果存放温度低于 0℃，湿的砂轮就会破裂。

(2) 砂轮应根据尺寸形状的不同，分别存放在专用的木质储存架上。较重砂轮存放在底部，较轻的砂轮放在架子上部。

（3）橡胶结合剂砂轮不要接触油类物质；树脂结合剂砂轮不要接触碱类物质，否则将大大降低砂轮的强度。

（4）由于橡胶、树脂都有"老化"现象，所以这两种结合剂的砂轮，贮放期不能太长。砂轮的保管应以制造厂的说明书为准，不能随便用过期的砂轮，因砂轮存放过久，越过安全期就会变质。树脂结合剂砂轮存放期为一年、橡胶结合剂砂轮存放期为二年。超过存放日期的砂轮，必须重新检验合格后才能使用。

4. 砂轮的防护装置

为了保证磨床工作安全，不但在磨具的选择和准备工作时需采取预防措施，而且在设计磨床时也需要有适当的防护装置。

磨床除有金属切削机床一般安全装置外，还应有保证安全的特殊装置。例如，砂轮防护罩、工作防护罩、工作台防护罩、防护眼镜的防护罩，以及吸取磨屑或金属尘末的局部吸尘器。

磁性台面的防护：在平面磨床上，采用电磁工作台的主要危险是因失去磁性会将工件抛开。为了防止因失磁而引起的危险事故，在工作台的两侧安装坚固的防护罩，而且在电路中安置直流检查信号灯，当工作台失磁时发出报警信号。

砂轮的防护装置：砂轮防护装置的构造主要取决于砂轮的工件的形状与尺寸。使用砂轮的方法和磨床的构造、防护罩的结构必须保证砂轮装卸方便。这样把罩的一个侧面做成可装卸或可揭开的式样。当砂轮工作时，罩的可装卸部分必须牢固地装紧在罩壳上，因为砂轮破碎向四周飞射的碎片，都朝罩的侧面击落。为了防止装有螺帽的一端的砂轮的心轴缠住工人的衣服造成伤害，这种零件在工作过程中需要用特制螺帽遮住，螺帽连装在罩的可揭开侧板上。

砂轮与罩壳之间需要有足够的间隙，不要使夹装砂轮的零部件碰触罩壳的内表面。但是，太大的间隙在砂轮碎裂时会增大碎片飞射的危险性和减弱吸取磨屑的条件。所以新砂轮与罩壳板正面之间留有 20～30mm 的间隙，砂轮的侧面与罩壳板侧面之间留有 10～15mm 间隙为宜。此外，必须注意防护罩有足够的强度。

5. 电动砂轮机使用方法和注意事项

（1）应根据工件的材质和加工进度要求，选择砂轮的粗细。较软的金属材料，例如铜和铝，应使用较粗的砂轮，加工精度要求较高的工件，要使用较细的砂轮。

（2）应根据工件的形状，选择相适应的砂轮面。

（3）所用砂轮不得有裂痕、缺损等缺陷或伤残，安装一定要稳固。这一点，在使用过程中也应时刻注意，一旦发现砂轮有裂痕、缺损等缺陷或伤残，立刻停止使用并更换新品；活动时，应立刻停机紧固。

（4）磨削时，操作人员应戴防护眼镜和手套，以防止飞溅的金属屑和沙粒对人体的伤害。

（5）施加在被磨削工件上的压力应适当，过大将产生过热而使加工面退火，严重时将不能使用，同时造成砂轮寿命过快降低。

（6）对于宽度小于砂轮磨削面的工件，在磨削过程中，不要始终在砂轮的一个部位进行磨削，应在砂轮磨削面上以一定的周期进行左右平移，目的是使砂轮磨削面能保持相对平整，便于以后的加工。

（7）为了防止被磨削的工件加工面过热退火，可随时将磨削部位深入水中进行冷却。

（8）定期测量电动机的绝缘电阻，应保证不低于 5MΩ。应使用带漏电保护装置的断路器与电源连接。

6. 安全操作规程

（1）砂轮机的旋转方向要正确，只能使磨屑向下飞离砂轮。

（2）砂轮机启动后，应在砂轮机旋转平稳后再进行磨削。若砂轮机跳动明显，应及时停机修整。

（3）砂轮机托架和砂轮之间应保持 3mm 的距离，以防工件扎入造成事故。

（4）磨削时应站在砂轮机的侧面，且用力不宜过大。

（5）根据砂轮使用的说明书，选择与砂轮机主轴转数相符合的砂轮。

（6）新领的砂轮要有出厂合格证，或检查试验标志。安装前如发现砂轮的质量、硬度、粒度和外观有裂缝等缺陷时，不能使用。

（7）安装砂轮时，砂轮的内孔与主轴配合的间隙不宜太紧，应按松动配合的技术要求，一般控制在 0.10～0.15mm。

（8）砂轮两面要装有法兰盘，其直径不得小于砂轮直径的1/3，砂轮与法兰盘之间应垫好衬垫。

（9）拧紧螺帽时，要用专用的扳手，不能拧得太紧，严禁用硬的东西锤敲，防止砂轮受击碎裂。

（10）砂轮装好后，要装防护罩，挡板和托架。挡板和托架与砂轮之间的间隙，应保持在 3～3.5mm，并要略低于砂轮的中心。

（11）新装砂轮启动时，不要过急，先点动检查，经过＞10min 试转后，才能使用。

（12）初磨时不能用力过猛，以免砂轮受力不均而发生事故。

（13）禁止磨削紫铜、铅、木头等东西，以防砂轮嵌塞。

（14）磨削时，人应站在砂轮机的侧面，不准两人同时在一块砂轮上磨刀。

（15）磨削时间较长的刀具，应及时进行冷却，防止烫手。

（16）经常修整砂轮表面的平衡度，保持良好的状态。

（17）磨削人员应戴好防护眼镜。

（18）吸尘机必须完好有效，如发现故障，应及时修复。

第三节　冲压（压力）机械安全技术

一、压力加工的危险有害因素

压力加工是机械制造的基础工艺之一，在工业生产中占有重要地位。压力加工工艺也称锻压工艺，即利用压力机和模具，使金属及其他材料在局部或整体上产生永久变形。压力加工涉及的范围很广，包括弯曲、胀形、拉伸等成型加工，挤压、穿孔、锻造等体积成型加工，冲裁、剪切等分离加工，以及成型结合、锻造和压接等组合加工等。它是一种少切削或无切削的加工工艺。由于压力加工效率高、质量好、成本低，它广泛应用在汽车、电气和航天航空等生产部门。越来越多的生产企业采用锻压工艺取代机械切削加工工艺，使锻压机械在机床中的比例增大，其中，以曲柄压力机的数量和品种最多。压力机（包括剪切机）是危险性较大的机械，通常被称为"老虎机"，发生操作者的手指被切断的数量惊人。压力加工的人身安全一直是劳动安全工作比较突出并下大力气解决的问题。

从劳动安全卫生角度上看，压力加工的危险因素主要是噪声和振动对作业环境的影响，以及机械危险对操作者的伤害，其中以机械伤害的危险性最大。压力机的结构见图 3-7。

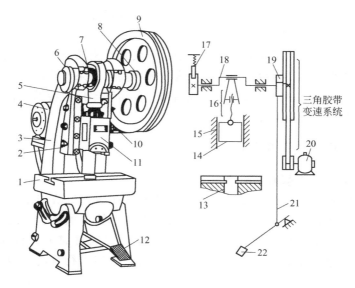

图 3-7　压力及结构示意图

1,13—工作台；2,15—导轨；3—床身；4,20—电动机；5,16—连杆；
6,17—制动器；7,18—曲轴；8,19—离合器；9—带轮；10—三角胶带；
11,14—滑块；12,22—踏板；21—拉杆

1. 噪声危害

压力机是工业高噪声机械之一。其噪声主要是机械噪声，噪声

来自传动零部件的摩擦、冲击、振动，离合器结合时的撞击；工件被冲压时的噪声，以及工件及边角余料撞击地面或料箱的噪声等。现在比较切实可行的保护措施，一是给传动系统加防护罩，可使噪声级下降 5～8dB；二是作业人员佩戴听力护具，例如耳塞、耳罩等耳部防护用品，可以大大减小噪声对听觉的危害。

2. 机械振动危害

机械振动主要来自冲压工件的冲击作用，尤其是手持工件操作时，手和臂受振更甚。人体受到的影响表现在心理上和生理上，长时间处于振动环境中，人就会感到不舒服，甚至感到厌烦，注意力难以集中，操作动作的准确性下降。冲击振动还会导致设备的材料疲劳，连接松动，并使周围其他设备的精度降低。

3. 机械伤害

压力机在冲压作业过程中，使人员受到冲头的挤压、剪切伤害的事件称为冲压事故。冲压事故发生频率高、后果严重，是压力加工最严重的危害。机械伤害还包括与其他运动零件的接触伤害、冲压工件的飞击伤害等。

二、冲压事故原因分析

1. 冲压事故的机制

压力加工过程是这样的，上模具安装在压力机滑块上并随之运动，被加工材料放于固定在压力机工作台的下模具上，通过上模具相对于下模具作垂直往复直线运动，完成对加工材料冲压。滑块每上下往复运动一次，实现一个行程。当上行程时，滑块向上移动离开下模，操作者可以伸手进入模口区，进行出料、清理废料、送料、定料等作业；当下行程时，滑块向下运动进行冲压。如果在滑块下行程期间，人手尚未离开模区时，或是在即将冲压瞬间手伸入模区，随着冲模闭合手就会受到夹挤，发生冲压事故。从事故后果上看，死亡事故少，而局部永久残疾率较高。表 3-4 是日本工业安全与健康协会对 500 例冲压伤手事故的统计分析资料。

表 3-4 500 例冲压伤手事故统计分析表

操作内容	磨具种类				共计/例	百分比/%
	冲裁	弯曲	拉延、成型	其他		
送料	66	57	51	33	207	41.1
定料	32	35	26	4	97	19.4
取料	15	14	15	9	53	10.6
清理冷却液	14	0	3	0	17	3.4
协作失调	4	3	5	0	12	2.4
调整磨具	9	11	9	9	38	7.6
设备故障	16	12	8	5	41	8.2
其他	12	6	10	7	35	7.0
合计/例	168	138	127	67	500	100
百分比/%	33.6	27.6	25.4	13.4	100	

从安全角度分析冲压作业中的物的状态、人的行动以及人物关系可以看到，在冲压作业正常进行一个工作行程中，由于滑块特殊的运动状态——垂直往复直线运动，决定了冲压作业的危险性。有关冲压事故的机制分析如下：

（1）危险部位。滑块的往复直线运动和上、下模具的相对位置及间距。

（2）危险空间。指在滑块上所安装的模具（包括附属装置），即上、下模具之间形成的模口区。

（3）危险时间。滑块的下行程，而在上行程滑块向上运动离开下模，是安全的。

（4）人的行动。脚踏开关操纵设备，手工取工件，放原料。

（5）危险事件。在特准时间（滑块的下行程），当人的手臂仍然处于危险空间（模口区），发生挤压、剪切等机械伤害。

冲压设备的非正常状态是指设备存在着一定的瑕疵或元件故障，例如，刚性离合器的转键、键柄和直键断裂，操纵器的杆件、销钉和弹簧折断，牵引电磁铁的触点粘连没能开始，中间继电器的触点粘连没有动作，行程开关失效，制动钢带断裂等故障，都会造成滑块运动失效，而引起人身伤害事故。冲压事故因果见图 3-8。

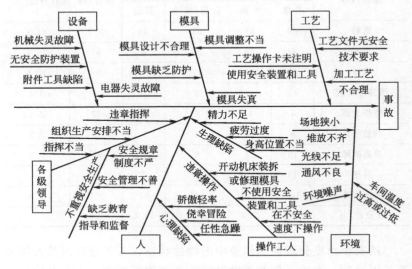

图 3-8　冲压事故因果图

2. 冲压事故的发生频率和后果

绝大多数冲压事故是发生在冲压作业的正常操作过程中。统计数字表明，因送取料而发生的约占 38%，由于校正加工件而发生的约占 20%，因清理边角加工余料或其他异物的占 14%，多人操作没有配合协调或模具安装调整操作占 21%，其余是因机械故障引起的。

从受伤部位看，多发生在手部（右手稍多），其次是脚（工件或加工材料的崩伤或砸伤），很少发生在其他部位。从后果上看，死亡事件少，而局部永暂残疾率高。

剪切机械的工作原理与压力机相同，其危险主要在加工部位，即剪床的切刀部位。此处一旦出现伤害事故，操作者的手臂极易致残。

3. 冲压事故的原因

(1) 操作简单，动作单一，操作者极易产生厌倦情绪。

（2）作业频率高。操作者需要配合冲压频率，手频繁地进出模口区操作，每班操作次数可达上百次，甚至上千次，精神和体力都消耗大。

（3）冲压机械噪声和振动大。作业环境恶劣对操作者生理和心理造成不良影响。

（4）设备原因。模具构造设计不合理；机器本身故障造成连冲或没有能及时停车等。

（5）人的手脚配合不一致，或多人操作彼此动作没有协调。

从以上分析可见，由于冲压作业特性和环境等方面的原因，会导致操作者的操作意识水平下降、精神不集中，引起动作不协调或误操作。大型压力机因操作人数增加，危险性则相应增大。通过技术培训和安全教育，使操作者加强安全意识和提高操作技能，对防止事故发生有积极的作用。但防止冲压事故单从操作者方面去解决，即要求操作者在整个作业期间一直保持注意力集中和准确的动作来实现安全是苛刻的，也是难以保证的。因此，必须从安全技术措施上，在压力机的设计、制造与使用等诸环节全程加强控制，才能最大限度地减少事故，首先是防止人身事故；其次是防止设备和模具损坏。

三、冲压车间安全要求

1. 一般要求

（1）机械设备之间的间距小型设备不小于 0.7m；中型设备不小于 1m；大型设备不小于 2m。操作人员和设备放置应符合人机工程学。主要通道应有白线标志或警告指示标志。

（2）工件、毛坯、工具存放整齐，高度不能超过机械的旋转部分。

（3）工作现场不能长期存放汽油、煤油等易燃易爆物品，用后应及时送走。

（4）及时清理铁屑和棉纱。

（5）进入操作岗位应按规定穿戴好劳动防护用品。夏季不允许裸身，穿背心、短裤、裙子、高跟鞋、凉鞋等。

（6）采光，生产场所应有足够的光照度。采光分为自然采光和人工采光，当白天自然采光达不到照度时，应采用人工局部照明。一般作业照度为约150lx，精密度作业则为约300lx。厂房跨度大于12m时，单跨厂房的两边应有采光侧窗，窗户的宽度不应小于开间长度的一半。多跨厂房相连，相连各跨应有天窗，跨与跨之间不得有墙封死。车间通道照明应覆盖所有通道，覆盖长度应大于90％的车间安全通道长度。

（7）对地面状态的要求。人行道、车行道的宽度应符合安全规定；坑、壕、池应有可靠的防护栏或盖板，夜间应有照明；生产场所工业垃圾、废油、废水及废物应及时清理干净；生产场所地面应平坦，无绊脚物。

（8）布置压力机时，应留有宽敞的通道和充足的出料空间，并应考虑操作时材料的摆放，设备和工作场地必须适合于产品特点，使操作者的动作不致干扰别人。

（9）不允许压力机和其他设备的控制台遮住机器和工作场地的重要部位。

（10）在使用起重机的厂房，压力机的布置必须使操作者和起重机司机易于彼此相望。

（11）车间工艺流程应顺畅，各部门之间应以区域线分开，区域线应用白色或黄色涂料或其他材料涂覆或镶贴在车间地坪上。区域线的宽度须为50～100mm。

2. 压力机和冲压线的布置

（1）压力机和其他工艺设备，最大工作范围的边缘距建筑物的墙壁、支柱和通道壁至少为800mm，这个工作范围不包括工位器具、模具、箱柜、挂物架和类似可以移动的物体。

（2）压力机的基础和厂房构件基础或其他埋地构件的平面投影不应重叠，并至少保持200mm的间距。

（3）生产线上大型压力机的排列间距，压力机与厂房构件的距离，应满足《冲压车间安全生产通则》（GB/T 8176）的要求。

四、对安全装置的要求

随着社会不断进步与科学技术的加速发展，数控机床的发展也越来越快，数控冲床也正朝着高性能、高精度、高速度、高柔性化和模块化方向发展。由于冲压生产的快节拍和上下料频繁，容易使操作者在精神和体力上疲劳，容易造成双手及头部的伤残事故，为此，在冲压机床上设计安装安全防护装置，是一项十分迫切而重要的任务。国内外现有的冲压床安全防护技术有很多，常用的有光电防护系统、机械防护装置、液压式防护装置等。为了适应工业自动化趋势，同时由于社会对工作人员的劳动防护关注也不断提高，世界上许多工业国家对机器设备的安全性要求越来越严格，像欧盟实行的机器设备 CE 认证就是一个例子。为了协调欧共体国家各标准，欧盟标准委员会制定了欧洲的统一标准，规定机器设备只有满足相应的安全要求，即获得 CE 标志后才被允许在欧共体市场上出售和使用。

压力机的安全装置包括机械防护装置（如各种防护罩、防护栏杆等）、安全启动装置（如双按钮结合装置等）与自动防护装置（如光电式安全装置）三类。必须在压力机的危险区域内为操作人员选择、提供并强制使用安全装置，以保证操作人员的安全。

（1）安全防护装置必须有足够强度，并应便于检查和维修，应有良好的可见度。

（2）安全防护装置必须用紧固装置紧固于压力机的适当位置上。紧固装置必须可靠，只有使用专用工具和足够外力的作用，方可拆卸。

（3）安全防护装置不应与压力机滑块或其他运动部件之间出现夹紧点，两者之间至少应保持 25mm 的间距。

（4）压力机上所用防护罩和防护栅栏，应用透明材料制成。当用金属材料制造时，应具有垂直透明孔，如采用铁丝编织网或拉伸网片，透明孔不允许采用菱形斜孔。

（5）防护罩和防护围栏在压力机上的安装位置必须满足图 3-9

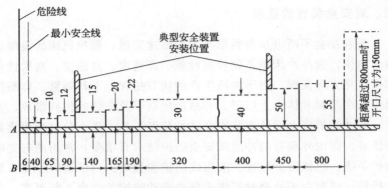

图 3-9　防护罩或防护围栏的安装位置

所示的尺寸要求。

五、对电气控制系统的安全要求

电气控制系统不但应满足剪切设备加工工艺的要求，而且还应操作维修方便，线路安全可靠。因此，正确地设计、使用、维护电气控制系统，合理地选择电器元件，应满足以下安全要求。

（1）控制系统应满足剪切机械（压力机械）设备的工艺要求。在设计之前必须对剪切（压力）机械的工作性能、结构特点有充分的了解，并在此基础上考虑控制方式、启动、控制及调速的要求，设置各种必要的联锁及防护装置。

（2）控制线路的可靠性要求

① 电器应可靠、牢固、稳定并符合使用环境条件，不受外界干扰。电器元件的动作时间要短（需延时的除外），如线圈的吸引和释放时间应不影响线路的工作。

② 电器元件要正确连接。电器的线圈或触头连接不正确，会使控制线路发生误动作，有时造成严重的事故。应当尽量将所有电器的联锁触头接在线圈的左端，线圈的右端直接接到电源。这样，可以减小在线路内产生虚假回路的可能性，还可以简化与外部的连接。控制线路的换接应当尽可能在电流较小的控制电路内进行，这

样才安全可靠。

③ 尽量减少触头数和连接导线，无复杂和多余联锁线路及不必要的电路环节。

④ 防止寄生电路。控制电路在正常工作或事故情况下发生意外接通的电路称为寄生电路。若控制电路中存在寄生电路，将破坏电器和线路的工作顺序，造成误动作。

（3）要保证控制线路工作的安全性。电气控制线路在事故情况下，应能保证操作人员的安全和电气设备、剪切（冲压）机械的安全，并能有效地制止事故的扩大。为了避免由于线路故障引起事故的可能性，必须在线路内采取一定的保护措施以确保安全。常用的保护措施有短路保护、过热保护、过电流保护、零压保护、终端保护、联锁保护、油压保护及过载、过速、超行程、误操作等保护，并应有合闸、断开、事故等声、光信号指示。

（4）控制系统要操作维修方便。电气控制系统应考虑操作简单、维修安全方便。为避免带电维修，应有隔离电器。控制电路可迅速且方便地由一种控制方式转换到另一种控制方式。标准控制屏上应有备用电器元件和备用触头，以便检修、调整和改接线用。

（5）控制线路要简单和经济。

六、对液压、气动控制的安全要求

（1）在液压系统中使用的液压油质量应符合压力机的性能要求，并经常保持液压油的清洁度。

（2）在液压系统中，应确保油路畅通，不允许有堵塞、渗漏现象。

（3）工作时油箱温升不得超过 50℃、连续满负荷工作 4h 后不得超过 60℃。

（4）在气路系统中，必须设置油水分离装置。

（5）在气路系统中应保持气路畅通、密封完好、无泄漏现象。

（6）在液压、气动系统中提供的最大油压和气压不得超过系统内所使用元件安全工作压力。

（7）在液压、气动系统中，应有液压、气压突然失压和供液、供气中断的保持措施和显示装置。

（8）在液压、气动系统中应设有防止过载和冲击的安全防护装置。

（9）在液压、气动系统中所使用的压力表应清晰、灵敏、准确、可靠，并要定期检验。

（10）在液压、气动系统中所使用的压力容器，如储油箱、储气罐应符合有关压力容器的安全规定，并按要求进行定期检验。

（11）气动摩擦离合器与制动器的气动控制管路中，应设置双联电磁阀（或双联安全联锁电磁阀），以防剪切（冲压）机单次行程时连车。

（12）在液压、气动系统中所使用的液压、气动元件应符合现行国家标准的规定。各安全阀、减压阀和压力继电器的压力值均应调整到设计规定值，并要定期检验。

七、冲压机的安全防护装置

1. 防护罩

（1）固定式防护罩。这种防护罩一般固定在冲压机的工作台上或下模上，其正面一般设有用透明材料（如有机玻璃）制作的窥视窗，以便操作者观察冲压情况（见图 3-10）。

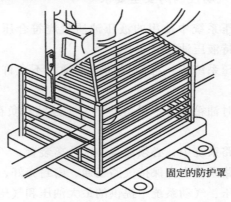

固定的防护罩

图 3-10　固定式防护罩

在防护罩上，通常还留有出工件的开口，其开口尺寸见表 3-5。

表 3-5 冲压机工作台面与防护罩的最大开口尺寸 mm

防护罩开口点到危险工作点的距离	最大间隙	防护罩开口点到危险工作点的距离	最大间隙
13～38	6	189～316	32
38～63	9	316～392	38
63～88	13	392～443	47
88～139	16	443～800	54
139～164	19	≥800	153
164～189	22		

这种防护罩结构简单，可靠性强，特别是由于启动机构失灵而发生连冲时，效果就更为明显。但其缺点也是显而易见的，由于操作者与上、下模具之间始终有一机械障碍物在运动，因此，对操作者的精神和视线会带来一定的不良影响，容易引起疲劳，进而引发事故。

（2）活动可调式防护罩。这种防护罩如图 3-11 所示。用在可能发生事故前，推操作者离开危险区。该防护罩有一个能向外和向上的移动件，其顶高出操作者所站的地面上或平台上的距离，绝不可小于 1000mm，在移动件下空间安装一网栏。移动件由冲压机滑块的一个连杆装置带动，用来推操作者离开危险范围。

（3）联锁式防护罩。这种防护装置是将带有防护罩门的杠杆通过螺栓铰接在压力机的机身上，踩动踏板，通过防护罩杠杆带动罩门下降，只有下降到安全位置（操作者手不能进入危险区）时，才可通过离合器联锁装置带动离合器拉杆，使离合器接合并完成冲压。见图 3-12。

采用摩擦离合器压力机上用的联锁防护罩，通常不可能用杠杆将防护罩连接到压力机上，因此，将防护罩门联锁到电路。一般采用两个限位开关串联的方式接到控制系统的电路里，当防护罩门上

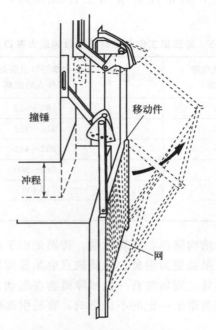

图 3-11　活动可调式防护罩

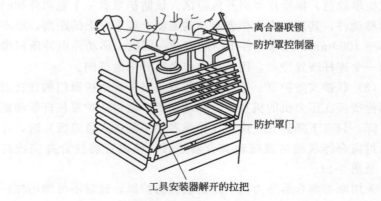

图 3-12　联锁式防护罩

升时，压力机的控制电路被切断，这时可进行送料或取件等，而滑块则不能启动，只有当防护罩门下降接通压力机的控制电路时，滑块才能启动。

2. 防护栅栏

图 3-13 所示为一种内外摆动式防护栅栏。当滑块向下运动时，栅栏就由里向外摆出，从而将危险区遮住或将操作人员的手推出；当滑块上升时，栅栏由外向里运动，让开工作区，这时操作人员就可以进行送料操作。

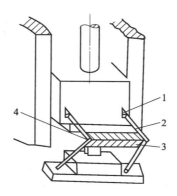

图 3-13　防护栅栏保护装置
1—固定铰链；2—支杆；3—防护栅栏；4—活动铰链

3. 推（拉）手式安全装置

（1）推式安全装置。在模区前方安装推手板，操作时推手板往复摆动，可自动地将人手推出模区，保证操作者的安全。它结构简单、可靠，但往复摆动的推手干扰工人视线，还会触及人手，而且使工人操作紧张，时间过长会使工人手腕疼痛，且易疲劳。推手防护装置的设计要点如下：

① 推手板应采用透明不碎材料制成，推手板与推杆连接部位应加如橡胶衬垫之类的软衬垫，以减轻人手触碰时的疼痛。

② 推手板（棒）长度和摆动幅度应能灵活可靠地调节。

③ 应根据压力机性能选用推手板摆动幅度，选用的摆动幅度

见表 3-6。

表 3-6 推手板摆动幅度

	冲压能力/t	<120	<100	<80	<50	<20	<10
压力机性能	每分钟摆动次数/次	40~80			60~120		
	模型尺寸(宽)/mm	700	600	500	300	200	100
	标准行程长度/mm	750	220	180	120	80	50
推手板摆动幅度/mm		820	820	740	500	400	300

④ 推手板的推动方向按左右手操作习惯进行设计，一般设计成自右向左的推动方向，以符合多数人右手操作习惯。此时，应截去模具左侧的固定螺栓高出压板的部分，以避免右手移动时触碰。图 3-14 所示为右手操作时左侧模具的固定方法。

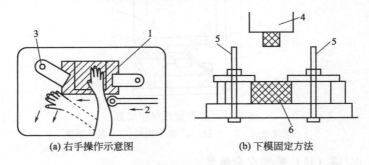

(a) 右手操作示意图　　　　　(b) 下模固定方法

图 3-14　右手操作时左侧模具固定方法

1—下模；2—推手运动方向；3—下模固定螺栓；4—上模；
5—截去高出固定压板的螺栓部分；6—下模

(2) 拉手式安全装置。这是在操作者的手腕上带上尼龙等材料编织而成的手腕扣，它通过拉手绳索和连杆机构与冲压机的滑块联动，当滑块下行程时，能把操作者的手从工作危险区拉出，从而防止事故的发生，一般用于行程往复次数大于 120 次/min 的冲压机上，以防止对操作者的手臂产生过大的冲击，该装置和冲压机动作相协调，所以不降低生产力。由于该装置与冲压机滑块联动，即使滑块产生连冲事故，也能起到防护作用。此装置结构简单，动作可靠，安装和调整方便，如与双手操作式安全装置并用就更加安全。

（3）摆杆式拨手装置。拨手装置是在冲压时，将操作者的手强制性脱离危险区的一种安全防护装置，它通过一个带有橡皮的杆子，在滑块下行，将手推出或拨出危险区。其动力来源主要是由滑块或曲轴直接带动，图 3-15 为其结构示意。

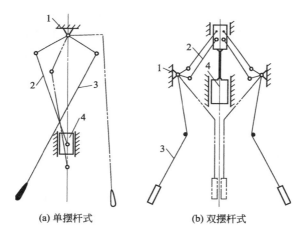

(a) 单摆杆式 　　　　　　(b) 双摆杆式

图 3-15　摆杆式拨手装置

1—床身；2—拉杆；3—摆杆；4—滑块

（4）翻板式防护装置。图 3-16 为一种翻板式防护装置。其特

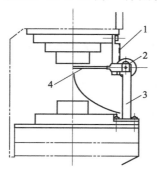

图 3-16　翻板式防护装置

1—齿条；2—齿轮；3—立柱；4—翻板

点是：当冲压机滑块向下运动时，安装在滑块上的齿条下行，驱动齿轮逆时针方向转动，同时带动翻板转动到垂直位置，将手推出冲模外。翻板可用有机玻璃制作，也可用开小缝的金属材料制作。

4. 安全启动装置

（1）安全电钮。冲压机的安全电钮适用于冲压机行程次数较低的冲压作业。滑块行程一次，按电钮一次，虽然在操作上增加了一次动作，但不会影响压力机的连续行程。其主要作用是保证滑块在信号装置的配合下，到达下死点前 100～200mm 处自动停止，防止伤手。在通常情况下，安全电钮在保证安全的前提下，不影响工作效率。

（2）双手按钮式防护装置。它是用双手开关和电器电路控制压力机的滑块运动，迫使操作者只有用双手按住开关电钮时，滑块才能运动，如果放开任一按钮，滑块应立即停止运动。其原理如图 3-17 所示。

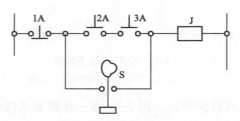

图 3-17　双手按钮式防护装置

图 3-18 所示为多人（三人）同时操作一台压力机时的双手按

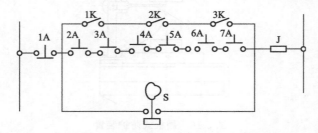

图 3-18　多人操作双手按钮式防护装置

钮式防护装置。其作用原理与图 3-17 基本相同，即工作时，三人必须同时按下按钮，冲压机才能启动工作，假如有一个人不按按钮，压力机械就不会启动，因而可使三人动作协调，不至于因动作失调而出现人身伤害事故。如果只需要两个人或一个人操作时，将开关 2K 或 3K 闭合即可。

（3）双手柄安全装置。当操作者双手同时压下两根杠杆，或一根杠杆、一个电钮时，冲压机滑块才能启动。如果放开任一杠杆或电钮，压力机滑块就停止运动。从而保证操作人员双手的安全。图 3-19 所示即为一种双手柄安全装置。固定在同一轴套上的双手柄套在启动杆的端头，限位板固定在工作台上。操作时必须同时按下双手柄的两端 A 和 B，启动装置才结合，单独按一个手柄，不能将启动杆压倒底，自动装置不结合。

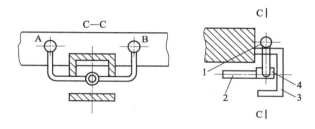

图 3-19　双手柄安全装置
1—双手柄；2—启动杆；3—限位板；4—轴套

（4）手柄与脚踏板联锁组合装置。这种装置的工作原理为：冲压机开始工作时，只有先将手柄按下，使插在启动杆上的销子拔出来，脚踏板才能踏下，这时启动装置才能接合，冲压机开始工作，其结果是使手在冲压机滑块下降前自然离开危险区，防止手在危险区时脚发生失误动作而造成事故的发生（见图 3-20）。

（5）按钮与脚踏板联锁组合装置。这种装置亦称按钮式电磁铁组合装置。如图 3-21 所示，电磁铁芯 3 平时插在操纵杆的销孔内，使脚踏板不能踏下，冲压机不动作。只有当双手按下两个按钮，接通电磁铁线路，使电磁铁产生吸力，将铁芯拉出时，才能踏下踏

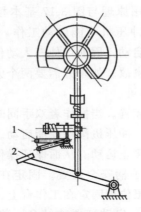

图 3-20　手柄与脚踏板联锁组合装置

1—手柄；2—脚踏开关

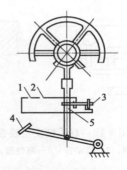

图 3-21　按钮与脚踏板联锁组合装置

1,2—按钮；3—电磁铁芯；4—脚踏板；5—操纵杠杆

板，从而起到安全防护作用。

（6）防打连车装置。防打连车装置用于防止刚性离合器失灵，避免一次行程时连车而发生人身伤害事故。由图 3-22 可见，由踏板拉杆 6 通过小滑块 5、钩 4 使离合器接合。当冲压机滑块到达下死点时，凸轮 1 推动杠杆使钩 4 脱开，离合器拉杆 3 在弹簧的作用下复位，并在滑块回到上死点时使主轴与飞轮脱开。这样即使操作者的脚一直踩着踏板，冲压机滑块也不能再次下行。只有当操作者

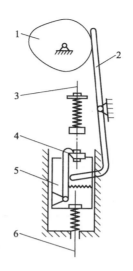

图 3-22　防打连车装置

1—凸轮；2—杠杆；3—离合器拉杆；4—钩；5—小滑块；6—踏板拉杆

松开踏板，使钩与离合器拉杆重新接合后，才开始下一个行程。这种机构仅适用于装有刚性离合器的冲压机。

5. 光电式安全防护器

光电式安全防护器是目前保护冲压机械操作者人身安全的一种最有效的安全防护装置，它比防护栅栏、机械拉手、机械拨手等防护装置效果更好。按使用的光源不同，光电式安全防护器可分为白炽光电防护装置和红外线光电防护装置两种。

（1）白炽光电安全防护装置。白炽光电安全防护装置又分为如下两种。

① 光线投射式安全防护装置。它由控制器、发光器、受光器及发光传输线和受光传输线五部分组成，发光单元、受光单元分别在发光器、受光器内，发光单元发出的光直接投射到受光单元。如果发光器发出的光线被人手、工件、器物等遮挡，安全防护装置就立即制动冲压机，使滑块停止下行。图 3-23 为冲压机光电式安全防护装置电路示例。

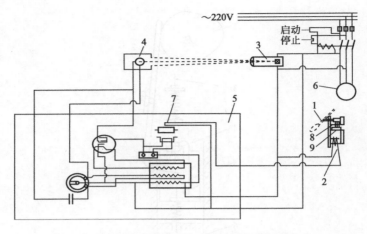

图 3-23 压力机光电式安全防护装置电路
1—手柄；2—电磁铁；3—电灯；4—光电管；
5—光继电器；6—电动机；7—接触器；8—弹簧；9—轴

工作时，将冲压机控制线路（图 3-24）的 A、B 两点串接到控制压力机离合器的光电继电器（图 3-25）的回路中。当压力机控制线路上的转动开关 K 闭合时，未使用安全防护装置；当转动开关 K 打开时，安全装置才投入使用，J 是光电继电器的常开触点，BK 是行程开关，其作用是使光电式冲压安全防护装置在压力机滑块下降至离死点约 70～80mm 的范围内使用。

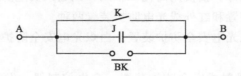

图 3-24 冲压机控制线路

② 光线反射式安全防护装置。它由控制器（电气控制箱）、传感器、反射板、传输线四部分组成（见图 3-26 和图 3-27），发光单元，受光单元都在同一传感器内，发光单元发出的光通过放射板反射给受光单元，从而形成保护光幕的光电防护装置。

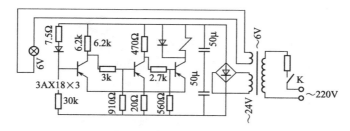

图 3-25 光电继电器原理

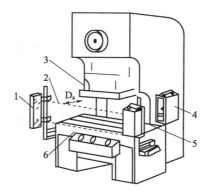

图 3-26 光线反射式安全防护装置

1—反射板；2—光幕；3—滑块；4—控制器；5—传感器；6—工作台垫板

  与光线投射式安全防护装置相比，光线反射式安全防护装置的优点是：可以排除外界杂乱光线的干扰，光轴调整、检查都比较方便。缺点是由于光线经过往复传递，防护有效作用距离比投射式的要短一些。

  （2）红外光电式安全防护装置。红外光电式安全防护装置由发光器、受光器、同步发讯开关和控制器四部分组成。发光器和受光器可由若干组相同的透视镜聚焦机构组成。发光器外壳内装有砷化镓发光二极管（其光谱位于近红外光区域），其位置在凸透镜的焦点处。受光器外壳内装有受光元件（光敏三极管）和透镜。光敏三极管安装位置必须在透镜的焦点处。它是由发光源发出不可见的红

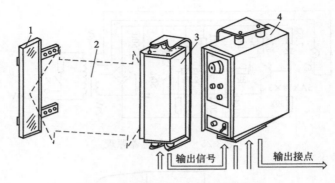

图 3-27　光线反射式安全防护装置
1—反射板；2—光幕；3—传感器；4—电气控制箱

外光线，不经过光学透镜聚光，而直接辐射出来；受光源也不经过光学透镜聚光而直接接收红外光，因此不需要聚焦对光。一旦人手进入危险区，受光源接收不到红外线，其敏感元件给出电信号。经过放大，推动继电器发出停车信号。

红外光电安全防护装置电路的工作原理是将预先调制成频率为 1kHz 的脉冲电流通过发光二极管转换成红外光脉冲信号。受光装置接收到光束信号以后，再将它变成脉冲电信号，并进行滤波放大和鉴别。当其中任意一束被人或工件遮挡时，经鉴别电路鉴别判断后，由同步发讯开关的无接点行程开关发出信号和鉴别器输出信号给"与"门。"与"门输出信号使记忆电路翻转，驱动电路随即驱动继电器切断冲压机械的制动电磁铁或空气制动阀，使下落的滑块制动。

红外光电安全防护装置在具体应用上又可分为红外光电隔离防护和红外光电自动防护两大类。它应用于装有刚性离合器的压力机的具体情况如下。

① 红外光电隔离防护。其作用是在人手未离开模具危险区时使滑块不下行。实现隔离保护时，只要将压力机的脚踏板机械拉杆改成由电磁铁拉杆，使光电保护电路控制电磁铁，便可实现隔离防护。

②　红外光电自动防护。其作用是在压力机滑块下行途中，若人手突然入模，滑块自动停止。实现自动防护时必须对刚性离合器的操纵系统进行改装。自动防护需要通过一系列电器和机械构件的传递，所以它要比发讯保护滞后一段时间。为了缩短制动时间，可适当增加滑块下行时的制动位置（增加挡块或齿数）。另外，可增加一个制动电磁铁，用以专门控制防护装置的动作，以克服上述装置存在的缺陷。

图 3-28 所示为红外光电式冲压安全防护装置在冲压机上的安全位置；图 3-29 所示为红外开关的刹车控制电路。

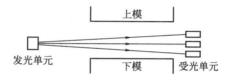

图 3-28　红外光电式冲压安全防护装置安全位置

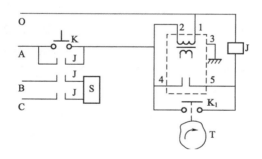

图 3-29　红外开关的刹车控制电路

T—凸轮；K_1—行程开关；K—启动按钮；J—交流接触器；S—刹车机构；

1,2,3,4,5—触点

冲压机启动后，按一下启动按钮，电流经 K、4、5 或行程开关 K_1 及交流接触器上的线包到电源 O。交流接触器的常开触点闭合，刹车机构 S 通电，冲压机正常运转；当冲压机滑块下行时（此时行程开关 K_1 断路），如手进入危险区，4、5 断路，交流接触器的线包断电，常开触头断开，刹车机构断电，压力机停车。停车后需重新按启动按钮，滑块才能滑下。

当冲头下行时，凸轮使行程开关 K_1 闭合，处正常运转状态，此时即使遮光，压力机仍保持正常运转。凸轮的作用见图 3-30 所示。

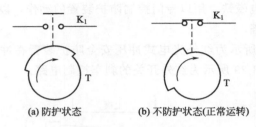

(a) 防护状态　　　　(b) 不防护状态(正常运转)

图 3-30　凸轮的作用

（3）白炽与红外两种光电式安全防护装置的优缺点

① 优点。红外光电式安全防护装置使用方便，克服了光电保护的一些弊端，通用性好，性能稳定，安全可靠。不可见的红外光不影响工人的视线与操作，对作业基本上无干扰，调整也方便，能保证人机的安全，应用较广。白炽光电式安全防护装置制作成本低，发光二极管固态元件抗震性好，寿命长，且采用脉冲发光形式，耗电少，抗干扰性能好。

② 缺点。红外光聚焦不能精调，发射和接收器调整困难。白炽光作光源时，在其他较强的光线作用下易受干扰而发生失误；灯丝热态时，机械强度差，容易损坏；夏天操作温度高。

因此，采用白炽光电式防护装置时，最好采用专用光源，并与设备分开安装，减小震动，提高灯泡使用寿命；采用红外光电式防护装置时，应采用多个光敏三极管串联或并联，以扩大受光面积；光电式安全防护装置应安装能显示电开关好坏的亮暗指示灯。装置本身出现故障时，滑块应不能启动或停止运动。

（4）光电式防护装置的安装注意事项

① 光电式安全防护装置的安装形式一般有固定或可调式两种。

　　a. 固定式安装。将传感器和反射器（或发光器、受光器）直接固定在机床身上，它通常适用于模具比较固定，保护光幕不需要经常调整的框架结构的闭式压力机；

　　b. 可调式安装。光幕可以根据模口和安全距离的要求，上下、左右灵活调整，一般适应于换模具比较频繁且模具大小不一的开式、闭式和四柱式压力机。

　　② 光幕高度位置的确定及安全距离的计算

　　a. 光幕高度位置。它是指光电防护装置的光幕相对于机床上下模口的位置。在保证安全距离的前提下，光电防护器的最下一束光不得高于模口的下边缘，最上一束光不得低于模口的上边缘。

　　光电式安全防护装置的防护高度是指光幕的最上一束光线与最下一束光线之间的距离，即光幕的有效高度。防护高度等于机床滑块行程加上调节量。防护高度的大小关系到光电式防护装置光束的多少，如果光电式安全防护装置光束数选择的太少、光幕高度将不能完全覆盖危险区域，仍存在造成事故的可能；如果过大则造成资金浪费和使用上的不便。所以，根据防护高度选择光电防护装置的规格（光束数），也是很重要的。

　　b. 光电式安全防护装置的安全距离。它是指光幕至工作危险区——模具刃口之间的最短距离，即从手遮挡光幕的位置开始到达危险边界之前，能够使滑块停止所需要的距离。安全距离是确保光电式安全防护装置实现防护功能的必要条件之一，必须正确地计算安全距离，其计算方法根据压力机制动方式而定。

　　对于滑块能在行程的任意位置制动停止的压力机，安全距离按下式计算：

$$D_s = 1.6(T_1 + T_2)$$

式中　D_s——安全距离，m；

　　　1.6——人手的伸缩速度，m/s；

　　　T_1——光电式安全防护装置的响应时间，一般情况下
　　　　　　为 0.02s；

T_2——压力机的制动时间，即从制动开始到滑块停止的时间，s，从实际制动情况测定。

滑块不能在行程的任意位置制动停止的压力机，安全距离按下式计算：

$$D_s = 1.6T_s$$

式中　D_s——安全距离，m；

　　　1.6——人手伸缩速度，m/s；

　　　T_s——从人手离开光幕（即允许启动滑块）至压力机滑块到达下死点的时间，即滑块的下行程时间，s，可按下列公式计算或实际测定（距冲压机制造使用日期不满一年的，采用标牌上所记载的急停时间；超过一年的，则需要测定出急停时间，与标牌上记载的数值相比较，然后选用其中较大的数值）。

$$T = (1/2 + 1/N)T_n$$

式中　T_n——曲轴回转一周的时间，s；

　　　N——离合器接合槽数。

如果传感器安装位置与危险区域位置距离太近，则在滑块下行过程中，人手进入危险区域的时间小于光电的响应时间 T_1 与压力机的制动时间 T_2（或滑块的下行程时间 T_s）之和，则人手一旦进入危险区域，即使遮挡光幕，光电装置输出停车信号，机床也不能完全停车，仍然可能造成伤害事故。

如果安全距离设定的太近或太远，安装光幕偏低或偏高，均很有可能导致人身伤亡事故。因此，设定光幕位置后绝对不允许变更。更换模具后，应根据光幕高度和安全距离的两项要求，重新调整光幕的安装位置，以达到最佳使用效果。

（5）调整步骤

① 将控制器的开关置于"关"位置，给机床供电，用万用表检查光电式安全防护装置接入的电源电压是否与产品铭牌上要求的电压相符。

② 将控制器上的开关置于"开"的位置，控制器上的电源红色指示灯和遮光红色指示灯均亮。

③ 灯光如果为反射式，就要调整反射器与传感器的位置，使之平行、对应、对正，至控制器上的通光绿色指示灯亮，遮光红色指示灯灭；灯光如果为投射式，就要调整发光器、受光器的位置，使之平行、对应、对正，至控制器上的通光绿色指示灯亮，遮光红色指示灯灭。

④ 光电防护装置状态正常时的指示灯、遮挡任一光束，控制器上的通光绿色指示灯灭、遮光红色指示灯亮，不遮挡光线时，通光绿色指示灯亮，遮光红色指示灯灭。

⑤ 不保护区间角度的调整。若安全条件允许，并需要实现滑块行程的部分区间不防护时，必须调整凸轮开关的位置及角度。在设定的不防护区间，光电防护装置不起防护作用，即使遮挡光线，滑块也不停止运行。在实际使用中，一般允许滑块下行程的30°区间和滑块回程区间内，设置不防护功能，即将凸轮开关的断开角度调整到30°～180°，使滑块在下行程30°～180°之间处于防护状态。

⑥ 使用注意事项。每班使用之前必须进行试车，检查光电防护装置对机床的防护是否正常。每次启动主电机后，应进行每一次光束的遮光检验或光幕高度检验。使用过程中不得随意变动防护光幕的位置。更换模具，必须由专人调整、检验防护光幕的安全距离和光幕高度位置是否符合规定的安装要求。如果机床执行机构有故障，必须及时检修调整好机床，否则即使光电防护装置安装位置正确也无法确保安全。

6. 电容式防护装置

电容式防护装置又称人体感应防护装置，它是在危险区与操作者之间设置一个敏感元件，这一敏感元件对人体有敏感性，利用电容变化发出信号，以断开压力机的控制线路实现停车。

电容式防护装置一般由振荡器和放大器组成，其敏感元件对地面构成一个有一定电容量的电容，一旦人手进入或停留在危险区，电容量随之改变（电容量随着人体靠近敏感元件的距离而变化），使振荡器振幅立即减弱或停止振荡，经过放大电路控制器触点动作而使压力机停机，如图3-31所示。

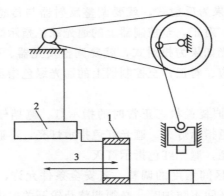

图 3-31　电容式防护装置示意
1—敏感元件；2—控制器；3—操作空间

7. 电视式安全防护装置

这种装置由摄像机、监视器和控制器构成。它利用在摄像机和监视器之间的控制器，在垂直、水平位置需要控制的地方重叠成控制回路，使监视器上显示图像，又把信号送到摄像机。控制区域内如果有物体进入，控制器就把摄像机的图像信号的变化接受过来，控制器回路输出信号，使压力机的滑块不能启动或立即停止运动。

这种防护装置安全防护性高，它不仅用于冲压机械，也可用于其他机械。

8. 感应式安全防护装置

它是用感应幕将压力机上的工作危险区包围起来，当操作者的手或身体的一部分伸进感应幕之后，该装置能检验出感应幕的变化量，并输出信号控制压力机的滑块不能运动或立即停止运动。

感应式安全防护装置的感应元件由具有一定电容的电容器所组成，这些电容器构成一定的防护长度和防护高度的矩形感应幕。当操作者的手送进或取出工件时，必须通过感应幕，从而使电容器的电容量发生变化，于是使与其相连的振荡器的振幅减弱或停止振荡，再通过放大器和继电器控制压力机的离合器，以达到安全防护之目的。

感应式安全防护装置的防护高度为 50～400mm，感应幕宽度在 50mm 以下，具有反应灵敏，耐振动和冲击，使用寿命长的优点。

很明显，感应式安全防护装置的功能与光电式安全防护装置相同，但与光电式安全防护装置相比，其灵敏度受尘埃、油和水以及操作者穿的鞋袜等外界因素的影响较大。

9. 气幕式安全防护装置

图 3-32 是气幕式安全防护装置的示意图。

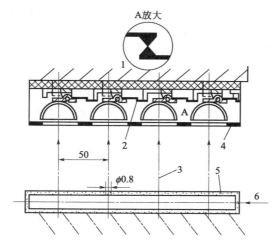

图 3-32 气幕式安全防护装置

1—滑块；2—常开触点；3—气流；4—接收器；5—气射器；6—压缩空气

如图 3-32 所示，在危险区和操作者之间用气幕隔开，压缩空气由气射器上的数个小孔射向装在滑块上的接收器而形成气幕，并使常开触点（串联在压力机的启动控制电路中）接通，在操作者的手或其他物件挡住气幕时，发出信号，接收器靠自重断开触点，使压力机的滑块停止运动。这种装置的保护区域是可调的。在接收器随滑块一起运动到与气射器相距 200mm 以下时，气射器才开始射气，由此到下死点的区域为保护区。用凸轮控制压缩空气的放气和闭锁自动来实现控制。

使用本装置要注意清理射气孔以防堵塞。

10. 触杆防护装置

触杆防护装置是以触杆作为传感元件。传感元件装在压力机滑块下表面，随滑块一起上下运动。当滑块下行而操作者的手臂尚在模具内时，手碰到触杆，触杆内的触点便切断压力机上的制动电路，使滑块制动。如操作者主动触碰触杆，也能实现滑块制动。触杆防护装置的控制电路有常闭式和常开式两种。

（1）常闭式触杆防护装置。在滑块正常运行情况下，其触杆内接点保持闭合，使控制电路常通。当手触及触杆时，接点断开，滑块停止运动，手撤出后，触杆接点复位，重新启动滑块。常闭式触杆防护装置结构如图 3-33 所示。

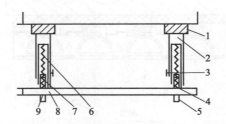

图 3-33　常闭式触杆防护装置结构示意

1—磁铁；2—支架；3—定位螺钉；4—固定套管；5—活动套管；
6，7—弹簧；8—触杆；9—微动行程开关

触杆用有机玻璃杆制成，内有导线，连接在支架两端的接点上，分别与两侧微动行程开关接触。为了防止滑块运动时的振动切断两个节点间的通路，支架内设有弹簧压紧触杆。支架用永久磁铁吸在滑块的下表面上。位置可根据操作和防护的要求而定。为了防止滑块下滑时触杆伤手，支架内设有缓冲橡胶板。常闭式触杆的防护电路可靠性较差，触点分断时有电弧发生，易烧焦触点。用继电器的常开触点控制滑块行程，一旦继电器出现故障不能分断，就会发生事故。如改用直流电压，分断时不会起弧，就可以克服易烧焦触点的缺点。对于多人操作的大型压力机，要用若干套触杆串联，

当任何一套触杆分断时，都能切断输入信号，使滑块停车。

（2）常开式触杆防护装置。滑块正常运行时，触杆内电路呈分断状态，当触杆触碰手臂时，电路闭合，发出信号，使滑块停车。常开式触杆防护装置结构如图 3-34 所示。在支架上外伸一根金属触杆，杆外缠有螺旋金属丝，两者之间绝缘，引线用插销与防护控制电路接通。当人手碰到螺旋金属丝使其与金属杆接触时，它发出信号，于是电路闭合，滑块制动。

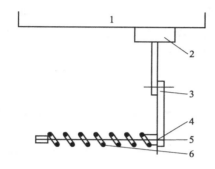

图 3-34　常开式触杆防护装置结构示意图
1—滑块；2—永久磁铁；3—支架；4—绝缘垫；
5—金属触片；6—螺旋金属丝

11．刚性离合器附加急停安全防护装置

该装置是在转键式刚性离合器压力机上附加一对齿轮及摩擦片等，当手或物遮住红外监控装置光线时，通过电磁吸铁、摩擦片及齿轮能使转键与曲轴迅速分离，起紧急制动作用，达到任意位置停车。响应时间很短，完全能满足压力机安全技术条件的要求。

八、冲压机的出料装置

安装冲压机进出料装置，是提高生产率，保证安全生产的重要措施，尽力采取进出料机械化、自动化，即使采用简易送出料装置，也能起到安全防护的作用。

1. 手用安全工具

手用安全工具一般是企业根据本企业生产作业的特点自行设计制造的，并没有专门的标准和规范要求。由于各个企业都有自己各自的特点，因此手用安全工具的形式也是多种多样的，主要作用是使冲压工双手不接触危险区。

使用手用安全工具时应遵守以下各点。

（1）手用安全工具构造要恰当，适合工作条件。

（2）手用安全工具应用适合的材料制造，即尽量采用软金属和非金属材料，以防止操作失误时造成模具或设备损坏。

（3）冲压使用的手用安全工具前后应仔细检查。

（4）使用手用安全工具要实行单次形成操作，工具的长度要适当，禁止手持部位进入模具的危险位置。

手用安全工具有机械式的镊子、钳子、钩子、真空吸盘、气动夹钳等。

使用磁性吸盘，操作者的手能远离危险区，磁性吸盘有电磁和永磁两种。电磁吸盘如图 3-35 所示。其规格如表 3-7。

表 3-7　电磁吸盘规格

吸盘直径/mm	15	20	30	35	40	50
吸附力/$\times 10^3$N	1.96	4.9	7.35	8.82	9.8	1.47

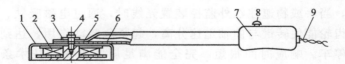

图 3-35　电磁吸盘

1—磁罩；2—线圈；3—弹簧垫圈；4—螺钉；5—磁芯；6—连接杆；

7—手柄；8—开关；9—电源引线

永磁吸盘有不可调式、可调式及机械式等，采用稀土类永磁材料制作，其特点是：当与工件或板料吸合后。吸盘与其接触的工件或板料形成封闭的磁回路，产生大小不等的吸住力，并且无连带吸取两块的可能。

该类工具不仅适用于薄板冲压、剪切以及折弯，还可用作开箱取料、搬运等操作。

2. 简易手工送料装置

如图 3-36(a) 所示。除使用各种专用的送料、取件装置外，为了送进单个坯料也可采用滑块、溜槽等通用性装置代替手工操作。例如，冲制碗形零件类就可采用这种送料装置；操作时，只要用手推动坯料，使坯料沿着导板滑入凹槽，就达到了送料的目的 [见图 3-36(b)]。不能或不便自动送料时，还可采用活动凹槽，将凹槽旋转（或拉出）至安全位置，放好坯料，然后推送到工作位置进行冲压。

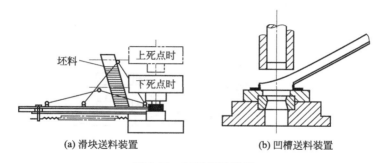

(a) 滑块送料装置　　　　　　　(b) 凹槽送料装置

图 3-36　坯料送进装置

3. 机械送料装置

（1）活动模送料装置。操作时将要冲制零件装入凹槽（此时凹槽位置在凸模的外侧），踩动脚踏开关时，先由汽缸的活塞杆把凹槽拉入凸模下方，接着凸模下降，即行冲制。放开开关，冲头回程，凹槽立即由活塞杆推出，取下冲制杆，如此重复工作。

（2）杠杆式送料装置。在模具前设置出料槽（斗），利用滑块动力将坯料送进模内，这类装置机构简单，使用方便，适用于厚度不大于 1.5mm 以上平整、无毛刺的坯件。

4. 机械出料装置

（1）小而轻的工件用压缩空气吹走。

（2）活动滑板式［图 3-37（a）］、翻板式［图 3-37（b）］出料装置。自由状态时，由拉簧将机构控制在停止位置；将凸模下移时，固定在凸模上的触杆随之一起向下，并压动曲柄，使其逆时针回转，从而使接料斗向右移动，离开凸模工作位置；在滑块回程上升至终点时，出料机械复位。

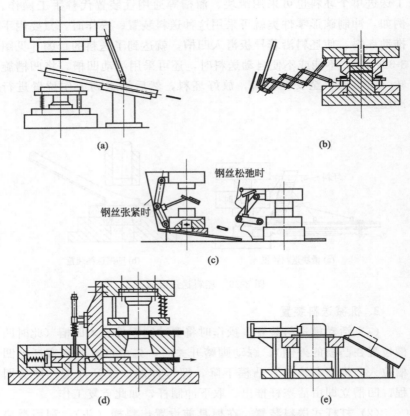

图 3-37　几种常用的机械出料装置

（3）由上模打料，从凹槽漏料的模具可用［图 3-37（c）］所示的机械分别退出工件与废料。

（4）弹性退料器装置。滑块在下死点时，由楔铁脱离滑板，在弹簧力的突然作用下迅速移动，将冲制件弹出。弹簧装置用于各种拿取不便的制件，从凹槽孔退出的工件也可采用［见图 3-37(d)］。

（5）弹簧拉杆或气动推杆出料，适用于大型拉延件［见图 3-37(e)］。

（6）形状复杂的大型覆盖件可用气动（液压）夹钳或机械手取件。

第四节　木工机械安全技术

一、木工机械发展概述

1. 木工机械简介

木工机械，是指加工木材、木质板材及木制品的生产专用机械，用于锯木制材、家具制作、木制品加工等行业。按照产业产品结构与研发方向的不同，木工机械又可分为木工及人造板机械和家具机械两大类。其中，家具机械又可分为实木家具机械、板式家具机械、竹藤家具机械和非木质家具机械。

2. 全球木工机械行业的基本情况

全球木工机械市场主要分布在欧洲、亚太地区和北美地区。2010 年，全球新兴工业国家全力发展木材加工行业，使得木工机械市场快速转移，其中中国大陆与越南市场的成长最显著。2011年，美国金融危机造成的影响尚未完全退去，欧洲爆发主权债务危机，国际贸易和投资增长出现下滑，全球经济复苏步伐明显放缓。在此经济环境下，欧洲和北美地区木工机械市场需求增长乏力，导致全球木工机械市场规模增速放缓。2011 年全球木工机械市场规模约为 137.06 亿美元。

从全球木工机械市场来看，欧盟是最大的木工机械进口区域，其次是亚洲。

进口木工机械的主要国家和地区包括：中国、美国、德国、俄罗斯和法国；出口木工机械主要国家和地区包括：德国、意大利、中国和日本。中国在全球木工机械市场中地位日趋重要，既是主要出口国，又是主要进口国，国内市场对中高端木工机械的需求十分旺盛，基本靠国外进口。国内企业若能加强技术研发，尽快实现进口替代，将可取得更为广阔的市场空间。

3. 中国木工机械行业的基本情况

近 20 年来，中国木工机械飞速发展，已由进口依赖型转向自主生产型。由于中国的木工机械产品在产量或价格上的优势，中国现已成为木工机械的生产大国。受全球金融危机影响，2009 年国内木工机械市场规模增速放缓，但随着全球经济环境的转好，下游家具制造、木门、橱柜等行业需求的增加，2010 年中国木工机械市场与出口规模恢复快速增长。2011 年，中国木工机械行业市场规模约为 277.44 亿元。2012 年中国木工机械市场规模约为 233 亿元。2012 木工机械市场规模下降的主要原因系其细分行业人造板机械市场规模下滑较为明显，同时，林业机械、木制品机械也有所下降。在国内木工机械整体市场规模下降的背景下，由于定制家具的迅速发展，以及板式家具机械更多地应用于部分实木贴面 5mm 以上的实木家具或地板的加工，因此，板式家具机械行业的市场规模仍然略有上涨。

目前，中国木工机械产品主要销往欧盟、美国、俄罗斯、中东、非洲、巴西、东南亚及澳洲等国家和地区，其中美国和德国是中国木工机械出口的最大市场。

中国出口的木工机械产品已在中低端市场上占主导地位，其中精密裁板锯、直线封边机、砂光机、四面刨等诸多产品已打开了通向国际市场的通道。未来，中南美、中东、非洲等新兴市场需求的逐步扩大，将为性价比相对较高的中国木工机械产品带来巨大的发展机会。同时，随着中国木工机械产品技术水平的逐步提高，国内企业在欧美等发达国家市场将取得更多的市场份额。

中国木工机械进口来源相对比较集中，2013 年，德国和中国台湾仍是中国木工机械两个最大的进口来源地，两地合计进口额占木工机械进口总额的比重超过 58%。

二、木工机械伤害事故

1. 木工机械伤害事故的特点

① 随着木工机械广泛应用于建筑、工厂木模具加工、家具行业、家庭装修业等领域，由于木工机械都具有高速运行的特征、木工机械自动化程度低、木工机械操作人员技能和安全意识不足等多方面原因，其伤害类型主要集中在刀具切割，在发生的木工机械伤害事故比例中占 60% 以上，刀具崩击木料、木材反弹等导致的物体打击伤害和挤压伤害等其他伤害类型合在一起占约 40%。

② 天然木材的各向异性的力学特性，使其抗拉、压、弯、剪等机械性能在不同纹理方向有很大差异，加工时受力变化较复杂。木工机械多刀多刃，刀轴转速很高（圆锯片可达 4000r/min），木工机械自动化程度低，多为手工进料式敞开作业，当操作者手推压木料送进时，由于遇到节疤、弯曲或其他缺陷，不自觉地发生手与刃口接触，造成割伤，甚至断指。

③ 事故发生时间。机械事故几乎都是突发在木工作业的正常操作期间。事故发生时，机器处于正常运行状态，极少发生在机器的故障状态或辅助作业（如更换刀具、检修、调整、清洁机器等）阶段。

④ 事故波及范围。刀具的切割伤害一般是个体伤害，只涉及操作者或意外接触刀具的个人；木料的冲击或飞出物的打击伤害有时不仅关系到机器的操作者，还可能波及附近机器和其他人员。

⑤ 事故加害物。绝大多数事故是由刀具引起的切割伤害；其次是由被加工物引起的，由机床本身问题而导致的事故较少。

⑥ 事故高发机械种类。我国对木工机械事故缺乏精确统计，基本情况是：占第一位的是平刨床；第二位是锯机类（主要是圆锯机和带锯机）；第三位是铣床、开榫机类，但后两者比前两者事故率要低得多。

⑦ 事故场所特点。木加工场所粉尘多、噪声大、振动大、工人劳动强度大、易烦躁、疲劳、容易造成操作者注意力不集中而容

易引发工伤事故。

⑧ 事故伤害部位。通常是手指，手掌，飞出物击中头部的发生率较低。

2. 伤害类型和发生原因

（1）刀具切割伤害。由于木材的天然缺陷（如节疤、虫道、腐烂等）或加工缺陷（如倒丝纹）引起切削阻力突然改变；木料过于窄、短、薄，缺乏足够的支承面使夹持固定困难；手工送料的操作姿势不稳定等原因，木料在加工中受到冲击、振动，发生弹跳、侧倒、开裂，都可能使操作者失去对木料的控制，致使推压木料的手触碰刀具造成伤害。

（2）零件、刀具及木料飞出物打击伤害

① 刀具、锯条在高速运转过程中，切割遇到节疤或木料残留铁钉等物质，导致刀具迸溅、乱扎、锯条"放炮"或断条、掉锯、木材崩屑飞出。如果安全防护装置设置不当，崩落物在惯性作用下飞出伤人。

② 机床上零件飞出会造成伤害。例如，木工铣床和木工刨床上未夹紧的刀片、磨锯机上砂轮破裂的碎片等。如果安全防护装置设置不当，刀片、砂轮碎片在惯性作用下飞出伤人。

（3）木料反弹及侧倒伤人。由于木材的含水性或节疤引起夹锯又突然弹开；由于弯曲木料经加压处理校直后，在加工过程中弹性复原等多种原因，都有可能造成木材的反弹伤人；由于木料的不规则外形，在锯切后重心位置改变引起侧倒；木料反弹或侧倒时，人员站位不当，易导致物体打击事故。

（4）挤压伤害。木加工机械设计不当、安全防护装置缺乏、维护保养不当，转动机械部位外露，如主轴、齿轮、轮辐、皮带与皮带轮、链条与链轮、齿条与齿轮、进给辊与被送进的工件等回转部位、啮合部位未设置防护罩，操作人员着装、站位不当，容易被衣物、手、工件等牵连接触床的回转部件而造成挤压伤害。

（5）木料反弹冲击伤人。锯切木料时，剖锯后的新木料块中心位置改变，使木料向中心稳定的方向移动，由于木材的一些特性

（含水量高、木纹、节疤等缺陷）而引起夹锯现象，在刀具水平分力作用下，木料向侧弹出等。这些原因都可能导致木料弹出冲击伤人。

（6）操作人员违反规程带来的危险。许多伤害都是人为造成的。操作者不熟悉木工机械性能和安全操作技术，或不按照安全操作规程作业，加之木工机械设备没有安全防护装置或安全防护装置失灵，都极有可能造成伤害事故。

（7）木屑飞出的危险。如果是圆锯机没有装设安全防护罩，锯料锯下的木屑或者碎木块可能会以较大的速度（超过 100km/h）飞向操作者的脸部（见图 3-38），给操作者造成严重伤害。

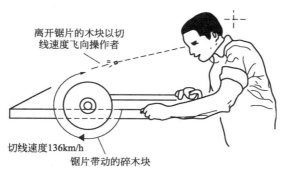

图 3-38　锯屑飞出造成的危险

（8）木料尘伤害。在木材加工过程中会产生大量粉尘，小颗粒粉尘进入鼻孔或肺中，可导致鼻黏膜功能下降甚至入肺。据分析，家具制造行业鼻癌和鼻窦腺癌比例较高，可能与木尘中可溶性有害物有关。

（9）木材或木粉发生燃烧及爆炸的危险。木材是易燃物，木屑、刨花更易着火。加工时产生的木粉在空气中达到一定的浓度范围时，会形成爆炸性混合物。木粉粒径越小，所需发火能越低，平均粒径为 $10 \sim 20 \mu m$ 的木粉，其发火能仅为 $3 \sim 12 mJ$。当木粉在车间堆积过多时，尤其是堆积在暖气片或蒸汽管道上会引起阴燃。

（10）化学、生物伤害。木材贮存和加工过程中要进行防腐化学处理，防腐剂可能会引起接触性皮炎；木材中的真菌和有些树种含有刺激性物质可引起过敏反应性疾病。

（11）触电的伤害。木工机床所用电机多为三相 380V 电压，一旦绝缘损坏易造成触电事故。

（12）噪声和振动伤害。木工机械操作时，噪声与振动大。如截锯机和圆锯机运行时的噪声分别为 $104\sim111\mathrm{dB(A)}$ 和 $92\sim115\mathrm{dB(A)}$。这是木工机械较为突出而且较难治理的问题。

据统计，在进行木工机械加工操作时，产生人身伤害事故的因素及其出现的百分率见表 3-8。

表 3-8　加工木材时产生人身伤害事故的因素及出现的百分率

序号	因素	百分率/%
1	刀具	64.3
2	被刀具打飞的木料	11.2
3	飞出的木屑、料头等	10.5
4	木料倒塌、坠落、挤压	5.6
5	设备	4.2
6	附件	2.1
7	辅助工具	1.4
8	防护装置	0.7

三、木工机械防护装置

由于木工机械种类繁多，各具特点，结构上也有较大差异，其加工过程中危险性也不尽相同。因此，木工机械的安全装置多为专用设施，具有比较明显的针对性。

1. 配置原则

在设计上，就应使木工机械具有完善的安全装置，包括安全防护装置、安全控制装置和安全报警信号装置等。其配置原则有以下几项。

（1）按照有轮必有罩、有轴必有套和锯片有罩、锯条有套、刨

（剪）切有挡，安全器送料的要求，对各种木工机械配置相应的安全防护装置，尤其徒手操作接触危险部位的，一定要有安全防护措施。

（2）对生产噪声、木粉尘或挥发性有害气体的机械设备，要配置与其机械运转相连接的消声、吸尘或通风装置，以消除或减轻职业危害，保护职工的安全和健康。

（3）木工机械的刀轴与电器应有安全联控装置，在装卸或更换刀具及维修时，能切断电源并保持断开位置以防误触电源开关，或突然供电启动机械，造成人身伤害事故。

（4）针对木材加工作业中的木料反弹危险，应采用安全送料装置或设置防反弹安全屏护装置，保障人身安全。

（5）在装设正常启动和停机操纵装置的同时，还应专门设置遇事故须紧急停机的安全控制装置。按此要求，对各种木工机械应制定与其配套的安全装置技术标准。国产定型的木工机械，在供货的同时，必须带有完备的安全防护装置，并供应维修时所需的安全配件，以便在安全防护装置失效后予以更新；对早期进口或自制、非定型、缺少安全防护装置的木工机械，使用单位应组织力量研制和配置相应的安全防护装置，使所用的木工机械都有安全防护装置，特别是对操作者有伤害危险的木工机械。对缺少安全防护装置或其失效的，应禁止或限制使用。

2. 锯机

（1）圆锯机。圆锯机出现意外伤亡事故的原因主要有两点：一是由于操作人员的手或身体触及锯片；二是由于在加工过程中遇到木料有节疤、过湿，或者锯片磨损变钝而造成木料紧夹锯片而向操作人员猛烈反撞或弹出。针对这些原因，在圆锯上采取的主要安全防护措施如下。

① 安装防护罩。圆锯机的防护罩分为台面及台底两种。图3-39所示为台面轻便型防护罩。这种装置由支持架、有机玻璃防护罩、分离刀、制动片等组成。工作时罩体能在支持架 2 上摆动，以适应木料厚度的变化。

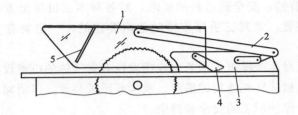

图 3-39　台面轻便型防护罩

1—有机玻璃防护罩；2—支持架；3—分离刀；4—制动片；5—防护罩加强筋

防护罩内有加强筋，以增加罩体的抗震强度。通过有机玻璃罩可以清晰地看到木料的锯切情况。这种防护装置适用于精度要求高的板料锯切，如层压板、木工制品等。

安设台底防护罩的目的是防止操作人员清理木屑时被锯片锯伤。其结构相对简单，通常是在锯片两边用钢板进行防护，两边距离以不超过 150mm 为宜，其底边最少低于锯齿 50mm。

② 安装防回弹装置。为防止木料的回弹，一般在圆锯机上安装锯尾刀、分离刀及自动爪等。分离刀是弧形镰刀片，如图 3-40 所示，刀刃前沿圆滑，通常用耐磨钢片制成，其厚度一般比锯片厚约 10%，宽度按表 3-9 选用。安装示意图见图 3-41。需要注意的是，应将分离刀牢固地安装在锯片的后方，使其与锯片保持在同一平面上，锯片刀刃重新修磨后，锯片直径变小，此时要调整分离刀的位置。

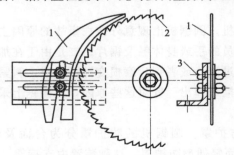

图 3-40　圆锯机木料分离刀

1—分离刀；2—锯片；3—固定螺栓

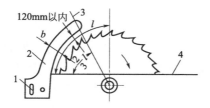

图 3-41　圆锯机木料分离刀安装示意

1—固定螺栓调节孔；2—分离刀；3—分离刀安装高度边界；4—工作台面

表 3-9　圆锯机木料分离刀宽度的选用

锯片直径/mm	152	255	355	455	560	610
分离刀宽度/mm	30	45	55	70	80	85

　　此外，在圆锯机木料进料的前方或在防护罩的两侧装有制动片（爪）见图 3-42。这也是一种防回弹装置。当送进木料进行加工时，制动片（爪）抬升，木料可顺利通过。如木料出现振动、反弹，则制动片尖端就卡住木料，特别是在锯切尺寸较大的板料时，制动作用更重要。由于制动经常受到强烈反击，所以它和支撑转轴都应当用具有足够的抗冲击强度的材料制作。其厚度在 8mm 以上，长度应在 100mm 以上。长度不足 100mm 以上时，制动作用

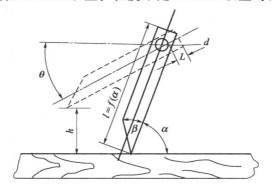

图 3-42　圆锯机上的制动片（爪）

h—最大切割工件厚度；d—制动片转动轴径

力就不足。制动片与工件的接触角 α 应保持 $65°\sim80°$，β 角应保持 $30°\sim60°$，L 的尺寸应大于轴径 d。图中所示是用于小型圆锯机上的防回弹装置。当锯片直径大于 350mm 时，如制动片仅用于防止反击，可采用一组；如兼用防止板料跳动，则可用两组。

图 3-43 所示的是防止锯断工件回弹的装置。图中木制辅助直尺长度定为距锯齿约 1mm 前停止，可防止锯断工件回弹。

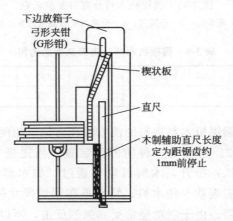

图 3-43　防止锯断工件回弹装置

一般情况下，在使用防回弹装置时，应同时使用推杆。

③ 安装推杆、推块。推杆（推块）的形式有很多种，一般随加工件及作业的需要进行设计和制造，并没有统一的标准。图3-44所示的是常用的一种推块，又叫推木砧。其右边的坑可保护操作人员的拇指，砧底的横木条能推木料前进。图 3-45 所示的是一种适合于锯切窄料的推杆。

④ 安装安全夹具。在圆锯机下料时，可使用如图 3-46(a) 所示的带确定长度限位器的木制辅助直尺。限位器可以防止人手进入危险区。利用折页打开成 90°角时 [图 3-46(b)]，即成为一个限位器。

（2）带锯机。带锯机是进行木料加工时最常用的设备之一，也是木工机床中较为危险的机器。其伤人事故通常有两种：一种是操

图 3-44　木工机床用推块

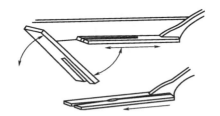

图 3-45　锯切窄料的推杆

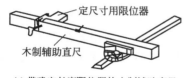

(a) 带确定长度限位器的木制辅助直尺

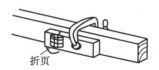

(b) 折页的应用(即限位器)

图 3-46　带限位器的安全夹具

作者接触到运行中的锯条而受到伤害；另一种是锯条断裂而飞出伤人。因此，带锯机的安全防护装置必须做到：首先将锯条和传动部分用防护罩防护起来，其次应对锯条进行经常性的检查，以防锯条突然断裂。图 3-47 所示为带锯机的安全防护装置。

（3）截锯机。截锯机的作用主要是用来截断方材和板材。它分为两种：用来截断较大尺寸的木材叫吊截锯，其安全防护装置主要有两种。图 3-48 所示的为吊截锯的安全防护装置，图中的 1,2 为锯片防护罩，其作用是避免操作人员的身体与锯齿接触而受伤。8 为限位铁链，其作用就是将锯机固定在适当的机架上，限制其摇摆

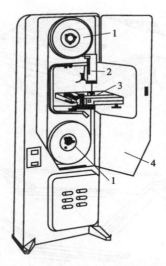

图 3-47　带锯机的安全防护装置

1—传动轮；2—导架；3—工作台；4—防护罩

的距离，使锯片不超越工作台的边缘，防止使用时用力过度或其他原因将吊截锯拉离工作台而导致伤害事故。常用的截锯机防护装置如图 3-49 所示。工作时，操作人员将锯片和上部防护罩一起提起，锯切板料。工作完毕，锯片推入防护罩 3 内将裸露的锯片罩住。

图 3-50 为另一种截锯机防护罩，其防护罩安装在截锯机工作台的支架上。当开始截锯木料时，用手把防护罩压下，使罩体下缘贴在锯切的木板表面上，防止板料跳动。工作完毕，由配重 1 使防护罩 3 自动抬起为下次锯截做好准备。这种截锯机的锯片装在工作台下部，采用电动或气动装置将锯片升到工作台上，锯切完毕，锯片降回工作台下部，操作比较安全。

3. 平刨床（平刨机）

平刨机也是一种较为危险的木工机床。工作时，操作人员的手要经常经过刀具，当送料遇到木料有节疤、弯曲等不均材质或者送进的木料较为短薄时，就容易发生工件回弹或手触及刀具的伤人事故。因此，其安全装置主要是防护片或防护罩，用于阻止手与刀具

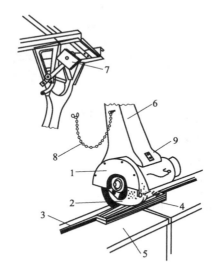

图 3-48　吊截锯的安全防护装置

1—固定防护罩；2—可调防护罩；3—导板；4—加工件；5—工作台；6—摆；

7—平衡锤；8—限位铁链；9—控制按钮

的接触。

（1）工作台与刨刀轴。工作台离地面高度应为 $750\sim800\text{mm}$，工作台开口量（即唇口的最大距离）与刨刀轴径的关系见表 3-10。

表 3-10　工作台开口量与刨刀轴径的关系　　　　mm

零件切削位置开口量	刀轴直径						
	80	90	110	112	125	140	160
无内护罩	≤37	≤40	≤42	≤45	≤50	≤53	≤57
有内护罩	≤50	≤54	≤57	≤60	≤65	≤70	≤75

刨刀外形应为圆柱形，严禁采用方柱形和棱柱形的刨刀体。刀体中的装刀槽应加工成上底在外、下底靠近圆心的梯形槽。组装后的刀槽应为封闭型。刨刀片的宽度应大于 30mm，径向伸出量不得

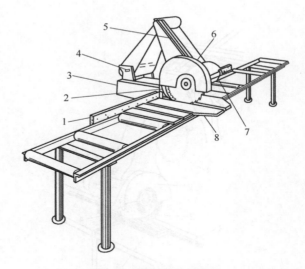

图 3-49　截锯机防护装置

1—挡板；2—分离刀；3—锯片防护罩；4—停止工作的定位挡；5—平衡杆；
6—锯片上部固定防护罩；7—操纵手柄；8—工作台面

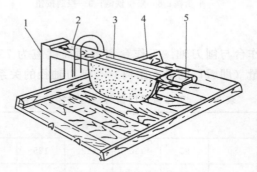

图 3-50　截锯机防护装置

1—配重；2—杠杆；3—防护罩；4—呆木；5—手柄

大于 1.1mm。在组装时刀片时，应按设计要求的预紧力锁紧，组装好的刨刀轴按中等硬度木材以刀轴转速＞4500r/min、送料速度为 8～16m/min、切削深度为 2～4mm 的设置，进行连续切削

5mm 的试验，不得有卷刃、崩刃或显著的磨钝现象。

平刨机工作台前沿唇口与刨刀轴的距离应如图 3-51 所示。同时，由于手指的伤害程度与刀轴上导屑槽的深浅程度有密切的关系，因此，要求导屑槽的深度≤11mm，水平宽度≤16mm。

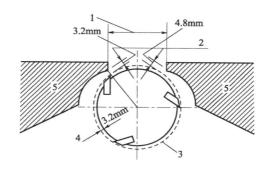

图 3-51　平刨机工作台前沿唇口与刨刀轴的距离

1—工作台开口量；2—工作台前沿唇口与刨刀轴轨迹间的空隙；

3—刀轴轨迹；4—刨刀高出刀轴尺寸；5—工作台

（2）安全要求

① 在刀轴部分必须安装防护罩（板）。工作时，防护罩（板）应完全盖住刀轴。

② 防护装置中采用的光、电、磁等信号控制元件不能因机床振动而引起误动或失灵。

③ 刀轴采用的电磁制动器控制电路应与主电机的电路联锁。

④ 为保证手部安全，当加工的工件细小时，必须使用推木砧或将工件夹紧后方可工作。

（3）安全防护装置

① 转动式防护片及防护罩。转动式防护片又称电控护片，防护罩主要有电控双层罩，下面分别简单介绍。

a.电控护片。由电磁铁驱动的电控护片安全防护装置如图 3-52所示。

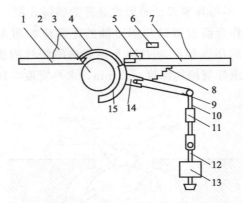

图 3-52　电控护片安全防护装置

1—后工作台；2—导尺；3—刀轴；4—护片；5,6—微动开关；7—前工作台；
8—弹簧；9—拨杆；10—拉杆；11—拉杆调节螺母；12—电磁铁夹板；
13—牵引电磁铁；14—拨叉；15—护片弧形滑道

电控护片的弧形滑道 15 固定在前工作台 7 上，护片 4 可以在弧形道内单独滑动。微动开关 5 用于刨削木板平面，微动开关 6 用于刨削木板侧面。不工作时，弹簧 8 拉动拨杆 9，通过拨叉 14 把护片从弧形滑道内滑出，盖住刀轴 3。工作时，木料端头一触到微动开关，牵引电磁铁 13 动作，通过拉杆 10 和拨杆 9 将护片拨回弧形滑道，刀头露出。当木料后端离开工作台时，电磁铁断电，弹簧又将护片拨出，护住刀轴。每个护片都由一个电磁铁控制，开关箱上安装有与护片同数的分开关，工作时可根据木料的宽度来调整投入防护工作护片的数目。

b. 电控双层罩。这种装置是由护刀罩和护片两套机构来实现安全防护作用的。其结构原理见图 3-53。护刀罩 6 是一个整体弧形钢板，固定在套于刀轴 7 两端的圆盘 8 上。圆盘通过杠杆 10、拉杆 12 与电磁铁 13 相连。护片 3、5 是在一根轴上的几根弧形钢板，它们均匀分布在前工作台 1 的空槽内。电动机 14 通过齿轮副 15 和蜗轮副 4 传动而使轴和护片一起转动，但受到木料压力的护片不能

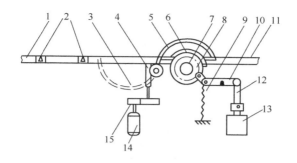

图 3-53　电控双层罩安全防护装置

1—前工作台；2—微动开关；3—护片非防护状态；4—蜗轮副；5—护片防护状态；
6—护刀罩；7—刀轴；8—刀罩固定圆盘；9—弹簧；10—杠杆；
11—后工作台；12—拉杆；13—电磁铁；14—电动机；15—齿轮副

和轴一起转动。

开机后，电磁铁 13 带电拉动护刀罩 6 盖住刀轴 7。当刨削的木料压上前工作台 1 的第一个微动开关时，电磁铁断电，弹簧 9 将护刀罩拉进，使刀轴露出。同时电动机启动，使未被木料压住的护片转动，盖住露出木料外面部分的刀轴。当料离开后面一个微动开关时，电磁铁带电，拉动护刀罩盖住刀轴，由时间继电器控制的电动机同时反转，将护片转到工作台下面，等待下次刨削，电动机自动断电。

② 隔离式防护。隔离式防护有自调式防护罩、机械式防护罩和可调式防护罩

a. 自调式防护罩。在平刨刀轴上方装自动调节的防护罩，加工木料可在防护罩下方通过，防止手与刀具接触。图 3-54 所示为压辊自调式防护罩。

在刀轴的上方装两个压辊 1 和一个护罩 2。工作开始，木料的前端首先触碰到护罩前端的横轴 6，接触微动开关 5，使电磁铁动作，通过杠杆、平衡滑板 4 和滑轮 7 系统使罩体上升，木料即送入罩体下方。此时，木料脱离横轴 6，微动开关 5 断电，电磁铁失磁，罩体靠自重下落在木料上面，如不需要防护罩时，可通过转盘

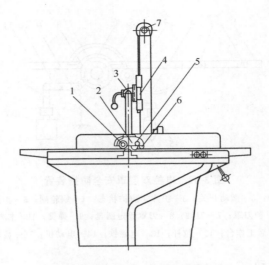

图 3-54　压辊自调式防护罩
1—压辊；2—护罩；3—转盘；4—平衡滑板；
5—微动开关；6—横轴；7—滑轮

3 将护罩转动 90°，离开床面，便于刨削大工件或换刀轴。

　　b. 机械式防护罩。图 3-55 所示为机械式防护罩。工作时，工件触动防护罩，由于平衡支架的作用，防护罩随工件高度升起，工件从防护罩下部通过，阻止操作者的手进入刀口内，弹簧可调节防护罩的高度。

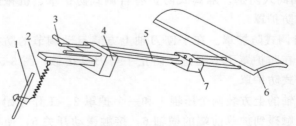

图 3-55　机械式防护罩
1—支杆（固定在床身上）；2—拉簧；3—转动中心轴（固定在工作台侧面）；
4—平衡支架；5—防护罩支撑杆；6—防护罩；7—防护罩插座

c. 可调式防护罩。在平刨机刀轴的左侧，装有垂直可调固定支架、梯形防护罩。根据加工木料的厚度，调整支架的高度，以防操作者的手部受到伤害（见图 3-56）。

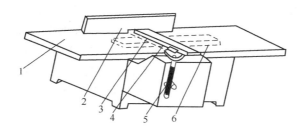

图 3-56　可调式防护罩

1—工作台；2—导板；3—梯形防护罩；4—刀轴刃口；

5—可调固定支架；6—木料

③ 改进刨刀轴上的压力条。刨刀轴转速很高，一般刀轴上安装刀片 2～4 条，刀片由压力条、螺钉固定。改进前的刀轴压力条在装刀后，刀轴留有深沟，见图 3-57（a），由于刀轴转速可高达150～300r/s，工作时一旦手指落入刀轴内，瞬间就会造成严重的切伤或断指事故。针对这一问题，对刀轴上旧式压力条作了改进，如图 3-57（b）所示。使压力条的外缘与刀轴外缘相合，原来的沟槽被填平仅留凹形出屑槽。改进后的效果是：如出现事故，只能伤

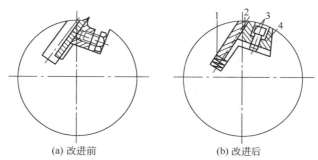

(a) 改进前　　　　　　　　(b) 改进后

图 3-57　刨刀轴压力条的改进

1—弹簧；2—刀刃；3—压力条；4—刨刀轴

及手指表皮，不会发生断指事故；还可以防止刨削时反击木料；在填平后来的刀轴沟槽后，气流噪声强度也得到降低。

④ 光电控制防护装置。光电控制防护装置是利用光源和光电管组成的控制装置，其结构如图 3-58 所示。护片由一组外形相同的圆弧形钢片组成，沿轴线遮住刀轴全长，每片间隔 6mm。木料送进时，护片在木料的推动下，沿滑道滑下，让出加工部分；当刨削完毕时，木料离开刀轴，光线重新照到光线管上，控制线路中的电磁铁立即动作，拉动拨杆，护片重新推出，遮住刀轴。其电气线路见图 3-59。

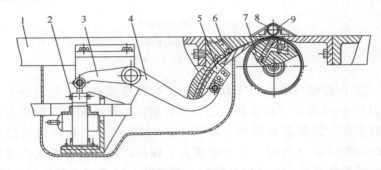

图 3-58　光电控制防护装置剖视图

1—平刨机平台；2—电磁铁；3—拉杆；4—拨杆；5—护片；
6—弹簧压珠；7—刀轴；8—刀片；9—光电管

⑤ 组合式防护装置。该装置的主要部件（见图 3-60），是配有平衡块 2 的杠杆 1，杠杆安在转动轴 3 上，且与托板 4 连接，托板上有活动挡板 5，其末端有小旗 6。当导尺 8 固定在刀轴一定宽度时，挡板沿导尺在托板上移至所需宽度。被加工木料 7 与挡板的斜板 11 相互作用，并将斜板 11 倾斜，同时转动杠杆。当刨削被加工木料的窄边时，只有小旗 6 相对于刀轴 9 倾斜。被加工木料脱离加工区时，小旗借助弹簧 10 回到原位，挡板 5 借助平衡块回到原位。

该装置适于加工任何宽度的木料，而且方便、安全、可靠。

4. 木工铣床防护装置

（1）通用型木工铣床的防护装置。通用型木工铣床的防护装置

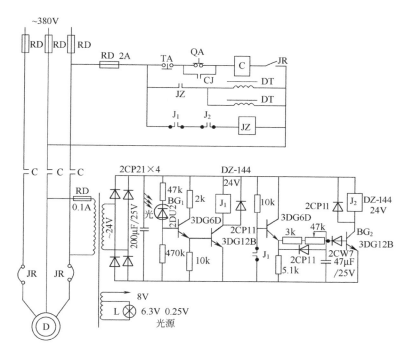

图 3-59 光电护片电气线路图

c—交流接触器；JZ—中间继电器；DT—电磁铁；D—电动机；J1,J2—中间继电器；
L—指示灯；TA,QA—按钮；CJ—附件按钮；JR—开关

由三片扇形活动防护片和制动爪等部件组成（见图 3-61）。不工作时，活动防护片遮住裸露的铣床刀具。铣削时，抬起活动片，让木料通过；铣削完毕，活动防护片依靠自重落到床面上。在操作过程中，如遇到木料跳动或反击，制动爪能刹住木料，使木料不会打出。

（2）加工曲线外形体工件铣床的防护装置。它主要由外罩，钳形护板和复原弹簧组成。工作时，工件 1 按箭头 1 所指方向运动，其边缘 A 与小轮 2 接触，使左面钳形护板 3 转动，逐步打开铣削工具 4，开始沿径向加工工件曲线外形 B 的一部分。由于杠杆作用，右面钳形护板 5 被转动，铣削工具 4 打开更大，工件按箭头 II

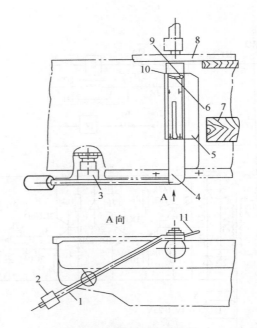

图 3-60　组合式防护装置

1—杠杆；2—平衡块；3—转动轴；4—托板；5—活动挡板；6—小旗；

7—木料；8—导尺；9—刀轴；10—弹簧；11—斜板

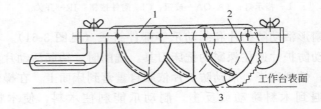

图 3-61　木工铣床防护装置

1—支架；2—制动爪；3—活动防护片

方向移动，工件外形 B 的另一部分也被加工。加工结束后防护装置借助弹簧作用按顺序恢复原位。见图 3-62。

（3）加工圆锥形工件铣床的防护装置。这种装置由机床保护

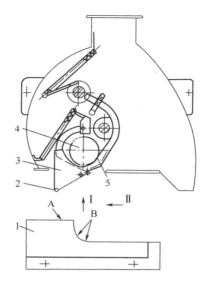

图 3-62　加工曲线外形工件铣床的防护装置
1—工件；2—小轮；3—左面钳形护板；4—铣削工具；5—右面钳形护板

罩 1 和固定在溜板 3 上的护板 2 组成。在溜板缓慢移动条件下，工件 4 随着金属工作台 5 向铣削工具 6 方向移动，溜板和工作台移动的同时通过活动铰接装置带动护板 2 轻轻移动，打开铣削工具前方的工作室，开始加工工件。当溜板往回移动时，护板恢复原位罩住铣削工具。护板铰接在溜板上，使溜板在加工外形比较复杂的工件时方便、灵活。加工往往要经过几次反复来完成。见图 3-63。

5. 木工钻床防护装置

　　木工钻床的防护装置主要由三部分组成：活动的套管 1,2 以及固定的套管壳 3，如图 3-64。在用钻头加工浅孔时，套管 1 沿套管 2 内壁滑动，并套入其中。在钻深孔或透孔时，套管 1 进入套管 2，而后它们共同进入套管壳 3。在任何情况下，钻具 4（钻头或铣刀）都能被全部防护起来，起到保护操作者手的作用。

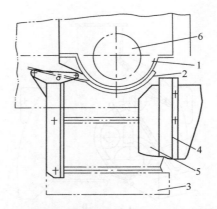

图 3-63　加工圆锥形工件铣床的防护装置

1—保护罩；2—护板；3—溜板；4—工件；5—工作台；6—铣削工具

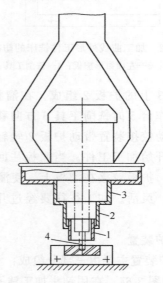

图 3-64　木工钻床防护装置

1,2—套管；3—套管壳；4—钻具

四、木工机械安全技术操作规程

1. 平刨机

（1）平刨机必须有安全防护装置，否则禁止使用。

（2）刨木料时应保持身体稳定，双手操作。刨大面时，手要按在木料上面；刨小面时，手指不低于木料高的一半，并不得少于3cm。禁止手在木料后推送。

（3）刨削量每次一般不得超过1.5mm。进料速度保持均匀，经过刨口时用力要轻，禁止在刨刀上方回料。

（4）刨厚度小于1.5cm、长度小于30cm的木料，必须用压板或推棍，禁止用手推进。

（5）遇节疤、纹理不顺要减慢推料速度，禁止手按节疤推料。刨旧料必须将铁钉、泥沙等清除干净。

（6）换刀片应拉闸断电或摘掉皮带。

（7）同一台平刨机的刀片重量、厚度必须一致，刀架、夹板必须吻合。刀片焊缝超出刀头和有裂缝的刀具不准使用。紧固刀片的螺钉，应嵌入槽内，并离刀背不少于10mm。现在木工用刨机已经可以有六面刨了，是整体综合性联合机床。

（8）机床只准采用单向开关，不准采用倒顺双向开关。

（9）送料和接料不准戴手套，并应站在机床的一侧。刨削量每次不得超过5mm。

（10）进料必须平直，发现材料走横或卡住，应停机降低台面拨正。遇硬节应减慢送料速度，送料时手指必须离开滚筒20mm以外，接料必须待料走出台面。

（11）刨短料长度不得短于前后压滚距离；厚度小于1cm的木料，必须垫托板。

2. 木工铣床

（1）使用木工铣床时应思想集中，特别是当两人同机工作时，更要配合默契，上手送料，按料不应将手伸过刀口，而应在离刀口20cm左右时即放手；下手接料不要过猛，应缓慢拉接。

（2）推料速度不宜太快，要与铣刀回转速度、加工量的大小及材质的软硬相适应。铣削过程中，遇到工件局部逆纹或节疤时，应将木料压住，减慢送料速度，以防工件打回伤人。

（3）铣刀在加工中损坏，从刀轴上抛出是危险的，因此对于铣刀的选择、刃磨及安装都要十分重视。必须选用刚性好，刃口锋利且平衡对称的铣刀；铣刀应由有经验的操作人员安装，安装间隙要适当，与刀轴配合应牢固，装配式铣刀的刀片与放刀轴的槽要配合精准。在铣削过程中，要随时注意铣刀的平衡状态，以防发生意外。

（4）铣削过程中，工件不可随意退回，否则容易发生事故。如遇特殊情况，非退回不可，应做好准备再退。

（5）当使用样模铣削曲线形工件时，若工件较大，为确保安全，挡环最好安装在刀头的上方。

（6）铣削时，应用长柄刷子从工作台上及时清除木屑和碎片。

3. 木工带锯机安全操作规程

（1）木工带锯机的检验试验和保养

① 带锯所属电动机应定期进行检验试验，检验试验合格应贴合格标签。

② 随机所有电线应穿管，并固定牢固。有防止因震动导线外绝缘层磨损的措施。机身金属外壳应接地良好。

③ 机械转动部分润滑良好，无卡死和异声。

④ 带锯接头平整，带条无裂纹，锯齿锋利，无连续两个及以上的缺齿。

⑤ 空载试转，检查带条应无串条和明显晃动。

⑥ 从动轮（主动轮）及非工作段锯条防护罩完好。

⑦ 机床应有专人负责，定期进行保养，转动轴部位定期加油润滑。

（2）木工带锯使用及注意事项

① 作业前，检查调整锯条松紧度，空转正常后方可正式投入使用。

② 检查停、启按钮（开关）控制可靠灵活、运转正常。

③ 锯废、旧木料时要检查木料上是否有铁钉等金属残留物，如有应进行彻底清理后再进行作业。

④ 进锯速度应均匀，不能过猛。不得锯过小（手难以抓握）尺寸的木材，避免对人或器具发生意外。

⑤ 被加工木材长度超过1m时应2人进行。

⑥ 需调整锯木尺寸靠板时，应停车进行。

⑦ 如带锯机装有张紧装置的压砣（重锤），应根据锯条的宽度与厚度调节挡位或增减副砣，不得用增加重锤重量的办法克服锯条口松或串条等现象。

⑧ 非作业人员严禁操作木工机具。

4. 木工钻床安全操作规程

（1）工作前要检查安全防护装置是否良好，要把钻头装夹牢固，工作时严禁戴手套和围巾；

（2）根据木料的材质适当掌握钻削压力和速度；

（3）任何加工件都必须有专用固定工具，不得用手直接触摸或按住加工件钻孔；

（4）换钻头时必须停机，不得用手和棉纱等物摸、擦转动部位；

（5）钻下的木屑不得用嘴吹，以防飞入眼内；

（6）保养规程如下：

① 操作员每天必须对机器设备进行清洁（特别注意死角），对设备升降部位加润滑油；

② 机修人员每月定期检查设备有无晃动及有无振动。

第四章

热加工安全技术

　　热加工是指对在高温状态下的金属进行加工，是机械制造工业中常见的方法和手段之一。由于待加工的金属处于高温状态，因此，在安全生产管理和安全技术方面具有其特殊性。最常见的热加工有铸造、锻造、热处理、热轧、焊接等。

　　铸造、锻造、热处理、热轧和焊接作业都属于高温强辐射作业，这类生产场所具有各种不同的热源，如：冶炼炉、加热炉、窑炉、锅炉、被加热的物体（铁水、钢水、钢锭、铜坯、金属零部件等），这些热源能通过传导、对流、辐射散热，使周围物体和空气温度升高，周围物体被加热后，又可分为二次热辐射源，且由于热辐射面积大，使气温更高。在此类作业环境中，同时存在两种不同性质的热：对流热（被加热了的空气）和辐射热（热源及二次热源）。对流热只作用于人的体表，通过血液循环使全身加热。辐射热除作用于人的体表，还作用于深部组织，因而加热作用更快更强。这类作业的气象特点是气温高、热辐射强度大，而相对湿度多较低，形成了热环境。人在此环境中劳动会大量出汗，如果通风不良，则汗液难以蒸发，就可能因蒸发散热困难而发生蓄热和过热。

　　伴随着高温，这些铸造、锻造、热处理、热轧和焊接作业还散发着各种有害气体、粉尘和烟雾，同时还产生噪声，体力劳动繁重，起重运输工作量大，从而严重地恶化了作业环境和劳动条件。由于这些作业工序多，因而容易发生各类伤害事故，需要采取有针对性的安全技术措施。

第一节 热加工的危险和有害因素

一、铸造生产中的危险和有害因素

1. 铸造特点

铸造是将熔融金属浇注、压射或吸入铸型型腔中，待其凝固后而得到一定形状和性能铸件的方法。铸造生产是机械制造工业的重要组成部分，在机械制造工业所用的零件毛坯中，约70%是铸件。常用的铸造方法有：砂型铸造、熔模铸造、壳型铸造、金属型铸造、压力铸造等。

当前在我国，以砂型铸造更为普遍，这种铸造方法劳动条件差，生产中的危险和有害因素较多。铸造加工一般有物料重而多，运输量大而复杂，环境恶劣等特点。在铸造过程中，浇注工序大多还是手工作业，既繁重又紧张；许多物料温度很高；而有些金属液体还需经特殊处理或运转，所用的运输设备多，运输路线复杂，常是多层、立体交错进行的，因此容易发生砸伤、碰伤等物体打击事故以及烫伤、灼伤等事故。同时，铸造生产多是在高温、高辐射热等环境中进行的，易发生火灾爆炸；而粉尘、有害烟气、噪声、振动及照明不良则更进一步危害了操作者的身体健康和人身安全，也常是酿成事故的间接或直接原因。

2. 铸造加工中的不安全因素

根据铸造加工过程的特点，可以分析出在铸造加工过程中存在的不安全因素，具体如下。

(1) 由于高温、高辐射热，易发生火灾及爆炸。

(2) 由于工作环境恶劣，易发生砸伤、碰伤、烫伤、灼伤等事故。

(3) 有害粉尘污染。在型芯砂运输、加工过程中，打箱、落砂及铸件清理中，都会使作业现场产生大量的粉尘；在铸钢清砂过程中，常含有危害较大的矽尘，若没有有效的排尘措施，易患矽肺病。铸造车间粉尘颗粒分散度（质量分数）见表 4-1。

表 4-1　铸造车间粉尘颗粒分散度（质量分数）　　　　%

工种	工作地点	粉尘粒径/μm			
		<2	2~5	5~10	>10
铸钢	大型造型	20	45	24	11
	电弧炉炼钢	31	41	23	5
	落砂开箱	30	40	17	13
	清理中小件	38	48	12	2
	切割中小件	65	26	6	3
	混碾旧砂	7	45	26	22
	碾轧耐火砖	25	61	13	1
	混碾新砂	16	55	25	4
	抛丸清理室内	67	15	15	3
	振动落砂地沟内	79	4	3	14
	喷砂室内	56	38	4	2
铸铁	大型造型	25	57	16	2
	制芯	16	60	20	4
	清理铸件	52	30	12	6
	混碾旧砂	30	36	24	10
	混碾新砂	40	29	20	11
	滚筒破碎筛筛砂	10	46	30	14
	湿型落砂开箱	13	22	35	30
	干型落砂开箱	40	17	10	33
	悬挂砂轮打磨	29	54	6	11
	冲天炉加料处	8	13	53	26
	地沟内	40	9	21	30

（4）烟害。冲天炉、电弧炉的烟气中含有大量对人体有害的一氧化碳，在烘烤砂型或泥芯时也有一氧化碳排出。

（5）有害气体。在用焦炭熔化金属以及铸型、浇包、浇注等过程中，会产生能引起呼吸道疾病的二氧化硫；型芯干燥室受热达 200~250℃，浇注铁水型芯受热达 1000℃时，油质挥发出能引起急性结膜炎和上呼吸道炎症的丙烯醛蒸气；在浇注铸型时，型芯和涂料中的各有机物质都能释放出大量的有害气体，见表 4-2。

表 4-2 铸造车间产生的有害气体的危害及最高允许浓度

有害气体名称	存在状态	对人体的危害	职业接触限值/(mg/m³)		
			MAC最高容许浓度	PC-TWA时间加权平均容许浓度	PC-STEL短时间接触容许浓度
一氧化碳（非高原）	气体	使血红蛋白失去带氧能力，导致组织缺氧。轻度急性中毒有头痛、头晕、心慌、呕吐、腹痛、全身无力等症状；严重时昏迷、呼吸麻痹导致死亡。慢性影响有倦怠、头痛、头晕、记忆力减弱、易怒、消化不良	—	20	30
二氧化氮	气体	低浓度时，仅引起呼吸道黏膜刺激症状，如咳嗽等；高浓度时，引起头痛、强烈咳嗽、胸闷。严重者，出现肺水肿	—	5	10
二氧化硫	气体	低浓度时，对眼、咽喉及呼吸器官有刺激作用，可引起牙齿酸蚀症；高浓度时，可引起支气管炎，支气管肺炎、甚至肺水肿	—	5	10
氨	气体	低浓度时，有刺激作用，眼鼻有辛辣感、流泪、流涕、咳嗽等；高浓度时，可引起肺充血、肺水肿。皮肤沾染时可引起化学灼伤	—	20	30
氟化氢（按F计）	气溶胶	直接接触时刺激、灼伤皮肤、黏膜。吸入刺激鼻喉，引起炎症，并对骨骼有一定影响	2	—	—
硫化氢	气体	低浓度时，刺激眼结膜及上呼吸道黏膜；高浓度时，发生头晕、心悸、抽搐、昏迷，最后呼吸麻痹致死；极高浓度时，可发生"电击"式中毒死亡	10	—	—

有害气体名称	存在状态	对人体的危害	职业接触限值/(mg/m³)		
			MAC最高容许浓度	PC-TWA时间加权平均容许浓度	PC-STEL短时间接触容许浓度
氯	气体	低浓度时,对眼、鼻、呼吸道有刺激作用;高浓度时,可引起支气管炎、支气管肺炎、甚至肺水肿等。灼伤皮肤成溃疡、痤疮等。还可使牙齿酸蚀	1	—	—
二硫化碳	蒸气	慢性中毒引起神经衰弱、末梢神经感觉障碍,对心血管系统也有一定影响,对皮肤黏膜有明显的刺激作用;高浓度时,引起急性中毒,头痛、头昏;重者出现昏迷,痉挛性震颤	—	5	10
氯化氢及盐酸	雾状	对皮肤、黏膜有刺激作用,可引起呼吸道炎症	7.5	—	—
甲醛	气体	刺激皮肤、黏膜、引起皮肤干燥、开裂、皮炎及过敏性湿疹,眼部灼伤感,流泪、结膜炎以及咽喉炎、支气管炎等	0.5	—	—
甲醇	蒸气	轻度中毒有头痛、头昏、全身无力、恶心、呕吐等。严重时出现昏迷以致失去知觉、停止呼吸。慢性中毒出现头痛、失眠、手指麻木,以及血液系统的一些病变	—	25	50
苯	蒸气	浓度高时,可引起急性中毒;轻度中毒有头痛、头昏、全身无力、恶心、呕吐等,严重时可出现昏迷以致失去知觉,停止呼吸。慢性中毒出现头痛、失眠、手指麻木,以及血液系统的一些病变	—	6	10

（6）气候因素。在铸造生产过程中，产生大量的热，特别是在夏天，车间内的温度经常达到 40 多度，影响生产，所以要注意改善劳动环境，防暑降温。

（7）噪声。在清理工序中，清铲毛刺、清理铸件、铸件打箱时产生的噪声也是造成人身伤害的一种因素。

二、锻造特点和事故种类

1. 锻造特点

锻造是一种利用锻压机械对金属坯料施加压力，使其产生塑性变形以获得具有一定机械性能、一定形状和尺寸锻件的加工方法。通过锻造能消除金属在冶炼过程中产生的铸态疏松等缺陷，优化微观组织结构，同时由于保存了完整的金属流线，锻件的机械性能一般优于同样材料的铸件。相关机械中负载高、工作条件严峻的重要零件，除形状较简单的可用轧制的板材、型材或焊接件外，多采用锻件。

（1）锻造生产是在金属灼热的状态下进行的（如低碳钢锻造温度范围在 1250～750℃），由于有大量的手工劳动，稍不小心就可能发生灼伤。

（2）锻造车间里的加热炉和灼热的钢锭、毛坯及锻件不断地发散出大量的辐射热（锻件在锻压终了时，仍然具有相当高的温度），工人经常受到热辐射的伤害。

（3）锻造车间的加热炉在燃烧过程中产生的烟尘排入车间的空气中，不但影响卫生，还降低了车间内的能见度（对于燃烧固体燃料的加热炉，情况就更为严重），因而也会引起工伤事故。

（4）锻造生产所使用的设备如空气锤、蒸汽锤、摩擦压力机等，工作时发出的都是冲击力。设备在承受这种冲击载荷时，本身容易突然损坏（如锻锤活塞杆的突然折断），而造成严重的伤害事故。

压力机（如水压机、曲柄热模锻压力机、平锻机、精压机）剪床等，在工作时，冲击性虽然较小，但设备的突然损坏等情况也时有发生，操作者往往猝不及防，也有可能导致工伤事故。

（5）锻造设备在工作中的作用力是很大的，如曲柄压力机、拉伸锻压机和水压机这类锻压设备，它们的工作条件虽较平稳，但其工作部件所发生的力量却是很大的，如我国已制造和使用了12000t的锻造水压机。就是常见的100～150t的压力机，所发出的力量已是够大的了。如果模子安装或操作时稍有不正确，大部分的作用力就不是作用在工件上，而是作用在模子、工具或设备本身的部件上了。这样，某种安装调整上的错误或工具操作的不当，就可能引起机件的损坏以及其他严重的设备或人身事故。

（6）锻造的工具和辅助工具，特别是手锻和自由锻的工具、夹钳等名目繁多，这些工具都是一起放在工作地点的。在工作中，工具的更换非常频繁，存放往往又是杂乱的，这就必然增加对这些工具检查的困难。当锻造中需用某一工具而时常又不能迅速找到时，有时会"凑合"使用类似的工具，为此往往会造成工伤事故。

（7）由于锻造车间设备在运行中发生的噪声和震动，使工作地点嘈杂不堪入耳，影响人的听觉和神经系统，分散了注意力，因而增加了发生事故的可能性。

2. 锻造过程的事故种类

在锻造生产中，易发生的外伤事故，按其原因可分为三种：

（1）机械伤。由机器、工具或工件直接造成的刮伤、碰伤。

（2）烫伤。锻造车间的加热设备、炽热的锻坯与锻件均易造成人员灼伤。

（3）触电。由于锻造过程需要使用很多带电的设备，如果这些设备接地不良，很容易造成触电事故。

3. 锻造车间工伤事故的原因

（1）需要防护的地区、设备缺乏防护装置和安全装置。

（2）设备上的防护装置不完善，或未使用。

（3）生产设备本身有缺陷或毛病。

（4）设备或工具损坏及工作条件不适当。

（5）锻模和铁砧有毛病。

（6）工作场地组织和管理上的混乱。

（7）工艺操作方法及修理的辅助工作做得不适当。

（8）个人防护用具如防护眼镜有毛病，工作服和工作鞋不符合工作条件。

（9）多人共同进行一项作业时，互相配合不协调。

（10）缺乏技术教育和安全知识，以致采用了不正确的步骤和方法。

三、热处理危害因素和预防

1. 生产过程

热处理工艺主要是使金属零件在不改变外形的条件下，改变金属的性质（硬度、韧度、弹性、导电性等），达到工艺上所要求的性能，从而提高产品质量。热处理包括淬火、退火和渗碳等3种基本过程。

淬火可使金属零件的硬度增高，其过程是将零件放到1300℃的热炉或高频电炉中加热，然后取出放到水槽、油槽内迅速冷却。再加热，然后使其慢慢冷却，再加热即是回火，其目的是为了增加金属的弹性。这对制造发条和弹簧之类的零件是非常重要的。回火的方法是零件放在盛有硝石（钾硝石）、融熔钡盐、植物油、矿物油的槽内慢慢加热到250～350℃，再使其慢慢冷却。

如零件在锻造加工时金属结构发生改变（内部强度不正常，结晶分布不均匀等），则需要进行退火，即将零件放到炉内加热2～3h，温度800～900℃，然后慢慢冷却。

为增加金属的含碳量，往往在淬火之前进行渗碳。渗碳可使零件在中心部分保持足够韧性的条件下，表面部分得到较高的硬度和耐磨性。渗碳方法有固体渗碳法、气体渗碳法、液体渗碳法。

2. 热处理过程中的有害物和不安全因素

（1）毒物、毒气和粉尘。热处理不少工序要直接应用有毒物品，如三酸（硝酸、盐酸、硫酸）、烧碱、纯碱、熔融的铅和金属盐等。

① 应用氯化钡作为加热介质，最高温度达 1300℃。氯化钡会大量蒸发。

② 氮化工艺过程大量使用氨气，在生产过程中部分氨气会随废气排入大气中。

③ 氰化盐在液体渗碳、氰化和软氮化等工艺过程中应用。

④ 有机物如汽油、甲醇、丙酮和煤油等在使用中会大量挥发。

⑤ 煤气的主要成分是一氧化碳。

⑥ 硝盐浴炉中熔融的硝盐，在热的状态下与工件油污作用，产生棕色的有毒气体（五氧化二氮等氮氧化合物）。

⑦ 气体软氮化时，甲醇和氨气进入炉内相互作用后产生氰酸根。

⑧ 热处理工件最后的喷砂清理，使用石英砂，产生大量二氧化硅粉尘。

（2）触电。热处理车间用电量很大，许多炉子使用电加热设备，如水、油泵、鼓风机和抽风机都是用电动机驱动的，而且还有不少用电设备，用的是高压电（如高频设备可高达 15kV）。在使用中违章操作，即可能发生触电和电击伤事故。

（3）易燃易爆。热处理中使用的某些油料（汽油、煤油和柴油）、有机物（甲醇、乙醇、乙炔、丙烷、丁烷、丙酮和香蕉水等），都是易燃易爆物质。使用气体和液体燃料的热处理炉，由于操作不当，也经常发生炉子爆炸事故。

热处理淬火工艺有时要求把加热到 800～900℃ 的工件直接淬入油中或采用喷油冷却，容易引起火灾。

（4）烫伤。热处理的加热介质许多是熔融的金属盐（氯化钡、氯化钠、氯化钾和碳酸钠）。熔融的金属盐一旦遇到水或水汽就会发生熔盐的崩爆，使熔盐飞溅而烫伤人。作为"冷却"介质的低温硝盐浴，虽然温度在 150～200℃，一旦碰到皮肤也会造成严重烫伤。还有，灼热的工件、热油和清洗用的热水浴槽也都容易造成烫伤。

（5）跌伤和碰伤。热处理车间因工艺需要而设置了各种平台和地坑，操作时需登高和下坑。这也容易造成跌伤和碰伤。

（6）热辐射与光辐射。热处理不少工艺的温度高达 900～1280℃，操作人员要在炉前操作，特别是工件进出炉时，工人受到高温的辐射，当温度超过 1000℃ 时，强烈的光辐射刺激操作者眼睛，时间久了也会损伤眼睛。

（7）电磁辐射。热处理的高频加热设备在工作时，向外发射 250～300kHz 的电磁波，3m 以内对人体有妨害。近年来发展的射频溅射镀膜设备，则会向外发射超高频电磁辐射。

热处理生产中的有害物和不安全因素如此众多，我们必须要有足够的认识，以便采取有效措施，把污染降低到最小程度，避免事故发生。

四、焊接作业中的危险有害因素

1. 容易造成触电事故

焊接过程中，因焊工要经常更换焊条和调节焊接电流，操作中要直接接触电极和极板，并且在潮湿及电源线、电器线路绝缘老化条件下更容易导致漏电事故。

2. 易引起火灾爆炸事故

由于焊接过程中会产生电弧或明火，在有易燃物品的场所作业时，极易引发火灾。特别是在易燃易爆装置区（包括坑、沟、槽等），贮存过易燃易爆介质的容器、塔、罐和管道上施焊时危险性更大。

3. 易致人灼伤

因焊接过程中会产生电弧、焊剂渣，如果焊工焊接时没有穿戴好电焊专用的防护工作服、手套和皮鞋，尤其是在高处进行焊接时，因电焊火花飞溅，若没有采取防护隔离措施，易造成焊工自身或作业面下方施工人员皮肤灼伤。

4. 易引起电光性眼炎

由于焊接时产生强烈火焰可见光和大量不可见的紫外线，对人的眼睛有很强的刺激伤害作用，长时间直接照射会引起眼睛疼痛、畏光、流泪、怕风等，易导致眼睛结膜和角膜发炎。

5. 具有光辐射作用

焊接中产生的电弧光含有红外线、紫外线和可见光，对人体具有辐射作用。红外线具有热辐射作用，在高温环境中焊接时易导致作业人员中暑；紫外线具有光化学作用，对人的皮肤都有伤害。同时，长时间照射外露的皮肤还会使皮肤脱皮，可见光长时间照射会引起眼睛视力下降（见表 4-3）。

表 4-3　手工电弧焊、氩弧焊和等离子弧焊的紫外线相对强度

波长 λ/nm	相对强度		
	手工电弧焊	氩弧焊	等离子弧焊
200～233	0.02	1.0	1.9
233～260	0.06	1.0	1.3
260～290	0.61	1.0	2.2
290～320	3.90	1.0	4.4
320～350	5.60	1.0	7.0
350～400	9.30	1.0	4.8

6. 易产生有害的气体和烟尘

由于焊接过程中产生的电弧温度超过 4200℃，焊条芯、药皮和金属焊件融熔后要发生气化、蒸发和凝结现象，会产生大量的锰铬氧化物及有害烟尘。同时，电弧光的高温和强烈的辐射作用，还会使周围空气产生臭氧、氮氧化物等有毒气体。长时间在通风条件不良的情况下从事电焊作业，这些有毒气体和烟尘被人体吸入，对人的身体健康有一定的影响（见表 4-4）。

表 4-4　几种焊接方法的发尘量

焊接方法和材料		施焊时每分钟的发尘量/(mg/min)	每千克材料的发尘量/(g/kg)
手工电弧焊	低氢型焊条(E5015φ4)	350～450	11～16
	钛钙型焊条(E4303φ4)	200～280	6～8

焊接方法和材料		施焊时每分钟的发尘量/(mg/min)	每千克材料的发尘量/(g/kg)
自保护焊	药芯焊丝($\phi 3.2$)	2000～3500	20～15
CO_2气体保护焊	实芯焊丝($\phi 1.6$)	450～650	5～8
	药芯焊丝($\phi 1.6$)	700～900	7～10
氩弧焊	实芯焊丝($\phi 1.6$)	100～200	2～5
埋弧焊	实芯焊丝($\phi 5$)	10～40	0.1～0.3

7. 易引起高处坠落

因施工需要，电焊工要经常登高焊接作业。如果防高处坠落措施没有做好，脚手架搭设不规范，没有经过验收就使用，焊工个人安全防护意识不强，登高作业时不戴安全帽、不系安全带，一旦遇到行走不慎、意外物体打击作用等原因，有可能造成高处坠落事故的发生。

8. 易引起中毒、窒息

电气焊工经常要进入金属容器、设备、管道、塔、储罐等封闭或半封闭场所施焊。因为储运或生产过有毒有害介质及惰性气体的容器，一旦工作管理不善，防护措施不到位，极易造成作业人员中毒或缺氧窒息，这种现象多发生在炼油、化工等企业。

第二节　铸造安全技术

铸造生产过程包括混砂、造型、熔化、浇注、清理等。从安全生产和劳动保护的角度分析，铸造生产有如下特点：工序多、起重运输量大、生产过程中伴随着高温，并散发各种有害气体和粉尘、烟雾，生产中产生噪声，严重恶化了作业环境和劳动条件。

一、对铸造生产中危害的防护措施

1. 防尘措施

（1）考虑工艺设备和生产流程的布置。使固定作业工位处于通风良好和空气相对洁净的地方。大型铸造车间的砂处理，清理工段尽量放置在单独的厂房内。合箱去灰、落砂、开箱、清砂、打磨、切割、焊补等易产生粉尘的工序宜固定作业工位或场地，以便于采取防尘措施。应尽量采用不产生或少产生粉尘的工艺和设备。例如，采用水爆或水力清砂的方式进行清砂作业；采用金属型和压力铸造等不用砂的铸造方法；不用干喷砂作业方式清理铸造表面等。

① 工艺设备和生产流程的布局应根据金属种类、工艺水平、厂区场地和厂房条件等结合防尘技术综合考虑。宜使固定作业工位处于车间内通风良好和空气相对洁净的地方。

② 污染较小的造型、制芯工段在集中采暖地区应布置在非采暖季节最小频率风向的下风侧，在非集中采暖地区应位于全年最小频率风向的下风侧。

③ 砂处理、清理等工段宜用轻质材料或实体墙等设施和车间其他部分隔开。大型铸造车间的砂处理、清理工段可布置在单独的厂房内。

④ 当采用石灰石砂造型工艺时，其浇注区应布置在车间通风良好的位置。

⑤ 合箱去灰、落砂、开箱、清砂、打磨、切割、焊补等工序宜固定作业工位或场地，以便于采取防尘措施。

⑥ 大批量生产线的清理工作台成排布置时，应将它们各自隔开。

⑦ 在布置工艺设备和工艺流程时，应为除尘系统（包括风管敷设、平台位置、除尘器设置、粉尘集中输送及处理或污泥清除等方面）的合理布置提供必要的条件。

（2）凡产生粉尘污染的设备应附有防尘措施。如将混砂机、筛沙机、落砂机、喷砂机等产生尘粒的设备密封起来，并且安装通风除尘装置，将粉尘吸走。

① 工艺措施

a. 固定作业工位应处于车间内通风良好和空气相对洁净的地方；

b. 污染大与污染小的作业点要分开布局。如大型铸造车间的砂处理、清理工序可布置在单独的小房内。污染小的造型、制芯工段应布置在全年最小频率风向的下风侧；

c. 合箱去灰、落砂、开箱、清砂、打磨、切割、焊补等工序宜固定作业工位或场地，以便于采取防尘措施；

d. 在布置工艺设备和工艺流程时，应为除尘系统的合理布置提供必要的条件，如风管的敷设、平台的位置、除尘配套的设备、粉尘集中输送及处理或污泥清除等等均应考虑在内。

② 对工艺和设备的要求

a. 凡产生粉尘危害的定型设备，如混砂机、筛砂机、带式输送机、抛丸清理设备等，制造时应配制密闭罩；非标准设备在设计时应附有防尘设施。各种设备的除尘器选用按有关要求进行；

b. 散粒状干物料的输送宜采取密闭化、管道化、机械化和自动化措施；砂准备及处理生产应密闭化、机械化；大量的粉状辅料宜采用密闭性较好的集装箱、袋或料罐车输送；

c. 粉料输送应缩短输送距离，减少转运点，粉状辅料输送尽可能采用气力输送。

③ 对厂房建筑的要求

a. 铸造车间的位置若在集中采暖地区，应位于其他建筑物的非采暖季节最小频率风向的上风侧；若在非集中采暖地区，其厂房应位于全年最小频率风向的上风侧。铸造厂房的主要朝向宜为南北方向；

b. 中、小型铸造车间采用平面布置时，不宜超过三跨；

c. 铸造车间厂房应设置天窗。排风天窗宜直接布置在热源上方，应防雨；熔化、浇注区应设避风天窗；落砂、清理区宜设避风天窗。

④ 通风除尘措施

a. 炼钢电弧炉的排烟净化：小于或等于 5t 的电弧炉，宜采用上部或开式伞形罩、电极环形罩、吹吸罩方式的炉外排烟措施。小于或等于 10t 的电弧炉，宜采用炉盖排烟罩、钳形排烟罩方式的炉外排烟措施。大于或等于 10t 的电弧炉宜采用脱开式炉内排烟措施，或炉内外结合排烟措施；

b. 冲天炉、有色金属熔炼炉、加热炉及其他炉窑均应采取通风除尘措施；

c. 破碎、碾磨、筛选、旧砂冷却、砂处理、落砂、清砂、料仓等产尘设备及输送部位都应有通风除尘措施。

（3）输送散粒状干物料的措施。应采用密闭化、管道化、机械化和自动化生产措施，并尽量减少转运点和缩短输送距离。如输送散粒状干物料的带式输送机应设置头部清扫器、空段清扫器，加密闭罩。图 4-1 所示的是在带式输送机的转卸处用设置密闭罩的方法来减少扬尘。当采用了磁选皮带轮时，应附有磁选清扫器。也可选用管道输送、气力输送各种造型材料，如黏土、煤粉等。最大限度地减少粉尘。

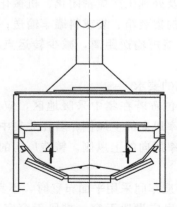

图 4-1 带式输送机转卸处密闭罩

（4）尽量采用分散性好、危害小的砂工艺，如树脂砂工艺。

（5）努力减少二次尘源。首先应注意使车间内部的建筑结构及机器设备结构尽可能避免积灰。如将车间的窗框设计得与内壁齐平（即没有窗台），或将窗台做成倾斜 60°～70°以减少积灰。上操作台的楼梯台阶要做成封闭的，尽量不采用格栅式地板或平台，以免人员走动时粉尘飞扬，机器设备的顶面宜做成倾斜状以免积灰。减少二次尘源的另一个措施是经常向地面洒水，保持湿润。

2. 防毒措施

铸造车间作业环境中散发出的有毒有害气体和蒸气主要有丙烯醛、丙酮、乙炔、二氧化氮、一氧化碳、二氧化硫、乌洛托品、二氧化碳、酚、甲醛、乙醇、氯等。这些有害气体的释放源主要是金属熔炼设备和树脂砂芯的制作和浇注过程。例如铸铁和铸钢时从熔炼炉里排放的废气中一氧化碳含量可高达 15％（体积分数）。在有色金属如镁、铝及其合金的熔炼中可产生二氧化硫、氯化氢、氟化氢等多种有害气体。而在树脂砂的成型烘干和浇注时可产生上述的多种有毒有害气体，目前已成为铸造过程的重要危险源之一。

铸造业的主要防毒技术措施有：

（1）采用无毒害、低毒害的材料代替有毒、高毒材料。如在熔炼铝合金时，采用无毒精炼剂代替有毒的氯化锌或六氯乙烷，可使炉气中一氧化碳和氮的氧化物的含量远远低于国家标准。此外，还可用无机粘合剂代替有机粘合剂等。

（2）在容易逸散出有害气体与蒸气的操作过程中（如制芯、造型、烘干、浇注和落砂等工艺操作时会散发有害气体），实现生产设备、工艺的密闭化、机械化、自动化。

（3）确保通风换气，在铸造车间的所有生产场地均必须最大限度地利用自然通风。此外，在发生源处必须设置局部排风装置：密闭收集器、侧式、伞式排气罩等。抽气口内空气流速应保持在 0.5～1m/s（依毒气的最高容许浓度而定）。当排放浓度超过标准时，应采用洗涤、吸附等净化措施。通风设施分局部和全面通风两种。全面通风的送排气量大，动力消耗大。局部排风的排毒效率高，动力消耗低，较为经济，如用于冶炼、浇注等工作点的通风大部分采用局部通风。完善的局部排风系统由排气罩、风管、风机、净化设备、排气烟囱和其他辅助设备组成。

（4）接毒作业的操作人员必须佩戴防毒口罩或防毒面具。在有毒气体的散放处，如冶炼、金属液变质处理等场合，操作人员应佩戴个人过滤式防毒面具和防毒口罩进行个人防护。

3. 防高温措施

（1）加强健康监护。除就业前体检外，在入暑前和暑期中，要动态观察高温作业人员的健康状况，发现有高温就业禁忌证者，应及时调离工作岗位。

（2）加强个人防护。工作服应宽大、轻便及不妨碍操作，宜采用质地结实、耐热、导热系数小、透气性能良好，并能反射热辐射的织物。要根据不同作业的需要，配备工作帽、防护眼镜、手套、鞋盖、护腿等个人防护用品。夏季露天作业者应配备宽边草帽、遮阳隔热帽或通风冷却帽等以防日晒。

（3）调整作息制度。炎热季节可根据情况适当调整劳动休息制度，尽可能缩短劳动持续时间。如实行轮换制，增加工间休息次数，延长午休时间等。应在工作地点附近设置工间休息室或凉棚，配置坐位、供水设备、风扇及半身淋浴装置等，休息室气温应低于30℃。在夏季保证充分的睡眠和休息时间，对预防中暑具有重要意义。

（4）合理供应保健饮料。要及时补充水分和食盐，具体的数量取决于出汗量和食物中含盐量。一般每人每天至少应补充水分3.5L左右，补充食盐20g左右。可多次少量饮用盐开水，每次饮一二茶杯为好，不要喝得过多过快，这样可减少汗液排出，有利于增加饮食。盐开水以每500g水中加食盐1g左右为宜，此外，还可以选用盐茶水、咸绿豆汤、咸菜汤和含盐汽水等，饮料的配制、冷却、运输及供应都必须加强卫生管理，防止污染，饮料温度以15～20℃为宜。

（5）加强营养。在高温环境中劳动时，能量和蛋白质的消耗都比较多，所以应进食高热量、高蛋白、高维生素膳食，总热量应较一般人员高出 15% 左右，中等体力劳动者每日 13.794～14.630MJ（1cal＝4.18J），重体力劳动者每日 16.720～18.810MJ。在每日的膳食中应有一定比例的营养价值较高的动物蛋白、植物蛋白，多吃新鲜蔬菜和瓜果，注意补充维生素 A、B_1、B_2、C 等水溶性维生素和钾、钙、镁等矿物质。

（6）采用热反射、导热式、散热式、复合隔热等装置来吸收和反射辐射热。例如在金属熔炼、运输、浇注等工序中，就是利用上述装置对熔化炉、加热炉和金属容器等进行绝热的。这些装置大都以空气、水以及空气和水的混合物为制冷剂。

（7）改进工艺与设备，提高机械化、自动化程度，使操作者远离高温处。例如冲天炉加料自动化、机械化，清砂过程自动化。

（8）加强车间的整体通风，强化个别高温处的局部通风降温措施。图 4-2 为铸造生产线上的浇注台采用的送风降温系统。

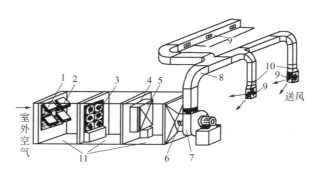

图 4-2　机械通风系统示意

1—百叶窗；2—保温阀；3—过滤器；4—旁通阀；5—加热器；6—气动阀；
7—通风机；8—通风管网；9—出风口；10—调节活门；11—送风室

（9）持续接触热的人员，依据 GB Z2.2，其 WBGT 限制应符合表 4-5 的规定。

4. 减震降噪措施

采用振动小、噪声低的工艺设备。例如用造型机、刨砂机代替风锤；用射压、高压造型设备代替震击和微震压实造型机；用液压

表 4-5　工作场所不同体力劳动强度 WBGT 限制

接触时间率	体力劳动强度			
	Ⅰ	Ⅱ	Ⅲ	Ⅳ
100%	30	28	26	25
75%	31	29	28	26
50%	32	30	29	28
25%	33	32	31	30

注：1. WBGT 指数又称湿球黑球温度，是综合评价人体接触作业环境热负荷的一个基本参量，单位为℃。

2. 接触时间率是劳动者在一个工作日内实际接触高温作业的累积时间与 8h 的比值。接触时间率 100%，体力劳动强度为Ⅳ级，WBGT 指数限值为 25℃；劳动强度分级每下降一级，WBGT 指数限值增加 1～2℃；接触时间率每减小 25%，WBGT 限值指数增加 1～2℃。

3. 本地区室外通风设计温度≥30℃的地区，表 4-5 中规定的 WBGT 指数相应增加 1℃。

传动代替气动；用水力清砂、抛丸清理等代替风铲清理铸件表面，以降低车间振动与噪声。

（1）消除或减弱机器的噪声及切断噪声途径。如射芯机和射压造型机在射砂后排气时，由于空气冲击波形成冲击排气孔，产生很大噪声；高压气力输送装置在卸料时，也会因冲击波而产生噪声。要消除这些噪声可在排气通道上加消音器。在震击造型机震击时，震动波可以沿地基传到远处，特别是大的震击造型机会产生很大的震动和噪声。如果在中间填以木屑填充物等，使震动波被地面的传递介质切断，就可防止震动波向四周传播，以减小震动与噪声。

（2）设置隔音层或者隔音室。清理滚筒时，会产生很大的噪声。可将清理滚筒布置在车间外的小屋中（工作时工人离开）。或在清理滚筒外面加隔音层，便可显著降低工作时的噪声。也可在滚筒装好料后，罩上隔音罩，待滚筒卸料时，再将隔音罩吊开。这样，不仅能降低噪声还能起到防尘作用。

冲天炉用鼓风机的噪声很大，一般可设置独立的鼓风机房，周围用隔音墙与车间隔开；也可用隔音物质（如软木等）做成隔音罩，以减小噪声对周围的影响。还可用消音器或改进鼓风机的结构等措施来降低和消除噪声。

有时由于工艺上的需要或经济原因，车间内噪声不能大幅度降低，这时可在造型机和落砂机旁用隔音物质做成独立的隔音室。工人在隔音室中操纵各种手柄，控制设备的工作过程，以免除噪音的干扰。

（3）加强个人防护　如工作时用耳塞、耳罩，以降低噪声的干扰，但这会使人的听觉不灵，容易发生事故。

二、安全技术要求

1. 对工作场所的安全要求

（1）工作场所布置的要求。铸造车间平面布置与全厂总平面布置有着密切的关系。根据铸造生产的特点，对于铸造车间在全厂总平面图中的位置可考虑如下几点：

① 铸造车间通常布置在热加工车间和动力设施（热电站、锅炉房、空压站等）区带。这些车间的能源消耗量多，物料运输量大，并排放大量的烟、废气、灰尘等。铸造车间一般不允许和锻造车间在一起。

② 铸造车间应布置在机械加工、模型等车间以及行政办公室、食堂等设施的下风处，并处于离工厂入口最远的地方。

③ 铸造车间的地下构筑物多，在全厂总图布置时，应将铸造车间设备布置在厂区不靠近人员集中的地方，最好布局在厂区边远地带。

④ 铸造车间厂房的纵向天窗轴线应与夏季主导风向成 60°～90°角，以便排出各种有害气体，保证车间内空气新鲜、通畅。

⑤ 铸造车间的原材料库应顺着铁路线或水运线布置。

⑥ 铸造车间的清理工部和铸件库应尽量靠近机械加工车间，以缩短铸件的运输路线。工作场地的布置应使人流和物流合理，留有足够的通道，并保证畅通。通道应平坦、不打滑、无积水、无障碍物。铸造车间主要通道尺寸见表 4-6。

表 4-6　铸造车间通道尺寸

类别	通道宽度/m	类别	通道宽度/m
非机动车	1.5	手工造型人行道	0.8~1.5
叉车、电瓶车	2.0	机器造型人行道	1.5~2.0
汽车	3.5		

（2）材料存放的要求。每生产 1t 铸件，一般需要使用和处理 3.5t 不同类型的材料。因此，铸造车间往往存放相当多的材料。应配备装造型、造芯等材料的料斗，以保持工作场地整洁有序。各种材料存储堆放应符合安全要求，防止倒塌而造成事故，见表 4-7。

表 4-7　造型材料的保存方法和条件

材料		堆密度/(g/cm³)	保存方法	储存限制高度/m
造型造芯用砂	干	1.5	料仓、储槽	10
	湿	1.7	料仓、储槽	10
造型造芯用黏土	块状	1.5	料仓、储槽	10
	粉状	1.3	料仓、储槽	10
石英粉		1.05	料仓、储槽	3
锯末		0.4	料仓	3
铁矿石、锰矿石、铬矿石、铝矾土矿		1.5	料仓	4
菱镁矿粉		1.9	料仓	4
菱镁矿、白云石		1.7	料仓	3.5
石灰石、萤石		1.5~1.8	料仓、储槽	4
硬煤		0.8~0.9	料仓、储槽	3
铸造用焦炭		0.45	料仓、储槽	4
铸造用生铁锭		2.5~3.6	料仓	4
废钢铁		2.0~2.5	料仓	4
焦冒口等回炉料		1.3~2.1	料仓	4

续表

材料	堆密度 /(g/cm³)	保存方法	储存限制 高度/m
钢铁切屑（打捆）	2.7～3.6	料仓	4
铁合金	2.0～3.5	料仓	2
有色金属和合金	1.5～5.0	料仓	2
耐火材料制品	1.8～2.0	露天场地	2

由于镁合金性能活泼，对其保存应更加小心。其安全技术参数
见表 4-8。

表 4-8　储存镁合金回炉料的安全技术参数

安全技术参数	数值	安全技术参数	数值
切屑长度/mm	2～40 及更长	回炉料存盘架离墙壁距离/m	≥0.2
切屑宽度/mm	0.05～1.0	存盘架上存盘个数	≤6
各种干燥的切屑的燃点/℃	400～500	存盘架底面离地高度/m	≥20
回炉料离重熔工段的距离/m	≥20	从料仓顶到上存盘距离/m	≥1.2
存放地离地面的高度/m	≥0.2	料仓空气温度/℃	≤20

（3）通风的要求。为保持车间空气新鲜，降低粉尘、有害气体
浓度和散热，在最大限度利用自然通风的同时，还需要采用通风系
统进行控制。对产生粉尘、有害气体、散发余热等的工作地点，需
加强局部抽风，及时排出，以防向四周扩散。铸造车间每吨铸件所
需的通风量见表 4-9。

（4）照明的要求。铸造车间照明应符合《工业企业和照明设计
规范》，其光照度见表 4-10。但由于作业性质和所使用的吊灯往往
高于桥式吊车，因此，铸造车间很难达到良好的照明，只能采用安
全电压的局部照明。

表 4-9　铸造车间每吨铸件所需的通风量　　　　　m³/h

材料	铸件质量/kg		
	<100	100～1000	>1000
铸铁	300	260	230
钢	330	300	280

表 4-10　铸造车间采光照明

生产工序	熔炼	造型	清理	特种铸造
光照度/lx	75	150	100	150

2. 设备的安全防护

（1）造型（芯）材料制备安全防护

① 为了防止人员、物料坠落，散装料库、地坑、深井等一般要加盖。条件不许可时要设置栏杆或挡板，挡板可用角铁制造，固定在坑沿上。

② 旧砂中常混入焦冒口、芯铁、飞边毛刺、铁钉、铁豆，它们危及到砂处理设备的安全运转。为此，在旧砂运输系统中，应设置磁力分离器，在新砂运输系统中要设筛选设备和装置。

③ 皮带输送机工作速度一般控制在 0.8～1.2m/min，当输送机下部有工作地或通道时，下部应设有隔网或防护板。超过 40m 长的输送机，每隔 30～40m 设一紧急开关。当多台设备串联工作时，应有联锁保护。启动与停止顺序应符合图 4-3 的规定。

④ 在皮带输送机下料口，混砂机上部，都应安设防尘罩。

⑤ 设置过载保护装置。电子转速开关是用于带式输送机（斗式提升机）的过载保护的一种继电器，其工作原理如图 4-4 所示。该继电器由传感元件（磁性开关）和电器元件组成。磁性开关 6 安装在带式输送机从动轮轴 1 附近，轴转动时，磁性开关将设备的转速变换为电信号输入电容充放电转换开关，再由开关电路输出电信号使继电器吸合，通过指示灯表示设备运转正常。当由于故障使轴 1 的转速降到正常转速范围以下时，开关电路截止，继电器开关切

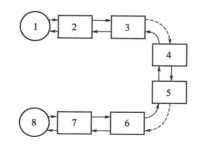

图 4-3　输送机启动与停止顺序

启动顺序 8—1；停止顺序 1—8

1—给料机；2—烘干机；3—输送机；4—提升机；

5—输送机；6—筛选机；7—输送机；8—砂库

断主电路，使设备停止运转。

⑥ 皮带输送机在其系统穿过通道和工作区时，在运输带下面应采用隔板或网实施保护，避免落下物料砸伤下面的行人或工作人员。隔板或网应能承受输送的最大物料质量的冲击而不损坏。输送机在地面通过过道时，应架设过桥。整个输送系统的传动部分、运动零件和落料点，都必须有防护装置。

⑦ 斗式提升机（用于原砂、旧砂、型砂提升）的保护。提升机的传动部分应有防护罩。为了防止运行中突然断电时，牵引构件靠物料重力反向回转，在驱动装置上应装设止逆制动器，以保证被输送物料不致倾倒在下部区段损坏料斗及拉断牵引构件。

⑧ 滚筒筛应由密封罩防护，或由安装在离筛砂机 500mm 处的栏杆围起来。电动的移动筛砂机应接地，以防触电。同时应注意防止电缆被磨损或刮破而漏电。

⑨ 碾轮式混砂机的主要危险是操作者在混砂机运转时伸手取砂样，或试图铲出型砂，结果造成手被打伤或被拖进混砂机。

⑩ 螺旋搅拌机的顶部必须用坚固的格栅盖上，以防止人手伸进搅拌机，被旋转的叶片绞伤。同时，格栅盖应与驱动叶片的电动机联锁，在叶片停止转动前盖子打不开，盖子没盖好叶片不能

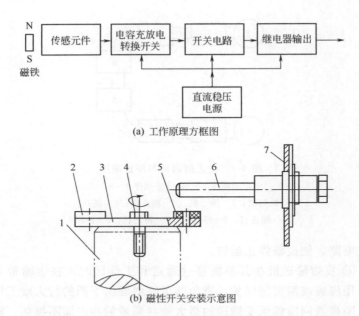

(a) 工作原理方框图

(b) 磁性开关安装示意图

图 4-4　电子转速开关工作原理

1—轴；2,5—永磁块；3—非磁性转盘；

4—螺钉；6—磁性开关；7—支架

转动。

⑪ 当检修混砂机时，为防止电机突然开动造成事故，在混砂机罩壳检修门上安装联锁开关，当门打开时，混砂机主电源便切断（见图 4-5）。有时也可将混砂机开关闸箱用只有一把钥匙的锁锁上，检修混砂机时，由维修者携带钥匙。

⑫ 松砂机投砂时可能引起严重伤害，应有适当的防护装置。如不能安装防护装置，操作者必须戴上个人防护用具。

（2）造型（芯）机的安全防护。目前，很多造型、造芯机都是以压缩空气为其动力源。为保证安全，在结构、气路系统和操作中，应设有相应的防护装置。

① 安装限位装置。例如，在震压式造型机上，为防止震击、压实时活塞杆在升降过程中发生转动，工作台上装有防转向的导向

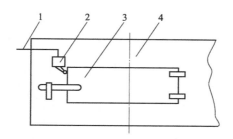

图 4-5 混砂机限位开关

1—控制线路；2—限位开关；3—检修用门；4—混砂机罩壳

杆，导向杆下装有止程螺母，防止控制阀失灵时活塞冲击汽缸造成事故。如图 4-6 所示。

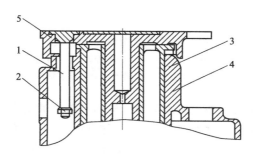

图 4-6 震压式造型机上限位装置

1—导向杆；2—止程螺母；3—活塞；4—汽缸；5—工作台

② 安装顺序动作与联锁装置

a. 震压式造型机气路系统如图 4-7 所示。

利用按压阀 3，控制分配阀 4，可实现按造型工艺需要的六个顺序工序操作，以保证造型机正常安全地工作：即 A—震击；B—压头转至工作位置；C—压实；D—压头转至非工作位置；E—起模；F—复位、停止。图中棱阀 11 的作用是使转臂机在压实时通以压缩空气，使转臂梁不产生位移，以实现联锁控制，确保安全。

b. 在射砂机中，气路系统设有安全阀。这个安全阀是一个起联锁作用的二位二通行程开关，它的作用是当闸板处于开启加砂位

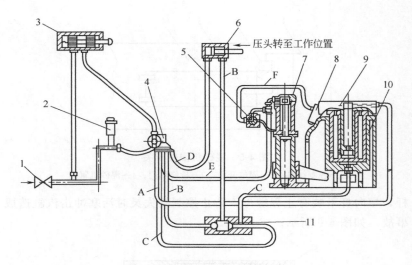

图 4-7　震压式造型机气路系统

1—截门；2—吸油阀；3—按压阀；4—分配阀；5—启动阀；6—转臂阀；
7—起模缸；8—振动器；9—工作台；10—压实活塞；11—棱阀

置时，除闸板汽缸外，其他工作机构的气路全被安全阀切断而不能动作，避免在加砂时因误开射砂阀而造成砂芯向外喷射的事故。

　　射砂完毕后，储砂筒内剩余压缩空气仍有相当高的压力。此外，若使工作台下降，芯盒离开射砂头，则这些剩余的压缩空气就会将储砂筒内剩余的砂从射砂头射出，造成事故。因而，射砂完毕后，应先将储砂筒内剩余压缩空气排掉，这个工作由排气阀完成。在射砂时，排气阀必先关闭；射砂完毕，排气阀应立即打开。射砂排气阀的结构如图 4-8 所示。

　　排气阀管 3 用螺纹固定在射砂机构横梁的工作头外壁上，射砂时由阀盖 1 上的小孔通入压缩空气，使橡胶或塑料薄膜 2 的左边受压，紧贴排气阀管 3 左端的开口部将阀管封闭。射砂完毕时，小孔通大气，在薄膜右面由储砂筒内剩余压缩空气压力的作用下，薄膜离开排气阀管 3 左端的开口部，剩余空气便经排气管 5 排向大气。

　　c. 设置风动启动装置的保险机构。设置这一保险机构是为了

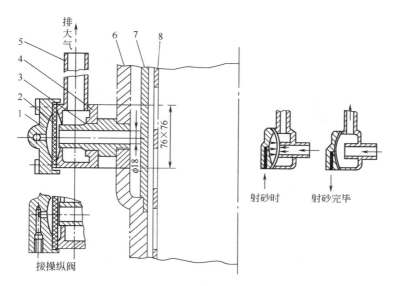

图 4-8　射砂排气阀

1—阀盖；2—薄膜；3—排气阀管；4—阀体；5—排气管；
6—射砂机构（横梁）；7—导气筒；8—储砂筒

防止偶然碰撞启动手柄，造成机器动作而发生事故。有一种保险装置是在手柄上设止动销（见图4-9），手柄1转动一定位置后，止动销2在弹簧4的作用下插入固定孔3中，使手柄定位，不能转动。要想转动它，必须先将止动销从固定孔中拔出。

　　d. 采用减震降噪装置。如设弹簧减震装置；在震击式造型机震击缸和砧座之间装消声垫等。

　　e. 为了防止射芯机喷砂，还应密封各结合部位。在砂斗与储砂筒之间闸板处设密封圈，射砂时通入压缩空气进行密封；射砂头与芯盒之间采用橡胶密封垫密封。

　　f. 射芯机需设双手控制的操纵器，以防操作者将手放在芯盒上面而造成伤害，芯盒都应装设手柄。

　　g. 为了保证安全，可实行造型自动化。图 4-10 为抛砂模拟遥控装置示意图。

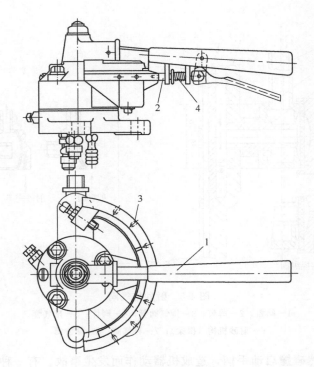

图 4-9　启动阀的保险手柄

1—手柄；2—止动销；3—固定孔；4—弹簧

抛砂机抛头护板与叶片的间隙调整在 0.5～4mm 之间，不允许有摩擦现象；罩壳应完好，开口应向下，不允许砂流向前方射出；抛头轮及叶片必须经过平衡试验，叶片不允许有裂纹或缺损。抛头只有一个叶片时，对称位置应有平衡配重；抛头有两个叶片时，应对称安装，其质量差不得大于设计允许值和叶片正常磨损量。

h. 为保证过载时的安全，轴流式抛砂机可装自动卸荷销，过载时卸荷销破裂，抛头就不再工作。见图 4-11。

i. 抛砂机使用的型砂要经过筛选、松砂、磁选等工序，以防止铁块等硬物进入抛砂头而造成设备、模具损伤及人身伤害。

（3）炉料破碎及熔化浇注设备的安全防护

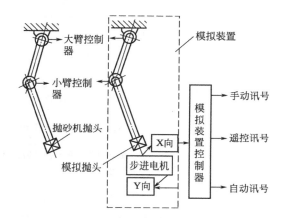

图 4-10 抛砂模拟遥控装置示意

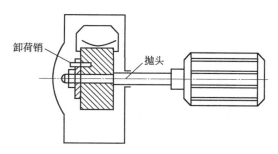

图 4-11 轴流式抛砂机自动卸荷销装置

① 炉料破碎的安全防护。在炉料准备工作中，最容易发生事故的是破碎炉料工序。生铁及部分废钢可分别采用破碎机、剪床将其碎成合乎需要的尺寸，但有些厚大的铸件一般要采用落锤来破碎，这就需要采用一些特殊的安全措施。如落锤场地要足够大；且基础要牢固，有坚固的围墙，落锤工作时要禁止车辆通行，禁止人员停留在危险区内（一般为 50m 范围内）等。

设置落锤的安全要求及落锤的动力影响区半径，分别列于表4-11 和表 4-12 中。

② 冲天炉的安全防护。

表 4-11 对设置落锤的安全要求

技术参数	数值	技术参数	数值
落锤场所离生产车间和生活用户距离/m	≥100	钢板围墙的厚度/mm	20～30
落锤场所围墙高度/m	6	飞出碎片具有最大功能的高度与落锤提升总高度比	0.33
落锤场所围墙高度与锤头提升高度比	0.75	落锤基座质量与落锤质量比	15～20
围墙用枕木厚度/mm	150	侧建筑物上层窗户的防护网的尺寸	20×20
用枕木或钢板做的围墙的双层部分的高度/mm	4	落锤工作时其危险区宽度/m	50

表 4-12 落锤的动力影响区半径

落锤场地的特点	锤头质量	
	≤3t	>3t
石质场地	10m	15～25m
砂质场地	15m	35～40m
黏土、砂黏土和湿砂质场地	25m	30～35m

a. 冲天炉采用机械化加料可减少装卸及运输事故。但在加料机下面必须设围栏围护起来，以防止料落下伤人；

b. 冲天炉加料平台应设防护栏杆；

c. 冲天炉应设火花捕集器及消烟除尘装置，以防火灾对大气的污染。图 4-12 所示为具有上述功能的一种联合装置；

d. 为了防止熔渣或液体金属溢出风口，在下排风口下要有一保险槽，内填易熔金属，当液体金属或熔渣到达这个高度时，将易熔金属熔化而流出炉外，从而不流入风口；

e. 安装自动保险阀。在冲天炉熔化过程中，如若突然停风，使煤气可能进入送风管，当送风恢复时，炉煤气（CO）同空气混合，可能发生爆炸。因此，应设置自动保险阀。当停风时，下部盘

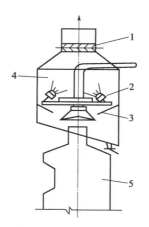

图 4-12 冲天炉火花捕集器及消烟除尘装置

1—挡天板；2—喷嘴；3—挡板；4—火花捕集器；5—冲天炉

形阀自动开启与大气相通；而当送风管内压力高于正常压力时，则上部盘形阀升启与大气相通；只有当风管内压力保持正常时，上、下阀门自动关闭，向炉内正常送风；

f. 水冷冲天炉自动报警装置。如图 4-13 所示；

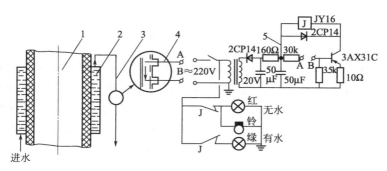

图 4-13 水冷冲天炉自动报警装置

1—冲天炉；2—冷却水套；3—出水管；4—电极；5—控制电器

冷却水自水套下端进入，从上端流出，在流出管道 1～2m 处，安装电极 A 和 B。当水正常供给时，两极冷却水相通，发射极电路中产生基极电流，从而控制灵敏继电器 J 动作，绿灯亮、表示正常。反之，断水时，A 和 B 开路，三极管无偏流相通，继电器 J 释放，发出断电报警信号，红灯亮，电铃响；

g. 为保证炉前、炉后及时配合，达到生产安全　可采用自动控制显示，见图 4-14；

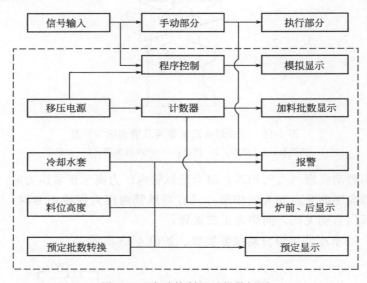

图 4-14　自动控制显示报警框图

h. 冲天炉出铁时，对固定式前炉，最好采用堵眼机堵塞出铁口（见图 4-15）。以防堵塞出铁口时铁水喷溅伤人。采用回转式前炉比较安全，因炉内熔炼出的铁水可随时流入前炉中储存，需要时转动前炉即可倒出铁水。由于前炉的出铁口位置高，正常位置时铁水流不出来，也就不需要堵塞出铁口（见图 4-16）；

i. 出渣口必须设置挡板或防护装置，防止熔渣喷到操作工人身上。有些冲天炉出渣口还设有排气罩收集棉渣，有时棉渣用湿式化渣系统收集，熔渣被放入充水的容器或槽中，并冲走；

j. 采用气液缸开闭炉底（见图 4-17）。这样可以实现远距离操纵，以防剩余的铁水、炉渣和高温炉料从炉底冲出时飞溅烫伤操作

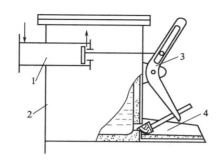

图 4-15　气液堵眼机构

1—气液缸；2—前炉；3—堵眼机；4—出铁槽

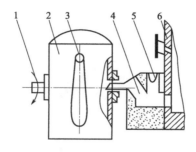

图 4-16　回转式前炉

1—回转机构；2—前炉；3—出铁口；4—分渣室；5—出渣口；6—冲天炉

工人；

k. 修理冲天炉炉膛。可采用图 4-18 所示的安全防护装置；

l. 在新耐火砖与炉壳之间应留有足够的空隙（不小于 20mm），其中填以干砂，当耐火砖受热膨胀时起缓冲垫的作用，不会将炉壳撑裂，同时也起到隔热的作用。

③ 感应电炉的安全防护

a. 坩埚故障报警器（见图 4-19）。在坩埚和感应线圈间，放两层互相绝缘的不锈钢板，靠近坩埚的一层叫内极 a11，靠近感应器的一层叫外 b11，炉底用不锈钢丝和铁水相连叫铁水极 c。当坩埚破损后，铁水沿缝隙向感应器方向外流，此时反映在欧姆表 1R 上

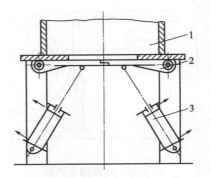

图 4-17　气液缸开闭炉底示意

1—冲天炉；2—炉底门；3—气液缸

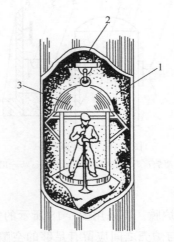

图 4-18　修理炉膛用的安全防护装置

1—冲天炉炉膛；2—起重机吊钩；3—活动的防护棚

的读数开始下降（新炉欧姆表读数为 500～600）。若铁水接触内极，1KB 变压器 36V 端有电压，次极电压为 100V，1C 动作一次信号，红灯 2XD 亮，电笛 DD 发出报警；

b. 断电报警装置（见图 4-20）。按下按钮开关，电磁开关线圈导通，常开触点闭合，常闭触点打开，电铃不响；反之，电铃响；

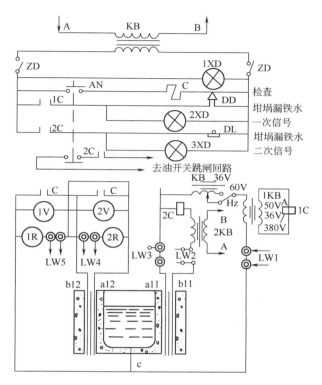

图 4-19　工频感应电炉坩埚故障报警器电气原理

c. 停水、防漏报警装置见图 4-21：

（a）停水报警。冷却水进入水管、水冷铜套、出水管而流入水箱，溢出水由溢水管流入泄水管；当水冷套内冷却水中断和渗漏时，水箱水位下降，浮球下落，与浮球相连的微动开关闭合，信号等亮，电铃报警；

（b）防漏报警。在水冷铜套上装有两个相插但不连通的锯齿形铜极（与水冷套之间有绝缘隔热层）。由两个铜极分别引出两根铜线与报警线路连接。两个铜极相当于一个常开开关。当炉底渗漏冷却液时，两个锯齿形铜极相连接，电路导通，指示灯亮，电铃报警。

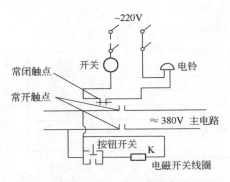

图 4-20　感应电炉断电报警器电气原理

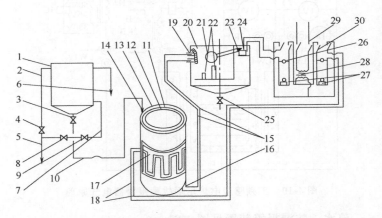

图 4-21　感应电炉停水、防漏报警原理

1—储水箱；2,5—水管；3,4,8,9—阀门；6—溢水管；7,10—入水管；

11—密封圈；12—绝缘隔热层；13—水冷铜套；14—进水管接头；15—出水管；

16—出水管接头；17—铜极；18—铜线；19—水箱进水管；20—水箱；

21—浮球；22—溢水管；23—浮球支座；24—微动开关；25—泄水阀；

26—指示灯；27—电铃；28—变压器；29,30—开关

④ 电弧炉的安全防护。电弧炉是在生产铸钢时广泛应用的熔炼设备。

a. 为保证安全，电弧炉出钢、出渣和修补时，倾斜角度不得超过允许角度：一般出钢时炉的倾斜角度不得超过 45°；扒渣时不

得超过 $15°\sim20°$。为此，需要安装倾斜度限制器。倾炉用蜗轮-蜗杆传动机构应能自动刹车。传动机构上均应设防护罩，并确保动作自如；

b. 电弧炉炼钢要产生大量的烟气，每炼 1t 钢约产生 $8\sim14kg$ 粉尘。因此，应设排烟除尘装置，防止空气污染；

c. 高压电气部分应与车间隔开，应设在专门的操作室内。变压器应加强维护和冷却，注意温升不得超过规定值，以防变压器烧毁；

d. 加料口框架、电极座均须装有水冷循环装置，并使水温度不得超过 $80℃$，进水压力不小于 $0.96MPa$，冷却水的回水温度不超过 $45℃$，有些电炉还采用水冷炉盖。

⑤ 坩埚炉的安全防护。坩埚炉一般用来熔炼非铁合金，根据其用途不同，有石墨坩埚和铸铁坩埚。

a. 在熔炼铜合金或用氯气脱氢时，必须装备功率较大的排风装置，以免熔炼时产生的氧化锌和氯气等有害气体污染环境，危害人体；

b. 以油为燃料的坩埚炉，不要将带动油泵的电机与炉内送风的动力系统连接在同一电源上，因为一旦送风的动力断电，大量的油会流到地上。补救的方法是在供油管上安装一个阀门，以便在送风发生故障时，将该坩埚炉的油路关掉。如果调节装置和燃烧器由电控制，此阀可装成类似的联锁装置；当空气被切断时，会立即停止供油。为了在油压消失时汽缸中的空气能迅速放出，汽缸中钻一个小孔；

c. 从炉中移出大型坩埚需要使用抱钳（见图 4-22），当坩埚、抱钳和金属质量超过 50kg 时，应尽量使用起重机械。

抱钳（或抱包式台架）的选择必须符合使用的坩埚形状和大小，和坩埚的接触面积要大，以防损坏坩埚。

⑥ 浇包的安全防护。浇包盛有高温金属液体，是金属浇注的主要工具。

a. 浇包结构要合理、牢固、可靠，浇包的转轴要有安全防护装

图 4-22 坩埚抱钳

置，以防意外倾斜。装满液态金属后其重心应比其旋转轴心至少低200mm，以防浇包意外倾斜，造成重大事故。容量大于50kg的浇包，必须装有转动机构并能自锁。浇包转动装置要设防护壳，以防飞溅金属进入而卡住；

b. 吊车式浇包须作外观检查与静力试验，重点部位是加固圈、吊包轴、拉杆、大架、吊环及倾转机构等，特别重要的部位须用放大镜仔细检查。检查前，要清除污垢、锈斑、油污。如发现零件有裂纹、裂口、弯曲、焊缝与螺栓连接不良、铆钉连接不可靠等，均须拆换或修理；

c. 要注意浇包的质量检查和试验。吊车式浇包至少每半年检查与试验一次；手抬式浇包每两个月检查与试验一次。吊车式浇包的静力试验方法，是将浇包吊至最小高度，试验负荷为该浇包最大负荷的125%，持续15min；手提式浇包试验负荷等于其最大工作负荷的150%，持续30min。经过检查、试验的浇包，如未发现其他缺陷及永久性变形即为合格。吊耳的安全系数应不小于10。每隔1～2年要检查一次，凡变形及磨损超出规定限值者，或吊耳危险断面磨损大于 8%，禁止继续使用；

d. 吊车式浇包的倾转机构，一般均采用能自锁的蜗轮-蜗杆机构，以防止浇包翻转，造成重大事故。图 4-23 所示的浇包，其上设有可翻转的安全卡，在运送金属液时可将安全卡翻转到吊杆上的位置以防浇包翻转；

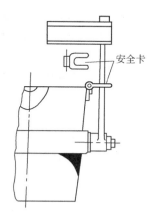

安全卡

图 4-23　带有安全卡的吊包

e. 浇包包壳上必须设有适当数量的排气孔；

f. 浇包包衬应有一定厚度，否则寿命短，易产生烧穿事故。铁水包的包衬厚度应符合表 4-13 的要求。钢水包容量在 3000kg 以下时，包衬厚度与铁水包相同；3000～5000kg 的钢包必须用普通耐火砖砌筑、砖缝间隙不得大于 1.6mm，且其厚度应不小于 120mm。

表 4-13　铁水包的包衬厚度

铁水包容量/kg	包衬厚度不小于/mm	铁水包容量/kg	包衬厚度不小于/mm
100～500	30～60	1000～3000	80～100
500～1000	60～80	3000～5000	100～120

（4）落砂、清理设备的安全防护

① 落砂安全防护。落砂就是从铸型中取出铸件的操作。

a. 一般安全防护。落砂操作应注意防止芯骨、芯板、浇口、碎铁片的伤害；在使用震动落砂机时，应有良好的除尘、防噪声措施，以控制粉尘和噪声对工人的危害；在震动落砂机运行时，应防止铸型受到震动而倒塌造成事故。一般小型铸件是手工操作；将铸型吊起，然后用铁钩及手锤敲打砂箱壁震落铸件，这种方法劳动强度大、粉尘浓度高。现在多采用落砂机进行落砂；

b. 安装设备通风除尘装置。安装在落砂机旁的通风除尘装置多种多样，有直角式吸尘罩，单侧、双侧吸尘罩，也有装在落砂机下部的底抽风式吸尘装置。可根据落砂机的大小和操作上的要求来选用；

c. 密闭式落砂设备。落砂是在用钢板、型材焊接的密封小室中进行的。铸型放在台车上推入小室中，碰到联锁机构，小室关闭后落砂机才能启动，以保证安全。为降低噪声，小室内表面覆盖着吸声材料；

d. 落砂机周围区域应无砂和废料，传送带的敞开部分的旁边应有防护栏杆和挡板。

② 清理（清砂和修整）的安全防护。铸件清砂是清除落砂后铸件上残留的砂和芯砂并取出芯铁；铸件修整是去除铸件上的毛刺、浇冒口痕迹等。去除浇冒口有时在落砂时进行，有时在铸件修理前进行。铸件清理除了使用各种落砂设备如滚筒清砂、喷丸、喷砂清砂，水力、水爆清砂外，还有大量的手工劳动，如对铸件上的飞边、毛刺、浇冒口进行清理。

a. 一般安全防护。手工清砂时要防止残余粘砂及铸件上的飞边、毛刺、浇冒口对人手的割伤和飞砂对眼睛的伤害。铸件落砂、清理工作中，粉尘大、噪声大、劳动强度大，又热又脏，必须加强整个工作场地的通风除尘，对于没有装设通风设备的手工清理场地，为降低作业场所的粉尘浓度，要采用喷雾、浇水等湿式作业。做好设备防护和保养维修，戴好防护用具，做好安全生产，防止矽肺。目前采用的一些措施只能起到缓解作用，应寻求新的设备和工艺方法；

b. 水爆清砂安全防护。采用水爆清砂时，爆炸产生巨大的冲击力（见表 4-14）。因此，吊车钩上应加挂减震钩，见图 4-24；水爆池也必须有良好的缓振弹簧，以减轻对水爆池及周围建筑物的强烈震动，并避免发生脱钩等。水爆清砂的吊车司机室应设置金属网及有机玻璃防护板，必要时采用有线或无线遥控操纵吊车；

表 4-14　铸钢件水爆清砂冲击力

铸件质量/t	垂直水爆力/kN	铸件质量/t	垂直水爆力/kN
1～2	1000	4～6	3000
2～4	1200	6～10	3300

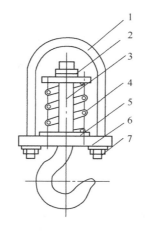

图 4-24　减震钩
1—吊环；2,7—螺母；3—吊钩；4—弹簧；5—定位板；6—底座

c. 水力清砂安全防护。水力清砂用高压水的压力达 100～160MPa，因此，水力清砂室应尽可能做到完全封闭，并用信号、电铃与高压泵站联系；要安设联锁装置以保证先开水枪阀门，再开砂门，停止工作时先关砂门，再关水枪阀门；

d. 滚筒清理安全防护。清理滚筒、抛丸滚筒用手清理小铸件。可由滚筒的空心轴处排风或在筒体外加全密闭罩，从其上部接管排风，并在通风系统中安置除尘器。为了降低噪声，滚筒宜布置在隔音的小室中或地坑内。滚筒上应有锁定机构，以防在装卸工作时滚筒发生转动，造成事故；

e. 抛丸室、喷丸室、喷砂室清理的安全防护。抛丸室、喷丸室、喷砂室可用于大中型铸件清理。由于排风量较大，为防止铁丸飞出，需密闭。室内可覆盖橡胶以降低噪声，其驱动电动机应与室的大门启闭机构联锁，只有在大门已经关严后，电动机才能启动。

抛丸设备的叶片、分丸轮、定向套、护板等为易损件，特别是叶片应经常检查，以免运转时断裂甩出。为保证抛丸器运转平稳，每个叶轮上的 8 个叶片必须选配成组，以满足平衡性技术要求；

f. 大铸件清理安全防护。在铸件清理中，还常用风錾来清铲大铸件。为了防止錾子从风铲中飞出以及錾子由铸件跳出时击伤操作者的手，风錾最好装上用薄钢板做的防护罩，如图 4-25 所示。用手提砂轮或固定砂轮打磨铸件时，除防尘、防噪外，还要严防砂轮破碎伤人；

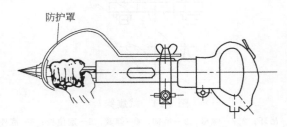

图 4-25　带有防护罩的风铲

g. 镁合金铸件清理的安全防护。镁合金铸件的清理打磨中产生的镁尘，由于易燃，可引起火灾或爆炸，应设防护装置。

- 砂轮机上设置直接熄灭火花的设备。
- 采用防尘电动机。设备要接地，以防摩擦起火。
- 设置除尘系统收集镁尘，见图 4-26。

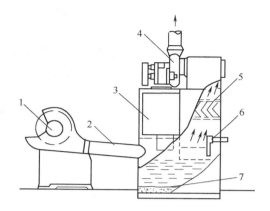

图 4-26 砂轮机磨削镁合金铸件的除尘装置

1—砂轮；2—斜管；3—湿式除尘器；4—风机与全封闭电动机；
5—挡水板；6—液面高度控制器及联锁装置；7—泥浆

三、设备安全操作规程

（1）混砂作业

① 必须穿戴整齐劳保用品后，方可进入工作岗位。

② 开始混砂以前，必须先空载运转检查混砂机是否运转正常，确认后，方可进行作业。

③ 每次石英砂的装入量不得超过最大核载的 10%，必须保证运转时砂不能飞出机盆外。

④ 黏结剂加入量必须控制在（3.5%～4.5%）之间，根据气候情况适当调节。混制时间必须达到（面砂 5～7min；背砂 3～5min）之间。

⑤ 面砂和背砂交换混制时，必须将机盆内清净后方可混制，不允许背砂（水分含量过高）残留部分混入面砂之中。

⑥ 机器运转全过程不允许将手和工具进入机盆内。

⑦ 混制好的面砂和背砂必须分开堆放，距离不小于 1m，并用塑料布掩盖，不允许大面积与大气接触。

⑧ 混砂和造型属交叉作业，应尽量避免碰撞。

（2）造型作业

① 造型作业中要注意起重运输安全，绝对禁止为图方便在起吊物下方工作，应当将砂型放在平稳而坚固的支架上，防止物件落下碰撞伤人。

② 手工造型和造芯时要注意防止砂箱、芯盒落地砸脚、手指被砂箱挤压、砂中的钉子和其他锐利金属片划破手、钉子扎脚等伤害。在操作中要注意搬运砂箱、芯盒的方式，穿好鞋底结实的安全鞋，用筛分或磁选分离出砂中的钉子、金属碎片等。

③ 造型用砂箱堆垛要防止倒塌砸伤人，堆垛总高度一般不要超过 2m。

④ 采用地坑造型时，要了解地坑造型部位的水位，以防浇注时高温金属液体遇潮发生爆炸，还应安排好排气孔道，以使铸型底部的气体能顺利排出型外。

⑤ 芯铁、砂箱的加强筋不要暴露在铸型表面，否则，由于它吸潮，金属液体与其接触时易产生"炝火"，烫伤作业人员。

⑥ 使用机器造型、造芯时，一定要熟悉机器的性能及安全操作规程。

⑦ 在造型捣砂时，操作人员要穿硬包头工作鞋，并保持精神集中，操作捣固机时，捣锤不要捣在脚上或箱边、箱带、浇口及出气口上，以免影响砂型质量和造成人身事故。

⑧ 抛砂造型时，操作者要相互配合好；抛砂机悬臂周围不要堆放砂箱等物品；停止工作时，应紧固悬臂，使其不能移动。

（3）砂型烘干作业

① 在装、卸炉时，要有专人负责指挥，在装卸砂型（芯）时应平均装卸，不能单边调装，以免引起翻车。

② 在装炉时，应确保装车平稳，砂箱装叠应下大上小，依次排列。上下砂箱之间四角应用铁片塞好，防止倾斜和晃动。

③ 砂型（芯）起吊时应注意起吊重量，不得超过行车负荷，每次起吊砂型要求同一规格，不能大小混吊。

④ 火门附近禁止堆放易燃物、易爆品。

⑤ 炉门附近及轨道周围严禁堆放障碍物，以保证行车畅通。

⑥ 在加煤或扒渣时应戴好防热面罩，以防火焰及热气灼伤脸部。

（4）浇包与浇注

① 浇注工要穿戴好防护服，戴好防护镜。

② 认真检查浇包、吊环和横梁有无裂纹；机械转动和定位锁紧装置是否灵活、平稳、可靠；包衬牢固、不潮；漏底包塞杆操纵灵活，塞头与塞套紧密吻合，不产生钢水泄漏。

③ 浇注通道应畅通、无坑洼不平、无障碍物，以防绊倒。手工抬包架大小要合适，使浇包装满金属液体后重心在套环下部，以防止浇包倾覆造成人员伤亡事故。

④ 准备好处理浇余金属液体的场地与锭模（砂床或铁模）。

⑤ 起吊装满铁（钢）水的浇包时，注意不要碰坏出铁（钢）槽和引起铁（钢）水倾倒与飞溅事故。浇注包盛铁水不得太满，不得超过容积的 80%，以防洒出伤人。

⑥ 铸型的上下箱要锁紧或加上足够重量的压铁，以防浇注时抬箱、"跑火"。

⑦ 在浇注中，当铸型中金属液体达到一定高度时，要及时引气（点火），排出铸型中可燃与不可燃气体。

⑧ 浇注时若发生严重"炝火"，应立即停浇，以免金属液体喷溅引起人员烫伤和火灾。

⑨ 浇注产生有害气体的铸型时（如水玻璃流态砂、石灰石砂、树脂砂铸型），应特别注意通风，防止中毒。

（5）落砂、清理

① 落砂清理工一定要做好个人防护，熟悉各种落砂清理设备的安全操作规程。

② 从铸件堆上取铸件时，应自上而下取，以免铸件倒塌伤人。重大铸件的翻动应使用起重机。往起重机上吊挂铸件或用手翻倒铸件时，要防止吊索或铸件挤压手。要了解被吊运铸件的重量，严禁

超负荷起吊。吊索要挂在铸件的适当部位上，不能挂在浇冒口上，因为浇冒口容易折断。

③ 手工清砂时要防止残余粘砂及铸件上的飞边、毛刺、浇冒口对人手的割伤和飞砂对眼睛的伤害。

④ 使用风铲应注意：将风铲的压缩空气软管与风管和风铲连接牢固、可靠；风铲应放在将要清理的铸件边上后再开动；停用时，关闭风管上的阀门，停止对风铲供气，并应将风铲垂直地插入地里；风铲不要对着人铲削，以免飞屑伤人。

⑤ 清理打磨镁合金铸件时，必须防止镁尘沉积在工作台、地板、窗台、架空梁和管道以及其他设备上。不应用吸尘器收集镁尘，应将镁尘扫除并放入有明显标记的有盖的铸铁容器中，然后及时与细干砂等混合埋掉；在打磨镁合金铸件的设备上不允许打磨其他金属铸件，否则由于产生火花易引起镁尘燃烧。因此这些设备应标有"镁专用"记号；清理打磨镁合金铸件的设备必须接地，否则能因摩擦而起火。在工作地点附近应禁止吸烟，并放置石墨粉、石灰石粉或白云石粉灭火剂。操作者应穿皮革或表面光滑的防护服，并且要经常刷去粉尘；一定要戴防护眼镜和长的皮革防护手套。只能用天然矿物油和油膏来冷却和润滑，不应当用动物油、植物油、含酸矿物油、油水乳化液。

第三节　锻造安全技术

一、概述

锻造是一种利用锻压机械对金属坯料施加压力，使其产生塑性变形以获得具有一定机械性能、一定形状和尺寸锻件的加工方法。通过锻造能消除金属在冶炼过程中产生的铸态疏松等缺陷，优化微观组织结构，同时由于保存了完整的金属流线，锻件的机械性能一般优于同样材料的铸件。相关机械中负载高、工作条件苛刻的重要零件，除形状较简单的可用轧制的板材、型材或焊接件外，多采用锻件。

在锻造车间里的主要设备有锻锤、压力机（水压机或曲柄压力机）、加热炉等。生产工人经常处在振动、噪声、高温灼热烟尘，以及料头、毛边堆放等等不利的工作环境中。因此，对操作这些设备的工人的安全卫生是应特别加以注意，否则，在生产过程中将容易发生各种安全事故，尤其是人身伤害事故。

1. 锻造车间的特点

从安全技术劳动保护的角度来看，锻造车间的特点是：

（1）锻造生产是在金属灼热的状态下进行的（如低碳钢锻造温度范围在 750～1250℃ 之间），由于有大量的手工劳动，稍不小心就可能发生灼伤。

（2）锻造车间里的加热炉和灼热的钢锭、毛坯及锻件不断地发散出大量的辐射热（锻件在锻压终了时，仍然具有相当高的温度），工人经常受到热辐射的侵害。

（3）锻造车间的加热炉在燃烧过程中产生的烟尘排入车间的空气中，不但影响卫生，还降低了车间内的能见度（对于燃烧固体燃料的加热炉，情况就更为严重），因而也可能会引起工伤事故。

（4）锻造生产所使用的设备如空气锤、蒸汽锤、摩擦压力机等，工作时发出的都是冲击力。设备在承受这种冲击载荷时，本身容易突然损坏（如锻锤活塞杆的突然折断），而造成严重的伤害事故。

压力机（如水压机、曲柄热模锻压力机、平锻机、精压机）剪床等，在工作时，冲击性虽然较小，但设备的突然损坏等情况也时有发生，操作者往往猝不及防，也有可能导致工伤事故。

（5）锻造设备在工作中的作用力是很大的，如曲柄压力机、拉伸锻压机和水压机这类锻压设备，它们的工作条件虽较好，但其工作部件所发出的力量却是很大的，如我国已制造和使用了 12000t 的锻造水压机。就是常见的 100～150t 的压力机，所发出的力量已是够大的了。如果模子安装或操作时稍有不正确，大部分的作用力就不是作用在工件上，而是作用在模子、工具或设备本身的部件上了。这样，某种安装调整上的错误或工具操作的不当，就可能引起机件的损坏以及其他严重的设备或人身事故。

（6）锻造的工具和辅助工具，特别是手工锻和自由锻的工具、夹钳等名目繁多，这些工具都是一起放在工作地点的。在工作中，工具的更换非常频繁，存放往往又是杂乱的，这就必然增加对这些工具检查的困难，当锻造中需用某一工具而时常又不能迅速找到时，有时会"凑合"使用类似的工具，为此往往会造成工伤事故。

（7）由于锻造车间设备在运行中发生的噪声和震动，使工作地点嘈杂不堪入耳，影响人的听觉和神经系统，分散了注意力，因而增加了发生事故的可能性。

2. 锻造生产设备

锻造生产必须使用加热设备、锻压设备以及许多辅助工具。

（1）加热设备。锻造加热设备种类很多，分类标准也不相同。按使用能源形式不同可分为：燃料加热炉和电加热炉。按炉膛内温度分布不同分为：室状炉和连续炉。按坯料加热的氧化程度不同分为：无氧化加热炉与普通加热炉等。此外还可以按炉底的机械化程度、炉子的结构形式区分。

伴随锻造过程，加热炉和灼热的工件能辐射大量的热能；火焰炉使用的各种燃料燃烧产生大量的炉渣、烟尘。对于这些产生的危害因素，如不采取安全措施，将会污染工作环境，恶化劳动条件，且容易引起伤害事故。

（2）锻压设备。锻压设备是指在锻压加工中用于成形和分离的机械设备。锻压设备包括成形用的锻锤、机械压力机、液压机、螺旋压力机和平锻机，以及开卷机、矫正机、剪切机、锻造操作机等辅助设备。

① 锻锤。锻锤是由重锤落下或强迫高速运动产生的动能，对坯料做功，使之塑性变形的机械。锻锤是最常见、历史最悠久的锻压机械，它结构简单、工作灵活、使用面广、易于维修，适用于自由锻和模锻。但震动较大，较难实现自动化生产。

② 机械压力机。机械压力机是用曲柄连杆或肘杆机构、凸轮

机构、螺杆机构传动，工作平稳、工作精度高、操作条件好、生产效率高，易于实现机械化、自动化，适于在自动线上工作。机械压力机在数量上居各类锻压机械之首。

③ 冷锻机。冷锻机包括各种线材成形自动机、平锻机、螺旋压力机、径向锻造机、大多数弯曲机、矫正机和剪切机等，也具有与机械压力机相似的传动结构，可以说是机械压力机的派生系列。

④ 旋转锻压机。旋转锻压机是锻造与轧制相结合的锻压机械。在旋转锻压机上，变形过程是由局部变形逐渐扩展而完成的。所以变形抗力小、机械质量小、工作平稳、无震动，易实现自动化生产。辊锻机、成型轧制机、卷板机、多辊矫正机、辗扩机、旋压机等都属于旋转锻压机。

⑤ 液压机。液压机是以高压液体（油、乳化液、水等）传送工作压力的锻压机械。液压机的行程是可调的，能够在任意位置发出最大的工作力。液压机工作平稳，没有震动，容易达到较大的锻造深度，最适合于大锻件的锻造和大规格板材的拉伸、打包和压块等工作。液压机主要包括水压机和油压机。某些弯曲、矫正、剪切机也属于液压机一类。

利用帕斯卡定律制成的利用液体压强传动的机械，种类很多。当然，用途也根据需要是多种多样的。如按传递压强的液体种类来分，有油压机和水压机两大类。水压机产生的总压力较大，常用于锻造和冲压。锻造水压机又分为模锻水压机和自由锻水压机两种。模锻水压机要用模具，而自由锻水压机不用模具。我国制造的第一台万吨水压机就是自由锻造水压机。液压机多以结构特点和用途分类，主要有以下几个品种：

液压机按结构形式主要分为：四柱式、单柱式（C 型）、卧式、立式框架等。

按用途主要分为金属成型、折弯、拉伸、冲裁、粉末（金属，非金属）成型、压装、挤压等。

⑥ 热锻液压机。大型锻造液压机是能够完成各种自由锻造工艺的锻造设备，是锻造行业使用最广泛的设备之一。目前有 800T、

1600T、2000T、2500T、3150T、4000T、5000T 等系列规格的锻造液压机。

各种锻压设备都对工件施加冲击载荷。因此，容易损坏设备或发生人身事故；如锻锤活塞杆折断，则往往引起严重伤害事故。锻压设备工作时的震动和噪声影响工人神经系统，增加发生事故的可能性。

⑦ 锻工工具和辅助工具。锻造中要使用很多的锻工工具和辅助工具，特别是手工锻和自由锻工具、夹钳等种类繁多。要在工作现场摆放整齐，并且随手能够拿取到，这样有利于工作，又能减少工作中的慌乱，有效地减少或杜绝事故的发生。

锻造工作中的运输量很大，要使用各种运输工具和设备，稍不注意也会发生事故。

3. 锻造生产中的危害

（1）在锻造生产中易发生的伤害事故

① 机械伤害。锻造加工过程中，机械设备、工具或工件的非正常选择和使用，人的违章操作等，都可导致机械伤害。如锻锤锤头击伤；打飞锻件伤人；辅助工具打飞击伤；模具、冲头打崩、损坏伤人；原料、锻件等在运输过程中造成的砸伤；操作杆打伤、锤杆断裂击伤等。

② 火灾爆炸。红热的坯料、锻件及飞溅氧化皮等一旦遇到易燃易爆物品，极易引发火灾和爆炸事故。

③ 灼烫。锻造加工坯料常加热至800～1200℃，操作者一旦接触到红热的坯料、锻件及飞溅氧化皮等，必定被烫伤。

（2）职业危害。加热炉和灼热的工件辐射大量热能，火焰炉使用的各种燃料燃烧产生炉渣、烟尘，对这些如不采取通风净化措施，将会污染工作环境，恶化劳动条件，容易引起伤害事故。

① 噪声和振动。锻锤以巨大的力量冲击坯料，产生强烈的低频率噪声和震动，可引起职工听力降低或患振动病。

② 尘毒危害。火焰炉使用的各种燃料燃烧生产的炉渣、烟尘，空气中存在的有毒有害物质和粉尘微粒。

③ 热辐射。加热炉和灼热的工件辐射大量热能。

造成上述伤害的主要原因是：缺乏防护装置和安全装置或装置不完善；生产设备本身有缺陷；设备工具损坏及工作条件不适当；工作场地组织管理不合理；工艺操作方法不适当；维护修理辅助工作未做好；个人防护用品的佩戴不符合工作要求；多人共同操作时互相配合不协调等。因此，生产中要求操作人员严格遵守相关的安全生产规章制度和安全操作规程，精力高度集中，互相配合；要注意选择安全位置，避开危险方向。

二、锻造安全措施

锻压机械的结构不但应保证设备运行中的安全，而且应能保证安装、拆卸和检修等各项工作的安全；此外，还必须便于调整和更换易损件，便于对在运行中应取下检查的零件进行检查。

（1）锻压机械的机架和突出部分不得有棱角或毛刺。

（2）外露的传动装置（齿轮传动、摩擦传动、曲柄传动或带传动等）必须有防护罩。防护罩需用铰链安装在锻压设备的不动部件上。

（3）锻压机械的启动装置必须能保证对设备进行迅速开关，并保证设备运行和停车状态的连续可靠。

（4）启动装置的结构应能防止锻压机械意外启动。较大型的空气锤或蒸汽-空气自由锤一般是用手柄操纵的，应该设置简易的操作室或屏蔽装置。模锻锤的脚踏板也应置于某种挡板之下，操作者需将脚伸入挡板内进行操纵。设备上使用的模具都必须严格按照图样上规定的材料和热处理要求进行制造，紧固模具的斜楔应经退火处理，锻锤端部只允许局部淬火，端部一旦卷曲，则应停止使用或修复后再使用。

（5）电动启动装置的按钮盒，其按钮上需标有"启动""停车"等字样。停车按钮为红色，其位置比启动按钮高 $10 \sim 12$ mm。

（6）高压蒸汽管道上必须装有安全阀和凝结罐，以消除水击现象，降低突然升高的压力。

（7）蓄力器通往水压机的主管上必须装有当水耗量突然增高时能自动关闭水管的装置。

（8）任何类型的蓄力器都应有安全阀。安全阀必须由技术检查员加铅封，并定期进行检查。

（9）安全阀的重锤必须封在带锁的锤盒内。

（10）安设在独立室内的重力式蓄力器必须装有荷重位置指示器，使操作人员能在水压机的工作地点上观察到荷重的位置。

（11）新安装和经过大修的锻压设备应该根据设备图样和技术说明书进行验收和试验。

（12）操作人员应认真学习锻压设备安全技术操作规程，加强设备的维护、保养，保证设备的正常运行。

（13）防噪声措施

① 采用噪声声级低的燃烧装置以降低加热炉内因燃料燃烧而产生的噪声。

② 把噪声源利用隔声间或隔声罩与人隔离开。

③ 佩戴耳机、耳塞、耳罩等防护用品以减小噪声的危害。

④ 采用多种减震、隔震装置以减少震动所产生的不良影响。

三、锻造安全要求及安全防护

1. 对工作场所的要求

（1）锻造厂房应该是单层的。装备锻压设备和桥式起重机的车间跨度高度应能自由地装配和拆卸最高的设备。厂房的墙应用坚固的耐火材料建造，并考虑能耐锻锤工作时的震动。屋顶应耐火。修理冲模、零件、机械加工等工段应与热加工工段和腐蚀工段隔离。

（2）锻压设备应安装在单独的厂房内，生产设备应布置得使往复的或交叉的重物输送量最少。

（3）车间内需设必要的车行道和人行道，车行道、人行道、工作地必须用浅色（白色或黄色）油漆标出。运输繁忙的车行道转弯区段应用高度不小于 400mm 的防护栏杆防护，栏杆上涂上黄黑间隔条纹。

（4）车间地面应铺设牢固的、能耐灼热金属、氧化皮和震动作用的材料，并具有平整的、不滑的表面。推荐使用的地板材料见表 4-15。

表 4-15　锻压车间推荐使用的地板材料

工段	地板材料
金属、锻件、冲磨仓库	夹层由水泥砂石制成的混凝土板或整块的钢筋混凝土
切削毛坯、毛坯工段、型钢锻件工段	夹层由细粒混凝土制成的冲压穿孔钢板
模锻工段、钢锭锻件工段	夹层由细粒混凝土制成的铁或钢的冲压穿孔板
修理工段、储藏室	混凝土板
加热炉周围	混凝土板、耐火砖、铸铁波纹板
板冲压车间	木质或木屑板（不允许泥土地面）

（5）在锻压车间和工段应装备供应盐汽水的饮水装置。

2. 对锻压设备的安全要求

（1）暴露于锻压机之外的传动部件，必须安装防护罩，禁止在卸下防护罩的情况下开车或试车。

（2）开车前应检查主要紧固螺栓有无松动，模具有无裂纹，操纵机构、自动停止装置、离合器、制动器是否正常，润滑系统有无堵塞或缺油。必要时可以开空车做试验。

（3）工作中注意力要集中，严禁将手和工具等物件伸进危险区内。小件一定要用专门工具（镊子或送料机构）进行操作。模具卡住坯料时，只准用工具去解脱。

（4）安装模具必须将滑块开到下死点，闭合高度必须正确，尽量避免偏心载荷；模具必须紧固牢靠，并经过试压检查。

（5）每冲完一个工件时，手或脚必须离开按钮或踏板，以防止误操作。

（6）发现压床运转异常或有异常声响，（如连击声、爆裂声）应该立即停止送料，检查原因。如系转动部件松动、操纵装置失灵、模具松动及缺损，应停车修理。

（7）两人以上操作时，应定人开车，注意协调配合好。下班前应将模具落地，放在合适的位置，断开电源，并进行必要的清扫。

3. 锻造作业的机械化和自动化

（1）自由锻锤锻造的机械化。首先，现在 1t 以上的自由锻锤大多已配置了锻造操作机，部分工厂在 560kg 和 75kg 锻锤上也配置了锻造操作机。但有相当一部分操作机属于机械传动结构，其性能差且机件损坏率高，有待更新。另外，现有操作机大多为工厂自制，商品操作机由于种种原因未能打开市场。其次，安装出炉操作机还只在个别工厂中使用，既没有标准系列设计，更没有专门工厂生产，加上目前大多数锻工车间作业场地小或地面不能适应无轨装出炉机的要求，尽管大多数 1t 以上自由锻锤极需配装出炉机，但国内进展缓慢，这是需要大力推动的一环。国外不少工厂生产不同规格系列的装出炉机，可供我们借鉴。再次，机械司锤和伺服司锤装置曾在若干工厂中使用过一段时间后很受司锤工的欢迎，但都因存在一定的技术问题没能攻克，而逐渐被拆除。司锤工是最累的工种之一，在钢锭开坯或锻轴时，司锤工一个班手臂要动作多达一万到一万五千次，有时甚至更高。最后，由于我国胎模锻造应用面广，胎模锻件种类和数量均相当可观，因而在我国出现了机械夹持、翻转、更换胎模的胎模机。现有四工位直移式和旋转式两种，它是一种很有发展前途的机械化设备。

由于快锻液压机容易实现机械化和自动化，所以发展很快，并出现了以小型快锻液压机替代自由锻锤的趋势。近代快锻液压机组一般均配有：砧库、纵向工作台和横向移砧台、上砧旋转和快速更换装置、旋转掉头装置、可与液压机联动的全液压锻造操作机、尺寸测量和控制系统、装出炉操作机。由于实现了计算机控制，因而除手动操作外，还可实现单锤自动锻造，理论上还可进行比例锻造、程序锻造和自动锻造等。这样的机组由于采用计算机控制，因而锻件尺寸精度高，大多数锻件的加工余量可减小；由于辅助操作机械化程度高，与常规锻压机和锻锤比，大大缩短了辅助生产时间，机时利用率高，因而生产效率很高。随着计算机控制技术的提高和完善，随着锻造变形工艺规律的研究，快锻液压机的自动化将会从实验室逐步进入工业实用阶段，且自动化程度也有可能逐步提高。

（2）模锻锤模锻的机械化。模锻锤操作机械化与自由锻锤相似，也是吨位大的锤应用效果显著。模锻锤全盘机械化包括：

① 坯料装出炉机械化。

② 坯料传送机械化。

③ 模锻操作机械化。

④ 模锻锤司锤工作机械化。

⑤ 切边及校正操作机械化等。

以上第①和第②两项在技术上是成熟的，国内外应用得也较普遍。第⑤项在技术上是成熟的，国外应用较普遍，国内应用尚不普遍。模锻操作机械化在国外 3t 特别是 5t 以上的模锻锤上模锻专用件或形状尺寸相似的成组锻件时，用机械手或称模锻操作机的较多，使用效果比较好，技术比较成熟。机械手分程控式和手工控制式两类，一般均由人工启动进入工作状态。程控操作机进入工作状态后即按预定程序工作，如因故需中断操作，由操作工手控，在操作工发出恢复信号时，操作机继续工作，模锻结束后复位。手控操作机的动作均由操作工手控，用机械手工作时，司锤工作一般还是人工开锤或人工伺服开锤。

（3）数控技术机器人操作。随着数控技术及微型计算机的发展，在模锻生产中开始应用了机器人。由于机器人是按给定程序工作的，它与模锻锤的动作状况、坯料在模具中的状态等必须保持联锁控制并与它们协调动作。此时，司锤必须采用自动程控方式并与操作机联动，坯料在模具中的位置也必须有检测装置检测，并与司锤装置和操作机联锁程序控制。

4. 主要设备的安全防护装置

（1）锻锤的安全防护装置

① 防止汽缸盖被打碎的装置

a. 缸顶缓冲装置。在锻造过程中，如果司锤工操作中不注意或打重锤时使锤头提升太快，汽缸内的活塞急速上升，可能将汽缸盖冲坏，飞出伤人。为防止活塞向上运动时撞击汽缸盖，可在汽缸顶部设缓冲装置来防护；

b. 压缩空气缓冲装置。如图 4-27 所示。包括缓冲空腔、上气道口、钢球逆止阀等。当工作活塞上升到上气道口时，迫使缓冲腔内的气体被压缩，产生缓冲作用，而使锤头停止上升，避免了对汽缸盖的撞击。当工作活塞下降时，空腔内的气体膨胀，使锤头增加下降工作能量，当工作活塞在上极限位置停留过久时，空腔内的气体泄漏后，锤头下降便有可能不会迅速实现，此时来自压缩机缸顶的压缩空气将钢球顶起，从逆止阀流入缓冲空腔内，锤头便能迅速下降；

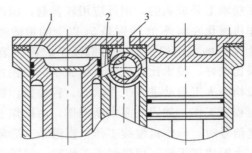

图 4-27　压缩空气缓冲装置

1—缓冲空腔；2—上气道口；3—钢球逆止阀

c. 弹簧缓冲装置。如图 4-28 所示。当活塞急剧上升时，就碰到反击中心杆，中心杆上升压缩弹簧而起缓冲作用，使活塞运动速度减小，从而保护了汽缸盖；

d. 蒸汽缓冲装置。如图 4-29 所示，在锻锤汽缸上部装有缓冲汽缸，缓冲汽缸内与高压蒸汽接通，始终保持蒸汽压力，并装有一柱塞，活塞上升撞到缓冲柱塞后，上升的缓冲柱塞把蒸汽入口堵塞，缓冲缸内气体形成缓冲阻力，阻止锤头继续上升，产生缓冲作用。

② 防止锤头下滑装置。在锻锤暂停工作或进行检修情况下，必须将锤头稳妥地支起。若未支撑好锤头，活塞可能顶在汽缸上损

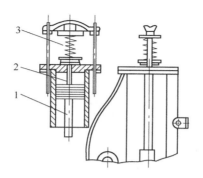

图 4-28 锻锤的弹簧缓冲装置

1—活塞；2—反击中心杆；3—弹簧

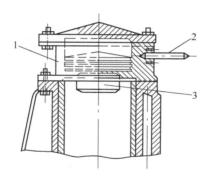

图 4-29 蒸汽缓冲装置

1—汽缸加长部分；2—导管；3—柱塞

伤设备，或者突然下降，会造成正在锤头下进行操作或检修的人员的人身伤亡事故，所以应将锤头支撑固定好。除了用垫木支撑外，还可采用杠杆式支撑装置和支架式支撑装置。

a. 杠杆式支撑装置。见图 4-30。它是在锤身上装一 V 形杠杆 2，它和杠杆 6 可分别绕固定轴 3 和固定轴 5 转动，连杆 4 两端以活动铰连接杠杆 2、6。若杠杆 6 向左转动，则杠杆 2 的左肩顶住锤头 1 的凸缘，将锤头支起。不需支起时，将杠杆 6 向右转，这样杠杆 2 就和锤头凸缘脱开，锤头便可上下运动，杠杆 6 的端部通过

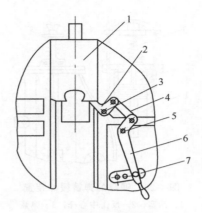

图 4-30　杠杆式支撑锤头装置

1—锤头；2—V形杠杆；3,5—固定轴；
4—连杆；6—杠杆；7—弹簧定位销

弹簧定位销 7 进行定位；

　　b. 支架式支撑锤头装置。见图 4-31。锤头 1 由钢管 3 支撑，

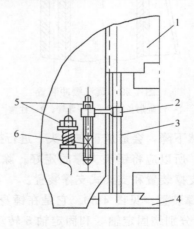

图 4-31　支架式支撑锤头装置

1—锤头；2—支架；3—钢管；
4—砧座；5—螺母；6—螺纹轴

通过支架 2 及螺母 5 将钢管固定在螺纹轴 6 上，螺纹轴 6 固定在锤身上，不用时支架 2 可绕螺纹轴转到一边，而不影响锤头上下运动。

③ 防止锤杆断裂的结构。偏心锻造、空击或重击较薄和温度较低的坯料是造成锤杆断裂的主要原因。锤杆和锤头接触不良，造成锤击时在接触处受力过大而易折断。要改善接触不良，可让锤杆下部带有（1：20）～（1：25）的锥度，再套上紫铜套。由于紫铜套塑性好，经撞击后，锤杆与锤头接触就很紧密，使锤杆不易被折断，避免事故。

④ 设置防护挡板和安全盖板、防护罩

a. 设置防护挡板。在进行模锻或用压缩空气吹净锻模模膛时，炽热的氧化铁皮以较高速度飞出，易烫伤人，应设防护挡板。对司锤的工作位置，也应设防护挡板，防止锤上飞出物造成伤害。同时，也防止其他人、物的意外碰撞而误开锻锤；

b. 设置安全盖板。对采用脚踏启动的锻锤设置安全盖板，可防止因操作者不慎、其他人员误踏或落下物触及而启动。见图 4-32；

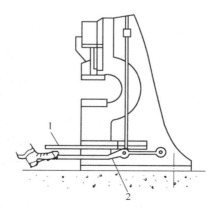

图 4-32 安全盖板

1—保护盖板；2—脚踏板

c. 设置防护罩。对锻造中操作人员易触及的转动部分要加防护罩，防护罩要固定在机架不动部分。

⑤ 设置减振装置。锻锤在锻击坯料时会产生较大的振动，对操作者、工作环境及周围建筑都会产生极大的不良影响。为了消除这种不良影响，可采用多种措施，例如在砧下直接设减振隔离装置、板簧悬挂式减振装置等。

a. 减振隔离装置。见图 4-33。

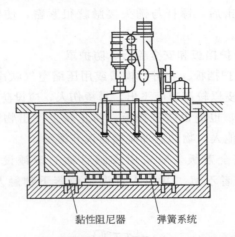

图 4-33　安装弹簧系统和弹性阻尼器的锻锤基础

这种装置是由螺旋弹簧系统和弹性阻尼器组成。它可以取代部分地基质量。由于地基的费用很大，采用弹性阻尼器，建造地基费用就可降低。弹性阻尼器在空间六个自由度上，都能进行阻尼减振，且无需大质量支撑物，具有广泛的适应性，对冲击隔振效果尤佳，能使锻锤冲击产生的振动迅速衰减，并能减小振幅。阻尼材料是一种呈半流体状的高分子材料。直接支撑式隔振装置最为常用，一般由 6～8 组隔振元件组成，每组的构成如图 4-34 所示。

b. 板簧悬挂式隔振装置。见图 4-35。砧座 1 装在三根大梁 2 上，每根大梁的两端由双头螺栓 3 悬挂，螺栓的下端由螺母 4 及开槽螺母 5 并紧后，用开口销锁牢，上端用螺母及开槽螺母支撑在小

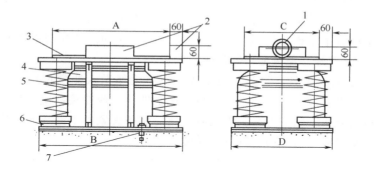

图 4-34　直接支撑式隔振装置

1—运输吊环螺栓；2—挡板；3—自黏性弹性板；4—保护密封罩；

5—运输保险装置（投产前去掉）；6—组装建筑平板；7—紧固件

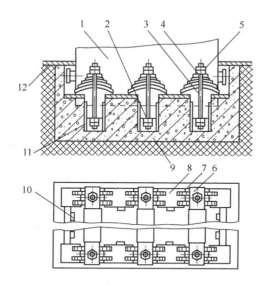

图 4-35　板簧悬挂式隔振装置

1—砧座；2—大梁；3—双头螺栓；4—螺母；5—开槽螺母；6—小横梁；

7—板簧；8—底板；9—基础；10—导轨；11—小导轨；12—盖板

横梁上，板簧靠簧箍卡入小横梁的槽内，底板8用地脚螺栓安装在基础9上，砧座四周有八根导轨10，防止砧座前后左右移动。基础槽内有十二根小导轨11，以防大梁左右移动。工作时基础坑用盖板12盖好，盖板上再铺设防滑铁板。

⑥ 安全夹具。为防止用手或铁钳将毛坯送入冲模及从冲模中取出工件而造成的手部伤害，可使用能够伸出或铰接阴模并与锻压机启动开关互锁的专用辅助夹具，还应装备夹紧加工毛坯的夹具和在严重过载情况下防止损坏的装置。

⑦ 自动送料装置。即向冲模自动送入毛坯和从冲模中取出废料与工件的装置，同时必须采用使手不能达到危险区的隔离装置。

(2) 水压机的安全防护装置

① 管路系统的安全防护。水压机压力高，管路系统中连接处必须牢固可靠、密封无泄漏，各闸阀的开、关位置必须正确。为减小液体压力的冲击，管路系统中尽可能少用弯管，必须采用时，其弯曲半径一般应大于管径的5倍。为保证安全，高压管路系统中应设各种安全、溢流、卸压装置，并确保灵敏可靠。当采用油做介质的油压机时，应设冷却装置并使油温不高于50℃。

② 蓄势器的安全防护

a. 蓄势器的周围要装上围栏。蓄势器围栏高度应不小于1.05m；其下部全部封闭，高约0.15～0.2m；蓄势器配重的位置应能使水压机的操作人员看得见；

b. 采用特种自动安全阀。当管道发生破断或其他事故时，可能使蓄势器水面急速下降，造成危险，为此，可采用特种自动安全阀。当水面下降时，阀门完全关住，水流也就中断；

c. 设置缓冲装置。为防止蓄势器撞击基础，需要有缓冲装置或用木枕铺垫；

d. 设置保险装置。为防止蓄势器配重上升过高发生危险，需设置保险装置，当配重达到上极限位置时，它就自动中止供水。

③ 设置活动横梁限位固定装置。为防止柱塞由工作缸中脱出造成事故，在水压机上设置了活动横梁最低位置的限制器。在修理

调整水压机时，为保证安全应设活动横梁上限位固定装置。

④ 设置防护罩。为防止由水压机上落下松开的螺母、销子等物砸伤操作人员，应在横梁上设置金属防护罩。

⑤ 泵站-水压机联系。为保证安全，水压机操作地与设置在单独房间内的高压水泵应有声、光信号或电话联系。

（3）加热炉的安全防护装置

① 设置隔热水箱。隔热水箱又叫夹水炉门。它是一种特制的炉门，通常用在大型加热炉上。炉门是用钢板焊接而成的冷却水套（通常的炉门是一种铸铁壳，内砌筑耐火材料）。使冷却用的循环水从炉门框上方进入，从下方排出，这样可以适当降低炉门附近的温度。但在采用这种降温措施的同时，也要避免因此而导致炉门的内壁温度降低而影响到炉内坯料的加热效果。

② 设置水幕装置。水幕装置是利用从供水管道引来的水注入炉门上方的贮水槽，再从贮水槽溢出形成水幕，对炉口的热辐射起到阻隔作用。

③ 设置空气幕。空气幕是压缩空气从无缝钢管预先钻好的一排或几排密集的小孔中喷射出来而形成的。无缝钢管装置在炉子进料、出料口的上方或下方，小孔的方向应使喷出的空气幕对炉口的热气流或热辐射构成一定程度的"封锁"，当然，这种封锁的效果不是很显著的。

④ 设置隔热板。隔热板设置在出料口前沿的某个位置，直接用钢板（或双层钢板中夹一层石棉板）做成，对从出料口发出的辐射热和喷出的火焰起到遮挡作用。由于这种装置简便，在小型加热炉上被广泛采用。

⑤ 设置气动炉门。大型加热炉的炉门沉重，操纵必须机械化，其中一种方法就是采用气动炉门，即利用压缩空气来启动炉门。工人只要按动气门开关即可使炉门上升或下降。在此装置中，炉门的部分重量由增加的配重来平衡，当顺着管子往汽缸内送气时，由于空气的压力使活塞下降而拉动链条上升把炉门打开，利用三通开关放走汽缸内的空气，就能把炉门关上。

⑥ 设置铁链式挡帘。为了防止烟熏及熏灼事故的发生，可以在炉门及加煤口门上装设铁链式挡帘，使烟气不直接从炉内冲出。另一方面还可以降低炉门口附近的温度和辐射热强度，从而改善工人的劳动条件。

要加强炉门口的密封性、进出料口关闭的严密性，在很大程度上取决于炉门悬挂是否正确，必须使炉门悬挂点处在进料口轴线上，而且炉门在移动时沿进料口框滑动，此外链条应与炉门平面平行。

⑦ 设置空气淋浴。空气淋浴是吹向人体的空气流。空气淋浴装置有固定式和活动式两种。活动式的空气淋浴装置在工作地点，形成空气流动，此时送向工作地点的空气直接来自车间。有些活动式的装置，还对流向车间的空气预先进行冷却和除尘。固定式的空气淋浴装置中，采用有进风口的风道或其他具有直接排风的风道。

空气淋浴可以改变操作地点的气象条件。空气流应当首先吹向工人，吹向受到辐射热时间最久的上腹部，并尽可能作用到身体的其他部分，然后流向辐射源。否则，它就可能先从炉气辐射源吸热变成热空气。同时，还必须注意不能使有害物质吹向工人。工作地点空气流的宽度应为 1.0～1.2m，若工作地点面积过大，则另作考虑。

四、锻造设备安全操作规程

1. 锻压机安全操作规程

（1）操作者必须经过考试合格，并持有该设备的《设备操作证》方可操作该设备。

（2）工作前认真做到：

① 仔细阅读交班记录，了解上一班工作情况。

② 检查设备及工作场地是否清扫、擦拭干净；设备床身、工作台面、导轨以及其他主要滑动面上不得有障碍物、杂质和新的拉、研、碰伤。如有上述情况必须清除，并擦拭干净设备；出现新的拉、研、碰伤应请设备员或班组长一起查看，并作好记录。

③ 检查各操作机构的手柄、阀、杆以及各主要零、部件（滑块、锤头、刀架等）应放在说明书规定的非工作位置上。

④ 检查各安全防护装置（防护罩、限位开关、限位挡铁、电气接地、保险装置等）应齐全完好、安装正确可靠；配电箱（盒）、油箱（池）、变速箱的门盖应关闭。

⑤ 检查润滑部位（油池、油箱、油杯导轨以及其他滑动面）油量应充足，并按润滑指示图表加油。

⑥ 检查各主要零、部件以及紧固件有无异常松动现象。

⑦ 打开气（汽）路阀门，检查管道阀门及其他装置应完好无泄漏，气（汽）压应符合规定，并放掉管中的积水。

⑧ 进行空运转试车，启动要寸动，检查各操作装置、安全保险装置（制动、换向、联锁、限位、保险等）各指示装置（指示仪表、指示灯等）工作应灵敏、准确可靠；各部位动作应协调；供油应正常，润滑应良好；机床运转无异常声音、振动、温升、气味、烟雾等现象。确认一切正常，方可开始工作。凡连班工作的设备，交班人员根据上述规定共同检查进行交接班；凡隔班接班的设备，发现上一班有严重违反操作规程现象，应请设备员或班组长一起查看，并记录在案，否则发生设备问题以本班违反操作规程论。设备经过调整或检修后，操作者也必须按照上述要求和步骤对设备进行检查，确认一切无误，方可开始工作。

（3）工作中认真做到

① 坚守工作岗位，精心操作设备，不做与工作无关的事。因事离开设备时要停机，并关闭电、气（汽）源。

② 按说明书规定的技术规范使用设备，不得超规范、超负荷使用设备。

③ 密切注意设备各部位润滑情况，按润滑指示图表规定进行班中加油，保证设备各部位润滑良好。

④ 密切注意设备各部位工作情况，如有不正常声音、振动、温升、异味、烟雾、动作不协调，失灵等现象，应立即停机检查，排除后再继续工作。

⑤ 调速、更换模具、刀具或擦拭、检修设备时，要事先停机，关闭电、气（汽）源。

⑥ 在工作时，不得擅自拆卸安全防护装置和打开配电箱（盒）、油池（箱）、变速箱的门盖进行工作。

⑦ 设备发生事故必须立即停机，保护好现场，报告有关部门分析处理。

（4）工作后认真做到：

① 各操作装置以及滑块、锤头、刀架等应按说明书规定放在非工作位置上；关闭电、气（汽）源。

② 整理工具、零件和工作场地。

③ 清扫工作场地和设备上的料头、料边、氧化皮、杂物等；擦拭干净设备各部位，各滑动面加油保护。

④ 填写交接班录。

2. 水压机安全操作规程

（1）当压力机发生故障时，严禁使用水压机。

（2）工作前必须将砧面上的油污、水渍擦干，以免工作时飞溅伤人。

（3）开车前要对水压机各部位进行认真检查；如各紧固螺栓、螺母的连接是否牢靠；立柱、工作缸柱塞和回程缸柱塞是否有研伤、积瘤存在；安装在立柱上的活动横梁下行限位器位置是否正确，限位面是否在同一水平高度上；上、下砧的固定楔是否紧固；各操纵手柄是否轻便、灵活，定位是否正确等。发现问题，应即时修理或更换。

（4）油箱中的油量应达到油标线以上；凡人工加注润滑油的部位，如立柱、柱塞等处，工作前应均匀喷涂润滑油；对操纵机构中各绞链、轴套、摇杆等也要注意添加润滑油。

（5）严禁超出设备允许范围的偏心锻造；切肩、剁料时，禁止在铁砧边上进行，剁刀应垂直放在坯料上，如在剁刀上加方垫时，方垫必须与剁刀背全面接触；禁止使用楔形垫，以免锻压时飞出伤人；冲孔时，开始施压和冲去芯料都要特别小心，禁止用上、下砧压住锻件后使用吊车拔出冲头。

（6）利用吊车配合锻造工作时，坯料在砧面上应保持水平；上砧落到锻坯上时不得有冲击。

（7）所有阀的研配不得泄漏，安全阀在调整好以后，必须打上铅封。

（8）充水罐内的低压水每半年左右应更换一次。

（9）水压机长时间停止工作时，应将水缸和所有管路系统的水放出。

（10）车间内的温度不应低于5℃。

（11）工作结束后应把分配器的操纵手柄扳到停止位置，清理场地，做好交接班工作。

3. 火焰加热炉安全操作规程

（1）加热炉启动

① 点火前的准备工作

a. 穿戴好防护用具，带棉纱、活动扳手以备用；

b. 检查供气管道各部连接点，保证各部螺丝紧固良好，各闸门开关灵活，供气阀门应处于开启状态；

c. 液位计应清洁、完整、清晰；

d. 安全阀必须在有效期内，完好灵敏，整定压力为0.1MPa；

e. 检查压力表，保证在有效期内，显示灵敏准确。

② 点炉

a. 检查加热炉水位，液位计上显示液位在40～70cm之间（加热炉的1/2～2/3处），若水位不足，给炉子上水，同时冲洗液位计；

b. 检查调压阀，保证供气管线的压力在合适的范围内（1kPa）；

c. 合上温控箱的电源开关，并按下燃烧器启动按钮；

d. 注意观察燃烧器控制面板上指示灯的变化情况，若燃烧器处于报警状态，则须检查燃气的供给情况；

e. 观察火焰的变化情况，同时根据需要调节温控仪的上下限温度，上限定为 80℃，下限定为 70℃。

（2）加热炉的运行

① 正常运行过程中，炉膛内均匀连续的轰轰声。声音异常变化时，应察看天然气供气情况，并调节燃烧器设定温度，检查程控器和伺服电机的运行情况。

② 保持供气稳定，防止气量忽大忽小，引起炉膛内燃剧烈变化，保持控制面板上水温显示在 80℃以上。

③ 液位计应保持清洁，明亮，无油污，无水锈。

（3）停炉

① 停炉时需按下燃烧器的停止按钮，并拉下温控箱的电源开关。

② 按采暖循环泵操作规程，停止循环泵的运转。

③ 维持正常水位，使炉内压力逐渐下降。再经 8～12h，可适当放水一次，直到炉水冷却到 70℃以下时，便可放尽炉水。

4. 重油炉安全操作规程

（1）清理重油炉炉膛中的氧化皮、碎砖、脏物。检查油管、风管、加温管有无裂缝或漏气等故障。

（2）重油炉点火前先打开烟道闸门和炉门。

（3）用火点着油棉纱或破布，先少量开启油门及风门（油未融化须先将喷嘴烤热），待油燃烧后，再逐渐开大油门及风门。

（4）点炉时，炉门正面严禁站人，不许对着喷火口探望。

（5）如果发现油渣堵住喷嘴或喷嘴安装口，需要疏通时，应事先将油门、风门关闭，才能允许进行。

（6）大料装炉、出炉或在炉中翻转坯料时，必须将油门、风门关小，以防火舌喷出灼伤操作者。

（7）工作结束，应先关闭油门，再关掉风门，放下闸板，落下炉门。

（8）要清理炉前炉后卫生，消除容易引起着火的隐患因素。

5. 工业煤气燃炉安全操作规程

（1）使用前的准备工作

① 检查每个烧嘴上的煤气阀是否全部关闭，若有漏气必须在修复后方可使用。

② 开启炉门。

③ 开启烟道闸门。

④ 开启每个烧嘴上的空气阀，再开启鼓风机，排除炉内积存的煤气。

⑤ 检查煤气压力是否正常，若有跳动，应检查原因，使其正常后方可点火。

（2）使用时的安全操作

① 点火时炉门口不得站人。

② 先将烧嘴上的空气阀开少许；点燃引火棒，插入点火孔，使火焰接近燃烧烧嘴，然后开启烧嘴上的煤气阀，煤气遇火即行燃烧。

③ 严禁引火棒未插入点火孔之前就开启烧嘴上的煤气阀，以免爆炸。

④ 烧嘴必须由上而下，由里而外地逐个顺序点燃和调节，不得将所有烧嘴同时开启点燃。

⑤ 烧嘴上的煤气阀开启后未能点燃时，必须先关闭煤气阀，开大空气阀，排除炉内煤气，再作二次点火。

⑥ 火焰长而呈黄色是煤气不完全燃烧现象，须开大空气阀或关小煤气阀，火焰短而有刺耳噪声是空气过多现象，须关小空气阀或开大煤气阀。

⑦ 关闭炉门。

⑧ 调节烟道闸门，使炉内呈微正压燃烧。

⑨ 随时检查煤气压力、油压、油温、火，以及鼓风机和抽烟机运转情况，如发现煤气压力、油压过低，空气突然停止供应，发生回火现象，均应迅速关闭气阀及油阀，并认真查明原因。

（3）停用时的安全操作

① 先将每个烧嘴上的煤气阀和空气阀逐个先后关闭。

② 关闭煤气总阀和空气总阀。

③ 停止鼓风机送风。

④ 关闭炉门和烟道闸门。

（4）注意事项

① 在使用中如遇停电或鼓风机故障而致停止送风时，应立即关闭煤气阀。

② 如遇煤气压力跳动过大，须停用炉子。

③ 遇有煤气管道漏气，应立即通知修理机构派人员处理，同时要采取下列措施。

a. 避免火种（如吸烟，开、关电气设备等）；

b. 关闭有关煤气阀；

c. 打开门窗；

d. 与漏气点保持一定距离，保护现场。

6. 电加热炉安全操作规程

（1）使用前必须对炉子的安全接地线、炉壁、炉底和加热元件（指电阻丝或硅碳棒、硅钼体）等进行全面检查，并注意炉膛内有无异物、脏物，是否清洁。及时解决发现的问题。

（2）操作时穿戴好劳动防护用品。在钩料铲火时，应使用套有绝缘胶管手柄的工具，站立在胶皮垫子上，以免发生触电事故。

（3）操作时注意防止工具、坯料碰坏耐火砖和电热体，装料和取料（锻造操作中钩料除外）时必须关闭电门，坯料与发热元件应保持一定距离。

（4）控温仪表及控制盘应经常检查，以免因"跑温"而烧坏电热体，不允许超过炉子所规定的极限温度。当电炉的控制仪表和电偶发生故障或炉温、功率不符合要求时，应与有关人员联系，不得擅自进行调整和修理。

（5）装料或捞料时必须关闭电门，切断电源（锻造操作中钩料时不关电门）。要小心不使锻件和工具碰到电偶、加热元件和炉膛。

（6）装料时要注意放到炉膛的温度合格区，保温（均热）时间不足，不允许开锻。

（7）炉中不许放入带水的工件或其他有害杂物。

（8）装大而重的工件，要用吊车运到与炉门平齐的工作台上，再推入炉膛。

（9）取工件时严禁将手伸入炉内，应先用铁钩将工件捞出，放在炉门口的平台上，然后使用工具取走。

（10）炉子停止使用时，应关闭炉门，禁止用冷空气来降低炉温，以免影响加热元件的使用寿命。

7. 自由锻造安全操作规程

（1）锻锤启动前应仔细检查各紧固连接部分的螺栓、螺母、销子等有无松动或断裂，砧块、锤头、锤杆、斜楔等结合情况及是否有裂纹，发现问题，及时解决，并检查润滑给油情况。

（2）空气锤的操纵手柄应放在空行位置，并将定位销插入，然后才能开动，并要空运转 3～5min。蒸汽-空气自由锻锤在开动前应排除汽缸内的冷凝水。工作前还要把排气阀全打开，再稍微打开进气阀，让蒸汽通过气管系统使气阀预热后再把进气阀缓慢地打开，并使活塞上下空走几次。

（3）冬季要对锤杆、锤头与砧块进行预热，预热温度为100～150℃。

（4）锻锤开动后，要集中精力，按照掌钳工的指令，按规定的要求操作，并随时注意观察。如发现不规则噪声或缸盖漏气等不正常现象，应立即停机进行检修。

（5）操作中避免偏心锻造、空击或重击温度较低、较薄的坯料，随时清除下砧上的氧化皮，以免溅出伤人或损坏砧面。

（6）使用脚踏操纵机构，在测量工件尺寸或更换工具时，操作者应将脚离开脚踏板，以防误踏。

（7）工作完毕，应平稳放下锤头，关闭进、排气阀，空气锤拉开电闸，做好交接班工作。

8. 模锻锤的安全操作规程

（1）工作前检查各部分螺钉、销子等紧固件，发现松动及时拧紧。在拧紧密封压紧盖的各个螺钉时，用力应均匀防止产生偏斜。

（2）锻模、锤头及锤杆下部要预热，尤其是冬季。不允许锻打低于终锻温度的锻件，严禁锻打冷料或空击模具。

（3）工作前要先提起锤头进行溜锤，判明操纵系统是否正常。如操作不灵活或连击、不易控制，应及时维修。

（4）在进行操作时，应注意检查模座的位置，发现偏斜应予以纠正，严禁用手伸入锤头下方取放锻件；也不得用手清除模膛内的氧化皮等物。

（5）锻锤开动前、工作完毕或操作者暂时离开操作岗位时，应把锤头降到最低位置，并关闭蒸汽。打开进气阀后，不准操作者离开操作岗位。还要随时注意检查蒸汽或压缩空气的压力。

（6）检查设备或锻件时，应先停车，将气门关闭，采用专门的垫块来支撑锤头，并锁住启动手柄。

（7）装卸模具时不得猛击、振动，上模楔铁靠操作者方向，不得露出锤头燕尾 100mm 以外，以防锻打时折断伤人。

（8）工作中要始终保持工作场地整洁。工作结束后，在下模上放入平整垫铁，缓慢落下锤头，使上、下模之间保持一定空间，以便烘烤模具。

（9）同一设备操作者必须相互配合一致，听从统一指挥。

第四节　热处理安全技术

热处理是将金属材料放在一定的介质内加热、保温、冷却，通过改变材料表面或内部的金相组织结构，来控制其性能的一种金属热加工工艺。

金属热处理是机械制造中的重要工艺之一，与其他加工工艺相比，热处理一般不改变工件的形状和整体的化学成分，而是通过改变工件内部的显微组织，或改变工件表面的化学成分，赋予或改善工件的使用性能。其特点是改善工件的内在质量，而这一般不是肉眼所能看到的。

为使金属工件具有所需要的力学性能、物理性能和化学性能，除合理选用材料和各种成型工艺外，热处理工艺往往是必不可少的。钢铁是机械工业中应用最广的材料，钢铁显微组织复杂，可以通过热处理予以控制，所以钢铁的热处理是金属热处理的主要内容。另外，铝、铜、镁、钛等及其合金也都可以通过热处理改变其力学、物理和化学性能，以获得不同的使用性能。

一、热处理工艺的分类

金属热处理工艺大体可分为整体热处理、表面热处理和化学热处理三大类。根据加热介质、加热温度和冷却方法的不同，每一大类又可区分为若干不同的热处理工艺。同一种金属采用不同的热处理工艺，可获得不同的组织，从而具有不同的性能。钢铁是工业上应用最广的金属，而且钢铁显微组织也最为复杂，因此钢铁热处理工艺种类繁多。

整体热处理是对工件整体加热，然后以适当的速度冷却，获得需要的金相组织，以改变其整体力学性能的金属热处理工艺。钢铁整体热处理大致有退火、正火、淬火和回火四种基本工艺。

退火是将工件加热到适当温度，根据材料和工件尺寸采用不同的保温时间，然后进行缓慢冷却，目的是使金属内部组织达到或接近平衡状态，获得良好的工艺性能和使用性能，或者为进一步淬火作组织准备。

正火是将工件加热到适宜的温度后在空气中冷却。正火的效果同退火相似，只是得到的组织更细，常用于改善材料的切削性能，也有时用于对一些要求不高的零件作为最终热处理。

淬火是将工件加热保温后，在水、油或其他无机盐、有机水溶液等淬冷介质中快速冷却。淬火后钢件变硬，但同时变脆。

为了降低钢件的脆性，将淬火后的钢件在高于室温而低于650℃的某一适当温度进行长时间的保温，再进行冷却，这种工艺称为回火。

退火、正火、淬火、回火是整体热处理中的"四把火"，其中的淬火与回火关系密切，常常配合使用，缺一不可。

"四把火"随着加热温度和冷却方式的不同，又演变出不同的热处理工艺。为了获得一定的强度和韧性，把淬火和高温回火结合起来的工艺，称为调质。某些合金淬火形成过饱和固溶体后，将其置于室温或稍高的适当温度下保持较长时间，以提高合金的硬度、强度或电性磁性等。这样的热处理工艺称为时效处理。

把压力加工形变与热处理有效而紧密地结合起来进行，使工件获得很好的强度、韧性配合的方法称为形变热处理；在负压气氛或真空中进行的热处理称为真空热处理，它不仅能使工件不氧化，不脱碳，保持处理后工件表面光洁，提高工件的性能，还可以通入渗剂进行化学热处理。

表面热处理是只加热工件表层，以改变其表层力学性能的金属热处理工艺。为了只加热工件表层而不使过多的热量传入工件内部，使用的热源须具有高的能量密度，即在单位面积的工件上给予较大的热能，使工件表层或局部能短时或瞬时达到高温。表面热处理的主要方法有火焰淬火和感应加热热处理，常用的热源有氧乙炔或氧丙烷等火焰、感应电流、激光和电子束等。

化学热处理是通过改变工件表层化学成分、组织和性能的金属热处理工艺。化学热处理与表面热处理不同之处是后者改变了工件表层的化学成分。化学热处理是将工件放在含碳、氮或其他合金元素的介质（气体、液体、固体）中加热，保温较长时间，从而使工件表层渗入碳、氮、硼和铬等元素。渗入元素后，有时还要进行其他热处理工艺如淬火及回火。化学热处理的主要方法有渗碳、渗氮、渗金属。

热处理是机械零件和工模具制造过程中的重要工序之一。大体来说，它可以保证和提高工件的各种性能，如耐磨、耐腐蚀等。还可以改善毛坯的组织和应力状态，以利于进行各种冷、热加工。

例如，白口铸铁经过长时间退火处理可以获得可锻铸铁，提高塑性；齿轮采用正确的热处理工艺，使用寿命可以比不经热处理的齿轮成倍或几十倍地提高；另外，价廉的碳钢通过渗入某些合金元素就具有某些价昂的合金钢性能，可以代替某些耐热钢、不锈钢；工模具则几乎全部需要经过热处理方可使用。

二、热处理工序主要加热设备

1. 燃料炉

以固体、液体和气体燃烧产生热源，如煤炉、油炉和煤气炉。它们靠燃烧直接发出的热能量，大都属一次能源、价值经济、消耗低，但容易使工件表面脱碳和氧化。常用于一般要求的加热工件和材料热处理中，如回火、正火、退火和淬水。

2. 电炉

以电为热能源，即二次能源。按其加热方法不同，又分为电阻炉和感应炉。根据加热工件和材料不同，按工艺要求应配备不同形式的电加热炉。

（1）电阻炉。指主要由电阻体作为发热元件的电炉。根据热处理工艺的要求，可进行退火、正火、回火、淬火、渗碳氧化和氮化，也可解决无氧化问题。

（2）感应炉。通过电磁感应作用，使工件内产生感应电流，将工件迅速加热。感应炉加热是热处理工艺中的一种先进方法，主要用于表面热处理淬火，后来逐步扩大为用于正火、淬火、回火以及化学热处理等，特别是对于一些特殊钢材和有特殊加工要求的工件应用较多。

三、热处理生产设备的防护措施

热处理车间的生产安全防护措施是指对车间有害物料的保管和使用，有影响安全的生产设备的防护和操作，以及工艺操作过程中的安全。

（1）制定和执行电气设备用电安全规程，包括开启炉门电气的联锁、炉壳的接地、防止触电的保护、高频设备的屏蔽、高压电的漏电防护及控制柜的保护等，以保证人和设备的安全。生产操作地应采取绝缘的劳动安全措施和配备防护用品。

（2）燃料炉和可控气化炉应防爆，包括防止煤气和可控气氛回火和熄火，防止煤气和可控气体泄漏，防止可控气氛炉排气工艺操作不当引起爆炸，防止可控气氛炉和煤气炉停炉后残存在炉内可燃气氛意外被点火爆炸。为此应设立相应的控制装置。

（3）防止在高温作业下被烫伤和烧伤，配备必要的劳动防护用品。

（4）对有害物料严格保管、搬运、使用。防止物料的有害反应产物对操作者直接伤害。

（5）防止喷砂等工序产生粉尘的直接伤害。设备应密闭和抽风除尘。

（6）减小车间的噪声，采取消声和隔声措施。

（7）防止车间火灾，车间的淬火油应有冷却油循环系统，有紧急放油措施和防火措施。对易燃物品，如氢、乙炔、丙烷、丁烷等的放置位置、输送管路及阀门的可靠性等都应符合要求。

（8）车间厂房应符合热加工车间的要求，能防火和具有良好的通风和取暖条件，保持合适的温度。

（9）车间的照明要有足够的照度，有利于工人生产操作，以减少操作失误和造成事故。

四、对工作场所的安全要求

1. 热处理厂房的安全要求

（1）热处理厂房应单独安排在一个建筑物内。

（2）与其他车间在一个建筑物内时，要以主墙与其他车间隔开，墙壁上应涂耐火漆。

（3）地面应是瓷砖地面，也可铺设波纹网地面。

2. 热处理车间的安全要求

（1）车间应有一定的高度及宽度，一般小型热处理车间高度为5～7m，大型车间高度则有7～10m。

（2）车间应有足够的运输通道，设备的平面布置可按热处理性质或工艺流程划分区域，合理布置。安装一般箱式热处理炉的车间，主要通道留在中间，宽度约为2～3m；安装有大型设备的车间，通道宽度应不小于3～4m。设备之间的间距见表4-16。

表 4-16　一般情况下的设备间距

热处理设备	小型炉之间	中型炉之间	大型炉之间	加热炉与淬火槽之间
间距/m	0.8~1.2	1.2~1.5	1.5~2	1.5~1.8

（3）车间各种公用系统管道架设，应按其特点根据相关规定彼此保持一定的距离（详见表 4-17）。

表 4-17　管道线路架设的安全距离　　　　　　　　m

管道名称	乙炔管	氧气管	煤气管	压缩空气管	乙炔氧气管	乙炔水封保护	蒸汽管	热水管	水管
绝缘电气电缆	1.0	0.5	1.0	2.0	1.5	1.0	0.5~1.0	0.5~1.0	0.2
裸体母线	2.0	1.0	2.0	0.2	2.0	2.0	0.5~1.0	0.5~1.0	0.2
吊车电线	3.0	1.5	3.0	0.2	3.0	3.0	0.3	0.3	0.2
乙炔管道	—	0.5	0.5	0.2	0.2	—	0.2	0.2	0.2
煤气管道	0.25~0.5	0.25~0.5	—	0.2	0.2	0.2	0.2	0.2	0.2
压缩空气管道	0.25	0.25	0.25	—	0.2	0.2	0.2	0.2	0.2
乙炔氧气用点	0.25	0.25	2.5	0.2	—	0.15	0.2	0.2	0.2
管道名称	乙炔管	氧气管	煤气管	压缩空气管	乙炔氧气管	乙炔水封保护	蒸汽管	热水管	水管
蒸汽管道	0.25	0.25	0.25	0.2	0.2	0.2	—	0.2	0.2
热水管道	0.25	0.25	0.25	0.25	0.2	0.2	0.2	—	0.2
氧气管道	0.5	—	0.5	0.2	0.2	0.5	0.2	0.2	0.2
水管	0.25	0.25	0.25	0.2	0.2	0.2	0.2	0.2	—
电气启动设备	3.0~5.0	1.5	3.0~5.0	0.2	3.0	3.0	0.3	0.2	0.2
备注	—	—	—	—	蒸汽管	回水管	彩暖蒸汽	回水	给水

五、热处理炉及淬火槽的安全防护

1. 热处理炉的安全防护

常用的热处理炉有：电阻炉、煤气炉和油炉。从劳动安全卫生方面看，电阻炉易控制，卫生条件也相对较好。

（1）为防止热辐射，炉子的炉壁上要加绝热材料如石棉、硅藻土、矿渣棉、膨胀珍珠岩；在炉门处采用具有循环冷却水的挡板、门等，或采用空气幕屏等。

（2）气体、液体燃料炉的喷嘴应排在炉子侧壁，不要排在炉子后壁与炉门相对，以免开炉时火焰喷出烧伤工作人员。人工点火不安全，应尽量采用火花点火装置。

（3）油炉的油箱不允许设在炉顶上，管道系统分叉处要设排气装置及气阀。

（4）炉子的煤气管道与烟道不得交叉布置，其中要装设保险阀，这样万一发生爆炸时可减小管道内压力。

（5）电炉一定要做好绝缘防护。

（6）盐浴炉在加热时能挥发出有害于人体健康的蒸气，因此，必须设置抽风装置。

（7）可控气氛炉必须采取防爆炸、防毒、通风等措施。为保证安全，可控气氛热处理炉的结构上应注意以下几点。

① 密封性要好。炉体要求严格密封，在炉子进出料端设前后室并装双炉门，两个炉门应交替启闭。炉门可采用多种形式，但目前常用的是火帘式装置。火帘式装置除起密封作用外，还可减小和排除前室发生爆炸的可能性。

② 设有水封装置。由这种装置进行排气和调压，还可防爆。水封装置有两组粗细不同的进、排气管。正常工作时，靠一组细管起排气和调压作用，当前室或后室发生爆炸时，靠一组粗管起排气和卸压作用。粗管的水封高度比细管高一段距离。

③ 装设有专门的安全防爆装置。当炉气中可燃气体与空气在密封空间达到一定混合比时，温度超过着火温度或混合气体在低温

区遇明火就会燃烧爆炸。故在前、后室顶部还应设有安全防爆装置。一旦气体爆炸，体积迅速膨胀时，能使高压气体快速排出泄压。可控气氛热处理炉可能产生的爆炸事故与安全措施见表 4-18。

表 4-18　可控气氛热处理炉可能产生的事故与安全措施

炉子技术参数偏离标准的情况	破坏正常工作规范可能引起的事故	在不可能恢复正常工作规范时采取的安全措施	信号系统传感器和联锁装置
炉温降到 250℃以下	由于炉内形成煤气-空气混合物可能发生爆炸	燃烧掉可控气氛;若不行，则通入不可燃气体	在控制和测试炉温的仪表内增加接触器
炉中可控气氛压力低于安全值	由于炉内形成煤气-空气混合物可能发生爆炸	借助于自动化系统向炉内通不可燃气体	在炉内设压力下降报警器
可控气氛流量减小	由于降低炉内压力和吸入空气可能发生爆炸	借助于自动化系统向炉内通不可燃气体	在流量计二次仪表中增加接触器,在玻璃转子流量计的导管上设置光电继电器等
在管路中或发生事故处,不可燃气体压力下降,低于允许值	可能发生爆炸	在不可燃气体恢复正常压力前,装卸载机构联锁,不能开动	在管路中或发生事故处压力下降,报警器有反应
在不可燃可控气氛中可燃气体的浓度增加,超过允许值	可能发生爆炸	在可控气氛恢复正常浓度之前,装卸载机构联锁,不能开动	设爆炸浓度报警器或在自动气体分析仪的二次仪表中增加接触器
处在操作人员观察范围之外点火喷嘴熄灭或电点火器烧坏	由于可燃气体在通风系统或室内聚集,可能发生爆炸	在点火恢复正常工作前,装卸载机构联锁,不能开动	设火焰报警器或热敏元件(双金属片、热电偶等),电点火器的电路切断报警器

（8）各种热处理炉一般均应有自动控温装置，以保证满足热处理工艺的要求，也有利于安全生产和改善劳动条件。炉温自动控制系统多种多样，可根据炉子种类及工艺要求来选用。

2. 淬火槽的安全防护

淬火槽是属于安全事故较多的冷却设备之一。当使用油做冷却介质时，极易发生火灾。生产时还会产生大量的油烟，造成环境污染。淬火槽的安全防护措施如下。

（1）淬火油槽的容积、存油量要大，通常油质量为零件总质量的 12～15 倍，油面高度应为油槽高度的 3/4 左右。

（2）油槽四周要设置安全栅栏，要配备油槽活动盖。

（3）油槽进油管直径应保证淬火时有足够的冷油供应。由于回油压力较低，所以出油管截面积应是进油管截面积的 2 倍以上。应定期清理槽内油粕，防止管道堵塞而影响油液的循环和冷却。

（4）大型油槽的底部应有快速回油管与地下储油槽相连，一旦发生火灾可使淬火油迅速放回地下储油槽。

（5）油槽附近必须配置消防器材，如遇油槽起火，应快速使用灭火器灭火，同时加盖油槽盖板。

（6）采用自动防火装置。被加热的工件由热处理炉沿着滑槽落入淬火油槽中进行淬火后，然后用传送带运送出去。当淬火槽中油面低于允许值时，浮筒下落，带动导杆下落，使平板与微动开关接触，发出声、光警报。同时打开油泵，恢复油面，并向炉内送氮。见图 4-36。

（7）油槽上方应装设排风抽烟罩，及时排除炽热工件上油散发出的蒸气和烟雾。

（8）应设置冷却装置和自动报警装置，连续淬火时应开动油冷却装置，油温过高能自动报警。

（9）管状工件淬火时，管口不应朝向自己或其他人。

（10）保持加热炉和油槽周围清洁。

（11）淬火中如遇意外停电事故，应迅速利用起重机的松闸机构，将工件降至油面以下。

六、热处理安全操作规程

1. 一般规定

（1）穿戴好必要的防护用品。

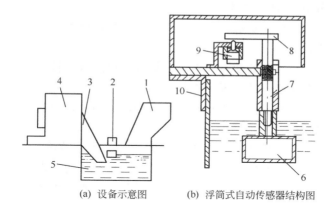

(a) 设备示意图　　(b) 浮筒式自动传感器结构图

图 4-36　淬火设备的自动防火装置
1—传送带；2—浮筒式自动传感器；3—滑槽；
4—加热炉；5—淬火槽；6—浮筒；7—导杆；
8—平板；9—微动开关；10—淬火槽

（2）操作前要熟悉热处理设备使用方法及其他工具、器具。

（3）用电阻炉加热时，工件进炉、出炉应先切断电源，以防触电。

（4）出炉后的工件不能用手摸，以防烫伤。

（5）处理工件要认真看清图样要求及工艺要求，严格按照工艺规程操作。

（6）操作完后，打扫场地卫生，工具用具放好。

2. 井式电炉安全操作规程

（1）清除炉内氧化皮，检查电阻丝及炉壳接地线。开动风扇检查运转情况，并在升温轴承和回转处注入适量的润滑油。

（2）工件应放于装料筐内入炉，严禁撞击和任意抛甩。入炉工件质量不能超过 250kg。

（3）工作时精力集中，随时检查和校准仪表温度，防止产生高温而使工件过热退火，加热炉温度最高不能超过 650℃。

（4）加热炉检修后，应先按规定进行分段干燥处理。

3. 箱式电炉安全操作规程

（1）清除炉内铁屑，清扫炉底板，以免铁屑落于电阻丝上造成短路损坏。

（2）入炉工件的质量应不超过炉底板最大载荷量，装卸工件时应确保在电源断开的情况下进行。

（3）注意检查热电偶安装位置。热电偶插入炉内后，应保证不与工件相碰。

（4）根据工件的图样要求，确定合理的工艺范围。按时升温，保证出炉操作，经常检查仪表温度并进行校准，防止误操作。

（5）为保证炉温，不能随便打开炉门，检查炉内情况应从炉门孔中观察。

（6）冷却剂应放置于就近方便的位置，减小工件出炉后降温。

（7）出炉时应工位正确，夹持稳固，防止炽热工件伤害人体。

（8）炉子检修后，必须按规定进行烘烤，并检查炉堂及顶部保温粉是否填满，接地是否与炉壳紧固。

4. 气体渗碳炉安全操作规程

（1）升温前，先检查炉内是否有无工件、马达冷却水是否畅通。合闸时，应检查电器部分有无松动、脱落现象。炉温升至600℃时，应立即开风扇，温度控制在要求温度内。

（2）根据工件形状选好罐、挂、夹具等，工件的装、罐、挂夹具必须整齐稳固可靠。并在炉内保持一定的间隙，不能倒置并装好炉内的试样。

（3）工件入炉，必须待炉温升到工作所需温度并保持半小时方可入炉。

（4）入炉时，切断电源，打开炉盖，迅速放入工件，工件稳固地放置于炉子正中，盖好炉盖，密封好并按工艺要求立即滴入煤油、酒精，放上抽风管。

（5）到达共渗温度时保温半小时，把外观察的试样放入炉内进行共渗。共渗过程要集中精力，防止仪表跑温，并经常检查滴油量、酒精量和炉压是否稳定，认真作好记录。

（6）共渗到工艺要求的时间时，应取出试样送金相室检查渗碳层深度，根据渗层深度按工艺执行。

（7）工件出炉前，应准备好合适的挂具，切断电源，关好滴油阀、酒精阀，打开炉盖迅速操作，以减小空气降温。

（8）工件出炉淬火必须严格按工艺要求选用冷却剂，禁止乱用、错用冷却液，确保质量全优。

（9）打泵时，应先合闸，后调压，再提压，集中精力，操作准确。

七、化学热处理安全

1. 气体化学热处理设备

气体化学热处理设备主要有井式炉气氛炉、箱式多用炉和连接式贯通马弗炉。可用来进行气体渗碳、氮化、软氮化和氰化。所使用的渗剂有：甲醇、乙醇、煤油、丙酮、三乙酸胺、尿素、氨气、吸热式气氛、天然气、城市煤气等。

操作人员除必须熟悉设备的性能和安全操作规程外，还应对所使用的化学物品的性能、安全使用保管有所了解，对它们在化学热处理过程中的分解产物及对周围环境的影响也要有所了解。

气体化学热处理中的废气，都必须点燃，因为其中一般含有一氧化碳、氰氢酸、氨和不饱和烃等，点燃后即可分解。例如气体软氮化时，炉内的 HCN 质量浓度为 $6\sim8mg/m^3$，废气点燃后，工作环境中 HCN 质量浓度仅为 $0\sim0.08mg/m^3$，低于规定允许值（$0.3mg/m^3$）。气体氮化的废气中含有一些未分解的 NH_3，可以将废气通入水中减少污染。

采用液体渗剂进行化学热处理时，渗剂的滴入量必须按工艺要求严格控制。在升温阶段，如果液体超规定大量滴入炉内，在升到较高温度时，液体迅速气化，炉压会很快上升。此时，应立即关闭滴定器阀门，开大放散阀，使炉压自然下降。切不可在炉压升高时忙着打开炉门，使炉内大量可燃气体骤然与空气混合，这会引起爆炸事故。严重时可能使炉盖、炉门飞出，损坏设备，危及操作人员的生命安全。

2. 液体化学热处理设备的安全技术

液体化学热处理是指在液体化学活性介质中进行软氮化、氰化、硫氮共渗、渗金属等。操作时既要注意热处理浴炉的安全操作问题，还要注意所使用的有毒物质及产生有毒气体、废液、废渣的问题。下面重点介绍液体氰化浴炉的安全技术。

（1）操作人员必须严格遵守氰化盐浴炉的操作规程，小心谨慎地进行液体氰化的工艺操作。

（2）必须加强化学药品的保管，严格执行化学药品的分类保管制度。对剧毒的氰化盐类，必须坚决地执行双人、双锁、双领用的规定。

（3）操作氰化浴炉时，必须戴口罩和防护眼镜（或面罩），穿好劳动防护服，戴好手套。工作完毕即脱掉。这些防护用品不得带出工作场所，定期用10％硫酸亚铁溶液清洗2次。在工作场所，不得饮水、吃东西、吸烟或存放食品。氰化间通风采光要好，设备都应装置抽风机，以防氰盐粉尘及蒸气飞扬，污染工作环境。

（4）液体氰化零件必须烘干进炉，否则，熔盐遇水会发生崩爆溅出，易造成皮肤灼伤。如发生这类情况，应立即用10％硫酸亚铁水溶液洗涤，再用清水冲洗后，去医务部门处理。

（5）必须认真处理氰化过程中的废渣、废水、粉尘，不得任意堆放或排放。废渣、粉尘可集中经硫酸亚铁中和后深埋。废水可用碱性氧化的方法，把氰根氧化变成无害的二氧化碳和氮气。排放前必须抽样化验氰根的含量，合格后方可排放。

3. 辉光离子氮化设备的安全技术

辉光离子氮化是近年来发展较快的热处理技术。辉光离子氮化设备的炉膛是一真空容器，在一定的真空度（1.33×10^{-2} Pa）和高压直流电场（$100 \sim 1000$V）作用下，通入少量氮化气氛，使氮原子离子化，并在电场作用下，高速冲击工件表面，产生辉光放电，使工件表面达到离子氮化温度并使氮原子渗入工件表面。离子氮化工艺与气体氮化相比，具有生产效率高、变形小、成本低和污染少等优点。

在设备设计和制造时，应注意设备阳极和阴极间的高压绝缘问题。因为设备外壳是高压直流电的阳极，必须良好接地。设备中放置工件的阴极接线柱，对地绝缘电阻必须用 1000V 绝缘摇表检查，其绝缘电阻不得小于 $20M\Omega$。在电气线路里，必须有保护装置，确保真空罩打开时，高压直流电自动断开。辉光离子氮化设备的厂房，应光线明亮、通风良好，屋内应保持清洁整齐、干燥、无杂物。

操作时必须注意：

（1）离子氮化设备必须有 2 名以上操作者方可开炉，并指定操作负责人。操作者必须熟悉和遵守离子氮化设备的安全操作规程。

（2）工件必须洗涤干净，去除毛刺、铁屑和油污。

（3）不得在没有可靠安全措施情况下，在真空罩下进行操作。吊放真空罩应平稳，在阴极底板上放置工件应稳妥。

八、酸洗的安全操作及钢的表面处理

1. 酸洗安全操作

（1）酸洗工上班时首先要穿戴好劳动防护用品。

（2）酸洗池中加酸时一定要在水温较低时进行，加酸时一定要做到慢、稳，避免酸液溅出伤人。

（3）酸池内的水温到 70～80℃时开始酸洗。

（4）酸洗浸泡的时间视情况而定，一般为 10～15min，吊起来看铝丝表面光洁白亮为宜。

（5）冲洗铝丝一定要仔细、认真，冲好一头换另一头再冲，冲洗干净后进行脱水。

（6）在酸洗过程中，搬运铝丝要小心轻放，避免擦毛擦伤。

（7）脱水好后及时填写跟踪卡，堆放到指定的地方。

（8）酸洗结束后应把清洗池中水放掉，更换清水，酸洗池中的酸水要定期更换。

2. 钢表面处理的安全措施

钢件的表面除锈、发蓝和磷化是最常见的表面处理工艺，它在处理的过程中使用多种酸、碱及硝酸盐等腐蚀性很强的化学药品，并排放大量的有害气体和含酸废液。因此，最好单独设厂房，并应设置通风设施、开设天窗，地面及下水道应用耐腐蚀、耐酸材料。此外，还应遵守上述酸洗的有关安全操作规程。

传统的除锈方法多为喷丸、干式喷砂等，存在许多问题。特别是干式喷砂，其砂粒高速撞击钢件表面，容易破碎而产生大量粉尘，造成环境污染，危害工人健康。因此，液体喷砂技术被开发出来，现已得到推广应用，它对消除粉尘危害效果显著。

第五章

工程施工机械安全技术

第一节　概　　论

一、概述

随着社会经济的快速发展，施工机械和设备的使用越来越广泛和频繁。施工机械和设备的广泛使用，一方面使得施工工程的效率得到极大的提高，也解决了许多人力不可能完成的任务；但另一方面，如果对施工机械和设备管理不到位，也会给工程施工带来巨大的安全隐患，甚至造成人身伤亡和设备事故。

1. 工程施工机械和设备的安全管理

监理及业主安全管理、安全监督不到位。监理和业主未能对施工机械严格把关，导致施工现场采用不符合要求和存在安全隐患的施工机械；对施工过程中的违章作业，未能及时发现和制止。监理和业主对施工机械的安全管理、安全监督不到位。

2. 施工机械和设备安全管理存在的问题

（1）施工机械和设备的操作人员素质不高，培训少，实操水平低下。上岗前的三级安全教育工作没有针对性和实用性，且千篇一律的现象比较严重。对技术工种安全操作知识掌握不牢，熟悉程度不够，是造成事故的重要原因。特别是有些操作人员不固定，工作无长期打算，学习业务技术的积极性差，素质较低，给设备安全操作带来了极大隐患。

（2）不重视施工机械、设备的安全检查或者安全检查不到位。

不重视施工机械、设备的安全检查或者安全检查不到位，对施工现场的设备没管或不懂怎么管。现场设备管理人员不具备专业知识，没有深入了解各种机械设备的特点，造成施工现场的设备安全管理浮于形式。项目部不注重机械设备的安全评价和相关管理工作，存在侥幸心理，对强制要求检测的设备不检测，老旧设备不淘汰。侥幸心理是很多机械事故的根源，这已经造成了不少血的教训。

（3）特种设备安全使用许可证，操作人员持证上岗的问题。办妥证件不是目的，而是管理手段，通过办理证件使特种设备达到或具备一定的安全标准，人员业务水平达到一定的技能标准。但是在实践中存在着不注重作业管理，现场作业没有制定相关制度和标准进行管理，对施工现场作业的设备操作没有作出具体指导等问题。据统计，发生在机械作业中的伤害事故固然有技术和设备原因，但大部分的事故是无证操作、违章作业造成的。

（4）设备维护人员技能低、责任心不强。设备维护管理人员受重生产、轻维护思想的影响，对设备管理工作重视不够。在日常生产中，维护设备运转必须要有人定时检查设备的运行状态。但是很多设备维护管理人员在维护设备时，没有严格按照规范要求进行，使设备维护工作没有真正做到位。

二、施工机械安全管理对策

针对当前工程施工机械和设备安全管理上存在的问题，需进一步加强工程施工机械和设备管理，严禁不合格的施工机械和设备进场，确保施工机械和设备使用安全，杜绝发生人身、电网、设备事故。具体有以下三点对策。

1. 加强业务培训和素质教育

随着科学技术的发展，电力施工机械和设备不断增加，对设备管理和操作人员的技术水平的要求也随之提高。企业必须加强设备管理人员、维修人员以及操作人员的技能培训和素质教育，一方面是新技术、新技能的学习，另一方面加强规章制度的培训和责任心的教育。贯彻设备的全员管理理念，使相关设备管理人员立足本职，做到操作规范化、维护科学化。培养一批既有实践经验和能力，又有一定理论水平的高素质设备管理、使用、维修人才。落实安全操作规程，严禁违章作业，推行标准化操作，确保人、机安全。

2. 执行施工机械、设备管理的"八个步骤"

（1）施工单位应建立施工机械、设备（含特种设备）及相关设施清单。

（2）施工单位应建立施工机械、设备（含特种设备）维护保养台账。

（3）特种设备使用登记证、特种设备作业人员资格证、特种设备安装改造维修许可证，三证合法合规。

（4）施工单位应根据机械、设备安全规程和使用说明书编制机械、设备操作手册。

（5）机械设备的安装与拆卸应当由有相应安装许可资质的单位进行。作业指导书由机械设备安装单位负责编制，报施工单位审批后，报监理批准。

（6）重大作业项目开工前，施工单位应进行专项检查，监理单位应做好监督记录。

（7）施工单位应根据机械设备维护保养说明，确定机械设备维护保养项目和周期，做好日常维护保养，并做好记录。

（8）施工单位应当按照特种设备安全技术规范的定期检验要求，在安全检验合格有效期届满前 1 个月向特种设备检验检测机构提出定期检验要求，并送检。未经定期检验或者检验不合格的特种设备，不得继续使用。

3. 做好施工机械、设备管理"六环节"

（1）进场管理

① 施工单位应购置或租赁证照齐全的施工机械（具）和设备。试验设备、个人防护用品进场前，施工单位应取得生产厂家出具的检验合格证明或有资质的检验机构出具的检验报告。

② 施工机械（具）和设备进入施工现场作业前，施工单位必

须向监理单位进行申报，监理单位应按要求对施工机械（具）和设备进行审核，审核合格的施工机械（具）和设备方可投入使用。

③ 特种作业人员和特种设备操作人员进入施工现场前，施工单位必须向监理单位进行申报，经监理单位审核合格的特种作业人员和特种设备操作人员方可进入施工现场。

（2）注册管理。施工单位应建立施工机械（具）和设备管理台账（含安全操作规程、设备检查及维修保养记录等）；应建立施工机械（具）和设备清单；应建立特种作业人员清单，并附特种作业人员证和特种设备操作证。特种设备在投入使用前或者投入使用后30日内，施工单位应向设备使用所在地的市场监管部门进行登记，并取得市场监管部门的使用许可证书。

（3）安装与拆卸。特种设备的安装、拆卸应由具有相应资质的单位进行，如施工单位没有资质，可以委托具有相应资质的单位进行，但必须签订相应合同，明确双方责任。常规设备和机具由施工单位按照厂家提供的说明书进行配套安装与拆卸，安装与拆卸人员必须持有相应资质证书，安装完成后，由施工单位自行验收。

（4）使用与维护。施工单位施工机械和设备管理人员和操作人员取得公司、分公司、子公司或建设单位颁发的进场证后，才可上岗。施工机械和设备应由了解其性能并熟悉使用知识的人员操作，并取得相应资质证书，操作人员应遵守相关安全操作规程，特种设备和自制设备操作人员应随身携带特种设备操作证，并自觉接受有关部门的监督检查。施工单位应编制施工机械和设备维护保养作业指导书，并报监理单位备案，作业指导书中必须明确设备的维护保养项目名称、技术参数标准、方式方法、使用工具及维护频率等内容。

（5）检测检验。在施工机械（具）和设备检验合格有效期届满前1个月，施工单位应按照安全技术规程规定的检验要求对其进行检验。施工机械和设备存在以下条件之一的，应清除出场。

① 未开展定期检验、检验不合格或者超过规定使用年限的；

② 按《安全文明施工检查评价标准表》评价得分较低，维护

不当、存在严重事故隐患，无改造、维修价值的。

（6）检查监督。监理项目部按照《基建工程安全文明施工检查评价标准表》等对施工项目部的施工机械和设备管理工作进行检查。业主按照《承包商日常检查考核扣分工作实施指南》《基建工程安全文明施工检查评价标准表》和《监理项目部工作手册》要求等对施工、监理项目部的施工机械和设备管理工作进行监督检查、扣分和排序。

第二节　土石方机械

土石方工程主要有开挖、装卸、回填、夯实等工序。目前机械开挖主要有推土机、铲运机、单斗挖土机、多斗挖土机、装载机、压实机械等。

一、推土机

1. 推土机分类

（1）推土机可分为履带式和轮胎式两大类。履带式推土机可在松软潮湿和土质坚硬以及各种恶劣条件下工作，因此，在施工中应用广泛。轮胎式推土机运行灵活、调运方便，但因附着牵引性较差，适用于坚实而平整的场地上作业，适用范围受到一定的限制。

（2）按照铲刀安装方式不同，推土机可分为固定式和回转式。固定式推土机的铲刀方向不变，保持垂直于拖拉机的轴线（称直铲或正铲推土机）；回转式推土机的铲刀在水平方向回旋一个角度，以进行斜铲作业。另外其铲刀还可以在垂直面内倾斜一定角度，以进行侧铲作业。

（3）按照操作方式不同，可分机械式操作和液压式操作。前者提升铲刀依靠绞盘，通过钢丝绳来操作。下降或切入土体依靠自重来实现，因此铲刀笨重，但因其结构简单，仍在使用。液压式操作比较轻便，升降灵活，可借助拖拉机底盘的重量，对硬土进行强制切入，其使用寿命较长，被广泛使用。

2. 结构与性能

（1）结构。履带式推土机以履带式拖拉机配置推土铲刀而成，轮胎式推土机以轮胎式牵引车配置推土铲刀而成。有些推土机后部装有松土器，遇到坚硬土质时，先用松土器松土，然后再推土。推土机主要由发动机、底盘、液压系统、电气系统、工作装置和辅助设备等组成，见图 5-1。

图 5-1 推土机示意

1—带行程传感器的油缸；2—控制面板；3—GNSS 天线；4—GNSS 接收机；
5—ICT 传感控制器；6—高精度惯性传感器（IMU＋）

（2）性能。推土机技术性能见表 5-1。

3. 使用安全操作规程

（1）推土机必须由经过训练，初步懂得机械结构、性能、操作方法，熟悉安全操作规则并有操作合格证的司机驾驶。

（2）不得使用有故障未经排除的推土机进行推土作业。

（3）推土机在 3～4 级土壤或多石土壤地带作业时，应先进行爆破或用松土器疏松。

表 5-1　推土机技术性能

型号	额定功率/kW	结构重/t	推土装量				接地比压/(N/cm²)	最大牵引力/kN
			推土板尺寸/mm	安装方式	操纵方式	切土深度/mm		
东方红 600	56	5.9	2280×788	固定式	液压式	290	—	36
移山-80	67	14.9	3100×1100 3720×1040	固定回转	机械式	—	6.3	99
T2-100	67	16.0	3800×860	回转	液压式	650	6.8	90
上海 120	90	16.2	3760×1000	回转	液压式	300	6.5	118
TV-200	180	36.5	4200×1600	回转	液压式	600	—	320

（4）不得用推土机推石灰、烟灰等粉尘物料和用作碾碎石块的工作。

（5）施工场地如有大石头、障碍物和坑穴，应先消除或填平。清除高于机体的建筑物、树木、电杆。

（6）作业前应重点检查：各部螺栓连接件应紧固；各系统等管路应无裂纹或渗漏；各操纵杆和制动踏板的行程，履带的松紧度，轮胎气压等均应符合要求；绞盘、液压缸等处应无污泥。并做好调试工作。

（7）进行推土作业，应用低速挡进行。

（8）操作时，应精力充沛，思想集中、密切注视全机的技术状态有无异常变化，如敲缸声，燃油、机油和冷却水有无泄漏，排气颜色和仪表指示值是否正常。发现故障，及时采取措施予以排除。

（9）推土机配合助铲时，不准猛顶，防止顶坏刀片或铲运机轮胎。

（10）无液力变矩器的推土机在作业中有超载趋势时，应稍微提高刀片或变换低速挡。

（11）向深沟悬崖的边缘推土时，事前应了解悬崖下有无人员或建筑物。推土时，推土板不得推出边缘。倒车时，应先换好倒车挡，结合主离合器起步后再提升推土板，防止早提推土板压垮道路边缘造成翻车事故。

（12）在深沟、基坑或陡坡地区作业时，必须有专人指挥，其垂直边坡深度一般不超过 2m，否则应放出安全边坡。

（13）推房屋的围墙或旧房墙面时，其高度一般不超过 2.5m。严禁推带有钢筋或与地基基础连接的混凝土桩等建筑物。

（14）在电杆附近推土时，应保持一定的土堆，其大小可根据电杆结构、土质、埋入深度等情况确定。用推土机推倒树干时，应注意树干倒向和高处架物。

（15）两台以上推土机在同一地区作业时，前后距离应大于 8m，左右相距应大于 1.5m。

（16）在高低不平或坚硬的路面上高速行驶或上下坡时，不得急转弯，需要原地旋转和急转弯时，必须低速进行。

（17）越过障碍物时，必须用低速行驶，不得采用斜行或脱开单方向专向离合器越过。

（18）在浅水地带行驶或作业时，必须查明水深，应以冷却风扇叶不接触水面为限。下水前，应对行走装置各部注满润滑脂。

（19）推土机上下坡均用低速挡行驶，上坡不得换挡，下坡不得脱挡滑行。下陡坡时可将铲刀放下接触地面，并倒车行驶。横向行驶的坡度不得超过 10°，必须在陡坡上推土时，应先进行挖填，使机身保持平衡，方可作业。

（20）在上坡途中，如发动机突然熄火，应立即放下铲刀。踏下并锁住制动踏板。切断主离合器，方可重新启动。

（21）推土机通过桥梁、涵洞应用低速挡行驶，注意前方来车。通过临时便桥，应先了解便桥的最大承重吨位，不允许在桥上猛起步。

（22）驶越铁路线或交通道口时，应注意火车、汽车和行人，确认安全后方可通过。通过时，要用低速挡、小油门。驶越铁路线行驶方向应与钢轨垂直，避免掀轨。同时铁道中间要铺垫枕木。在任何情况下都不得在铁路上停留。

（23）在行驶中，随机人员不得侧倚在门上或站在翼板上，更不能在未停稳时上、下推土机。

（24）不得在行驶中添油、加水及进行调整工作。

（25）用推土机吊挂重物行走时，应用倒退1挡。履带式推土机严禁长距离倒退行驶。

（26）发动机未灭火时，严禁在车上进行检修工作。

（27）检修燃油门和加注燃油时，严禁烟火接近。

（28）因缺水而造成发动机过热时，必须立即用小油门运转，待发动机温度下降之后，再揭去水箱盖补充冷却水。

（29）调整推土板时，下面应垫以可靠的支撑物，防止推土板下落砸伤人员。

二、铲运机

铲运机是一种能独立完成铲土、运土、卸土和填筑的土石方施工机械。与挖掘机和装卸机配合自卸载重汽车施工相比较，具有较高生产效率和经济性。铲运机由于其斗容积大，作业范围广，主要用于大土石方量的填挖和运输作业，广泛用于公路、铁路、工业建筑、港口建筑、水利、矿山等工程。自行式铲运机见图5-2。

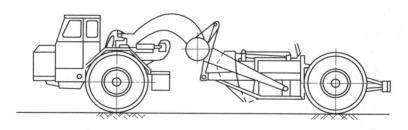

图5-2　自行式铲运机

1. 分类

（1）按牵引方式分为拖拉式和自行式。拖拉铲运机用拖拉机牵引，运行速度低，适用于运距短的工程；自行式铲运机其牵引车与铲斗通过牵引装置连接构成一整机，与拖拉式相比，其运行速度高，生产效率高，挖土时需用助铲。

（2）按卸土方式分为自由卸载式和半强制卸载式。自由卸载式完全靠物料自重卸载，对黏土和湿土卸不净，只适用于非黏土土壤；强制卸载式靠铲斗后壁作为推土板，沿侧壁和底板将土推出铲斗，卸土干净但功耗大；半强制卸载式利用翻斗的颤抖旋转，斗内土坡被倒出、土粘附的较少、功耗小。

2. 结构与性能

（1）结构。常用的拖拉铲运机，由拖把、辕架、工作液压缸、机架、后车轮和铲斗等组成。铲斗由斗体、斗门和卸土版组成。斗体底部的前面装有刀片，用于切土。斗体可以升降，斗门可以相对斗体转动，即打开或关闭斗门。以适应铲土、运土和卸土等不同作业的要求。

（2）性能。铲运机主要技术性能见表 5-2。

表 5-2　铲运机主要技术性能

参数	单位	型号								
		CL-7	CL-11	CL-16	CL-24	CL-40	CL-11-2	CL-16-2	CL-24-2	CL-40-2
容积	m³	7	11	16	24	40	11	16	24	40
速度	km/h	50	50	50	50	50	50	50	50	50
整机净重	T	16	24	40	57	75	34	51	66	88
牵引车净重	T	11	17	24	36	58	34	51	66	88
切削深度	mm	250	300	300	350	350	300	300	350	350
刀片离地	mm	400	500	500	500	500	500	500	500	500
比功率	kW/m³	21	21	19	16	16	15	28	28	28

3. 使用安全操作规程

（1）铲运机在四级以上土地上作业时，应先翻土，并清除障碍物。

（2）作业前，应检查各液压管接头、液压控制阀及各有关部位，确认正常后方可启动。

（3）作业前，除驾驶人员外，严禁任何人上下机械，传递构件，以及坐立在机架、拖杆上或铲斗内。

（4）两台铲运机同时作业时，脱式铲运机前后距离不得小于10m，自行式铲运机不得小于20m。平行作业时，两机间隔不得小于2m。

（5）铲运机上下坡道时，应低速行驶。不得途中换挡，下坡时严禁脱挡滑行，更不准将发动机熄火后滑行。行驶的横向坡度不得超过6°，坡度应大于机身2m以上。在新填筑的土堤上作业时，离坡度缘不得小于1m。下大坡时，应将铲斗放低或拖地。

（6）需要在斜坡横向作业时，须先挖填，使机身保持稳定，作业中不得倒退。

（7）在不平场地上行驶或转弯时，严禁将铲运斗提升到最高位置。

（8）在坡道上不得进行保修作业，在坡道上严禁转弯、倒车和停车。在坡上熄火时应将铲斗落地，制动牢靠后，再重新启动。

（9）气动转向阀平时禁止使用，只有在液压转向失灵后，短距离行驶时才能使用。

（10）严禁高挡低速行驶，以防止液力传动油温过高。

（11）铲土时应直线行驶，助铲时应有助铲装置、助铲推土机应与铲运机密切配合，尽量做到等速助铲，平稳接触，助铲时不准硬推。

（12）夜间作业时，前后照明应齐全完好。自行式铲运机的大灯应照出30m远，如遇对方来车，应在百米以外将大灯光改为小灯光，并低速靠边行驶。

（13）拖拉陷车时，应有专人指挥，前后操作人员应协调，确认安全后，方可起步。

（14）自行式铲运机的差速器锁，只能在泥泞路面上直线行驶短时使用，严禁在差速器锁住时转弯。

（15）非作业行驶时，铲斗必须用锁紧链条挂牢在运输行驶位置上。机上任何部位均不得载人或装载易燃、易爆物品。

（16）修理斗门或在铲斗下检修作业时，必须把铲斗升起后用销子或锁紧链条固定，再用垫木将斗身顶住，并制动住轮胎。

（17）作业后，应将铲运机停放在平坦地面，并将铲斗落在地面上。液压操作的应将液压缸缩回，将操作杆放在中间位置。

三、装载机

装载机可用来对砂石等散装物料进行铲、挖、装、运、卸等作业，也可用来平整场地。更换不同的工作装置后，还能完成重物起吊、搬运等作业，也可作牵引动力。因其用途多样，运转灵活，获得广泛的使用。

1. 分类

（1）按其结构分类，可分为单斗装载机和多斗装载机。又以单斗装载机应用最广。

（2）按其行走装置，分为轮胎和履带式。轮胎式因运行速度高，机动灵活，适用于作业分散，转移频繁的施工，其缺点，重心高，稳定性差，对作业场地要求高；履带式因牵引力大，稳定性好，适用于路面条件差，作业集中的场所。

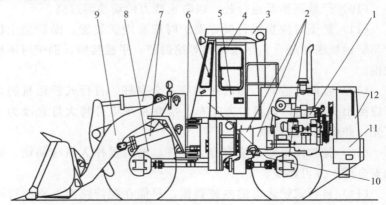

图 5-3　轮式装载机总体结构图

1—柴油机系统；2—传动系统；3—防滚翻与落物保护装置；4—驾驶室；
5—空调系统；6—转向系统；7—液压系统；8—车架；9—工作装置；
10—制动系统；11—电气仪表系统；12—覆盖件

（3）按其动力装置、功率大小，可分为小型（100hp 即 74.57kW 以下），中型（100～200hp 即 74.57kW 以上）。

（4）按其卸料方式，有前卸式、后卸式、仰卸式和回转式。

2. 结构与性能

（1）结构。轮式装载机系由工作装置、行走装置、发动机、传动系统、转向制动系统、液压系统、操纵系统、辅助系统等组成。见图 5-3。

（2）性能。装载机的主要性能参数为发动机额定功率、额定载重量、最大牵引力、机重、铲起力、卸载高度、卸载距离、铲斗的收斗角和卸载角度等。装载机的主要性能参数见表 5-3。

表 5-3　装载机的主要性能参数

技术参数	ZL10 型铰接式装载机	ZL20 型铰接式装载机	ZL3 型铰接式装载机	ZL4 型铰接式装载机	ZL5 型铰接式装载机
发动机型号	495	695	6100	6120	6135Q-1
最大功率/转速/ [kW/(r/min)]	40/2400	54/2000	75/2000	100/2000	160/2000
最大牵引力/kN	31	55	72	105	160
最大行驶速度/ (km/h)	28	30	32	35	35
爬坡能力/(°)	30	30	30	30	30
铲斗容积/ m³	0.5	1	1.5	2	3
装载重量/t	1	2	3	3.6	5
最小转弯半径/mm	4850	5065	5230	5700	—
传动方式	液力机械式	液力机械式	液力机械式	液力机械式	液力机械式
变矩器类型	单蜗轮式	双蜗轮式	双蜗轮式	双蜗轮式	双蜗轮式
前进挡数	2	2	2	2	2
倒退挡数	1	1	1	1	1
轮胎形式	—	12.5～20	14.00	16.00	24.5～25
长/mm	4454	5660	6000	6445	6760
宽/mm	1800	2150	2350	2500	2850
高/mm	2610	2700	2800	3170	2700
机重/t	4.2	7.2	9.2	11.5	16.5

3. 安全操作规程

（1）装载机不得在坡度超过规定的场地上工作，作业区内不得有障碍物及无关人员。

（2）装载机运送距离不宜过大，行驶道路应平坦。在土石方施工场地作业时，轮式装载机应在轮胎上加装保护链条或用钢质链板直接裹住轮胎。

（3）作业前，检查液压系统应无渗漏；液压油箱油量应充足；制动器应牢靠；监视各仪器指示应正常，轮胎气压应符合规定。

（4）变速器、变矩器使用的液力传动油和液压系统使用的液压油必须符合要求，保持清洁。

（5）起步前，应先鸣笛示意，将铲斗提升到离地面 0.5m 左右。发动机启动后应怠速空运转，待水温达到 55℃、气压表达到 0.45MPa 后再起步，使用低速挡行驶。用高速挡行驶时，不得进行升降和翻转铲斗动作。严禁铲斗载人。

（6）山区或坡道上行驶时，拖动、启动操纵杆扭杆，以便在发动机万一熄火的情况下，也能保证液压转向，拖动、启动必须正向行驶。

（7）高速行驶前两轮驱动，低速铲装用四轮驱动。行驶中换挡不必停车，也不必踩制动踏板。由低速变高速时，先松一下油门同时操作变速杆，然后再踩一下油门；由高速变低速时，则加大油门，使变速器输出轴转速与传动轴一致。

（8）使用脚制动的同时，会自动切断离合器油路，所以制动前不需要将变速杆置于空挡。

（9）当操纵动臂与铲斗达到需要位置时，应将操纵杆置于中间位置。

（10）铲臂向上或向下动作到最大的限度时，应将操纵杆回到空挡位置，防止在安全阀作用下发出噪声和引起故障。

（11）装料时，铲斗应从正面铲料，严禁单边受力。卸料时，铲斗翻转、举臂应低速缓慢动作。

（12）作业时，发动机水温不得超过 90℃，变矩器油温不得超过 100℃。当重载作业温度超过允许值时，应停车冷却。

（13）不得将铲斗提升到最高位置运输物料。运载物料时，应保持动臂下铰点离地 400mm，以保证稳定行驶。

（14）铲斗装载距离以 10m 内效率最高，应避免超越 10m 作运输机使用。

（15）无论铲装或挖掘，都要避免铲斗偏载。不得在收斗或半收斗而未举臂时就前进。铲斗装满后应举臂到距地面 500mm 后，再后退、转向、卸料。

（16）严禁在前进中挂倒挡或在倒车时挂前进挡。

（17）铲装物料时，前后车架要对正，铲斗以放平为好。如遇较大阻力或障碍物应立即放松油门，不得硬铲。

（18）在运送物料时，要用喇叭信号与车辆配合协调工作。

（19）装车间断时，不要将铲斗长时间悬空等待。

（20）铲斗举起后，铲斗、动臂下严禁有人。若维修时需举起铲斗，则必须用其他物体可靠地支撑住动臂，以防万一。

（21）铲斗装有货物行驶时，铲斗应尽量放低，转向时速度应放慢，以防失稳。

（22）运转中，如发现异常情况，应立即停车检查，待故障排除后，方可继续作业。

（23）作业后，应将铲斗平放在地面上，将操纵杆放在空挡位置，拉紧制动器。

四、挖掘机

挖掘机主要通过铲斗挖掘、装卸土或石块，并旋转至一定的卸料位置（一般为运输车辆上方）卸载，为一种集挖掘、装载、卸料于一体的高效土石方建筑机械。挖掘机广泛用于各种建筑物基础坑的开挖、以及市政、道路、桥梁、机场、港口、水电等工程，对减轻工人繁重的体力劳动，加快工程进度，提高劳动生产效率都起着十分重要的作用。

1. 分类

挖掘机的类型很多，按斗数分为单斗挖掘机和多斗挖掘机两大类。按动力装置分，有电驱动和内燃机驱动。按行走机构分，有履带式和轮胎式等。按传动装置分，有机械传动和液压传动等。目前，建筑施工中常用的挖掘机为单斗液压挖掘机，其分类如下：

（1）按动力传递和控制方式不同，可分为机械式、半液压式和全液压式三种。

（2）按行走方式不同分为履带式、轮式两种。

（3）根据性能、用途不同分为通用型和专用型两种。

（4）按铲斗类型分为正铲、反铲、拉铲和抓铲四种。

2. 结构与性能

（1）结构。挖掘机由工作装置、转台及行走机构组成，其工作装置包括铲斗、动臂及提升机构、变幅机构。转台包括动力装置、传动装置和操纵装置。行走机构包括履带及传动装置。其工作装置可根据需要，换装成正铲、反铲、拉铲和抓斗，有的还可以安装更多类型的工作装置，可一机多用。见图 5-4。

（2）性能。单斗液压挖掘机的主要技术性能如下。

液压挖掘机的主要参数有：斗容积、机重、功率、最大挖掘半径、最大挖掘深度、最大卸载高度、最小旋转半径、回转速度、行走速度、接地比压、液压系统工作压力等。其中最重要的参数有三个，即标准斗容积、机重和额定功率，这些也称主参数，用来作为液压挖掘机的分级标志参数，反映液压挖掘机的级别。

① 标准斗容积。指挖掘 $\mathbb{IV}$ 级土壤时，铲斗堆尖时斗容积（m^3）。直接反映了挖掘机的挖掘能力和效果，并以此选用施工中的配套运输车辆。这充分发挥挖掘机的挖掘能力，对于不同级别的土壤可配备相应不同斗容积的铲斗。

② 机重。指带标准反铲或正铲工作装置的整机重量。反映了机械本身的重量级，对技术参数指标影响很大，影响挖掘能力的发挥、功率的充分利用和机械的稳定性，故机重反映了挖掘机的实际工作能力。

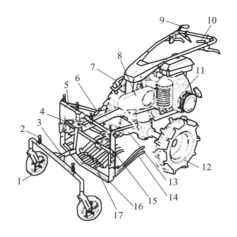

图 5-4　挖掘机结构示意

1—前轮；2—宽度调节螺栓；3—高度调节栓；4—固定螺钉；5—固定杆；
6—固定螺栓装置；7—曲轴；8—带盒；9—离合器手柄；10—油门手柄；
11—发动机；12—轮子；13—支架；14—导向盘；15—连杆；
16—刀片；17—凸缘

③ 功率。指发动机的额定功率，即正常运转条件下，输出净功率（kW），反映了挖掘机的动力性能，是机械正常运转的必要条件。

3. 安全操作规程

（1）履带式单斗挖掘机转移工地，应用平板挂车运输。

（2）在挖掘作业前注意拔去防止上部平台回转的锁销，在行驶中则要注意插上锁销。

（3）使用前重点检查发动机、工作装置、行走机构、各部安全防护装置、液压传动部件及电气装置等，确认齐全完好后方可启动。

（4）作业前先空载提升，回转铲斗，观察转盘及液压马达有否不正常响声或颤动，制动是否灵敏有效，确认正常后方可工作。

（5）挖掘机行走时，如作业场地地面松软，应垫以道木或垫板。在坡上行驶时，禁止柴油机熄火。

（6）作业周围内应无行人和障碍物，挖掘前先鸣笛并试挖数次，确认正常后方可开始作业。

（7）单斗挖掘机反铲作业时，履带前缘距工作面边缘至少应保持 1～1.5m 的安全距离。

（8）作业时，挖掘机应保持处于水平位置，使行驶机构处于制动状态，楔紧履带或轮胎（支好支脚）后，方可进行挖掘作业。

（9）严禁挖掘机在未经爆破的五级以上岩石或动土地区作业。

（10）作业中遇较大的坚硬石块或障碍物时，须清除后方可开挖，不得用铲斗破碎石块和动土，也不得用单边斗齿硬啃。

（11）挖掘悬崖时要采取防护措施，作业面不得留有伞沿及摆动的大石块，如发现有塌方的危险，应立即处理或将挖掘机撤离至安全地带。

（12）装车时，铲斗应尽量放低，不得碰撞汽车，在汽车未停稳或铲斗必须越过驾驶室而司机未离开前，不得装车。汽车装满后，要鸣笛通知驾驶员。

（13）作业时，必须待机身停稳后再挖土，不允许在倾坡上工作。当铲斗未离开作业面时，不得作回转走等动作。

（14）回转制动时，应使用回转制动器，不得用专向离合器反转制动。不允许利用回转动作进行"扫地"作业。

（15）作业时，铲斗起落不得过猛，下落时不得冲击车架或履带。

（16）在作业或行走时，挖掘机严禁靠近输电线路，机体与架空输电线路必须保持安全距离。表 5-4 为在架空线路最大弧垂和最大风偏时，架空线路与挖掘机突出部分的安全距离。如不能保持安全距离，应待停电后方可工作。

（17）挖掘机停放时要注意关断电源开关，禁止在斜坡上停放。操作人员离开驾驶室时，不管时间长短，必须将铲斗落地。

（18）行走时，主动轮应在后面，臂杆与履带平行，制动回转机构，铲斗离地面 1m 左右，上下坡不得超过本机允许最大爬坡度，下坡用慢速行驶，严禁在坡道上高速和空挡滑行。

表 5-4 安全距离

线路电压/kV	广播通信	0.22~0.38	6.6~10.5	20~25	60~110	154	220
在最大弧垂时的垂直距离/m	2.0	2.5	3	4	5	6	6
在最大风偏时水平距离/m	1.0	1.0	1.5	2	4	5	6

（19）移动时，应先将轮胎式挖掘机的挖掘装置置于行走位置，回收支腿。

（20）检查轮胎气压应符合标准要求，经常清除有损轮胎的异物。

（21）检查液压挖掘机的各有关部位应无漏油现象。

（22）检查液压挖掘机作业时，应注意液压缸的极限位置，防止限位块被摇出。

（23）液压挖掘机作业时，如发现控制力突然变化，应停机检查，严禁在未查明原因前擅自调整分配阀压力。

（24）作业完毕后，挖掘机应离开作业面，停放在平整坚实的场地上，将机身转正，铲斗落地，所用操纵杆放到空挡位置，制动各部制动器，及时进行清洁工作。

（25）冬季使用内燃机朝向阳面，并应将冷却水放净，做好每班保养工作，关闭门窗后，方可离开工作岗位。

五、平地机

平地机属于连续作业的轮式土方施工机械，利用刮刀平整地面的土方机械。刮刀装在机械前后轮轴之间，能升降、倾斜、回转和外伸。动作灵活准确，操纵方便，平整场地有较高的精度，适用于构筑路基和路面、修筑边坡、开挖边沟，也可搅拌路面混合料、扫除积雪、推送散粒物料以及进行土路和碎石路的养护工作。

1. 分类

平地机有双轴式和三轴式两种，常用的为三轴式，其后桥为双轴四轮，有平衡器，使各轮受力均衡，前桥为单轴双轮，装有差速器，以利转向。三轴平地机行驶平稳，平整作业效果好，即使在单侧负荷下仍能保持直线行驶，生产效率高，广泛用于各种土建工程的施工中。

2. 构造

平地机的刮刀通过两个托架装在回转环下，回转环可以转动，以调节刮刀的位置。回转环的支架呈三角形，其前端铰装在主机架前部，后端两角分别用升降液压缸悬挂在主机架中部，同时又与主机架上的倾斜液压缸相铰接，因而，可以使刮刀升降、倾斜或倾斜伸出于主机纵轴线一侧，以平整道路边坡。刮刀还可以调整位置，进行垂直边坡的平整。刮刀可接长，也可用螺栓、铰链和拉杆加装刮沟刀。刮沟刀有不同形状，可开挖三角形或梯形断面的边沟。刮刀前面，常装有可升降的松土耙，以耙松坚实土壤，便于刮刀作平整作业。主机前端还可装推土刀，也可装扫雪器、犁扬器等附加装置。平地机常采用液压机械传动，发动机的动力经液力变矩器和变速箱输出，有多挡行走速度，其从动转向轮装有倾斜机构，使轮子倾斜，以提高平地机在斜坡上工作运行时的稳定性。大型平地机还采用铰接机架，转弯半径小，机动性更高。见图5-5。

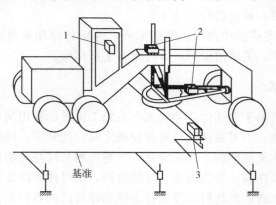

图 5-5 平地机结构示意

1—控制箱；2—液压伺服装置横向斜度控制器；3—纵向刮平控制器

3. 性能

平地机的主要技术参数是发动机功率和刮刀长度。表 5-5 为几种国内外平地机的主要技术性能表。

表 5-5　平地机的主要技术性能参数

项目＼型号		PY160A	PY180	PY250 (16G)	140G	GD505 A-2	BG300 A-1	MG150
型式		整体	铰接	铰接	铰接	铰接	铰接	铰接
标定功率/kW		119	132	186	112	97	56	68
铲刀	宽×高/mm×mm	3705× 555	3965× 610	4877× 78	3658× 610	3710× 655	3100× 580	3100× 585
	提升高度/mm	540	480	419	464	430	330	340
	切土深度/mm	500	500	470	438	505	270	285
前桥摆动角(左、右)		16°	15°	18°	32°	30°	26°	—
前轮转向角(左、右)		50°	45°	50°	50°	36°	36.6°	48°
前轮倾斜角(左、右)		18°	17°	18°	18°	20°	19°	20°
最小转弯半径/mm		800	7800	8600	7300	6600	5500	5900
最大行驶速度/(km/h)		35.1	39.4	42.1	41	43.4	30.4	34.1
最大牵引力/kN		78	156					
整机重量/t		14.7	15.4	24.85	13.54	10.88	7.5	9.56
外形尺寸(长×宽×高) /mm×mm×mm		8146× 2575× 3253	10280× 2593× 3305	1014× 2140× 3537				

4. 安全操作规程

（1）作业人员必须经培训、考试合格并取得有效特种设备操作证后方可上岗。操作手在操作前，应了解本机主要性能，操作要领及各种维修保养方法。

（2）在公路上行驶时，须持有公安部门核发的与准驾车辆相同类型的机动车驾驶证，并做到自觉遵守道路交通规则，刮刀和松土器应提起，刮刀不得伸出左侧，速度不得超过 10km/h。夜间不宜作业。

（3）刮刀的回转和铲土角的调整以及向机外侧斜都必须在停机时进行。作业中刮刀升降差不得过大。

（4）遇到坚硬土质需要齿耙翻松时，应缓慢下齿。不宜使用齿耙翻松坚硬旧路面。

（5）在坡道上停放时，应使车头向下坡方向，并将刀片轻轻压入土中。

（6）下坡行驶时，严禁柴油机熄火和挂空挡行驶。

（7）工作时，除驾驶室外，其他地方不得乘坐人员。

（8）注意防火。

（9）使用油料，应符合规定的牌号和质量标准。

（10）平地机自重大，制动距离长，高速行驶时要提高警惕，出现险情时应及早制动。

（11）每天工作完毕，都要对平地机进行保养。

5. 维护保养及要求

（1）对液压油性能的要求

在液压传动中，液压油既是传递动力的介质，又是润滑剂，在部分元件中又起密封作用，系统中的热量也是通过油液扩散出去的，因此又起到散热作用。因此，为保证液压系统可靠、有效、经济地工作，液压油必须符合以下几点要求：

① 适当的黏度。黏度表示油液流动时分子间摩擦阻力的大小。黏度过大时油液流动时阻力大，能量损失大，系统效率降低。此外，主机空载损失加大，温升快且工作温度高，在主泵吸油端易出现"空穴"现象。黏度过小则不能保证液压元件良好的润滑条件，加剧元件的磨损，泄漏增加，液压系统效率也要降低。

② 良好的黏温特性。黏温特性是指油液黏度升降随温度而变化的程度，通常用黏度指数表示。黏度指数越大，液压系统工作中油液黏度随温度升高下降越小，从而使液压系统的内漏不致过大。黏度指数一般不得低于 90。

③ 良好的抗磨性及润滑性。目的是为了降低机械摩擦，保证在不同的压力、速度和温度等条件下都有足够的油膜强度。

④ 较高的化学反应稳定性能，不易氧化和变质。实践证明，油温每升高 10℃，其化学反应速度提高约 1 倍。抗氧化安定性好的液压油长时间使用不易发生氧化变质，可以保证液压油的正常循环。

⑤ 质量应纯净，应尽量减小机械杂质、水分和灰尘等的含量。

⑥ 对密封件的影响要小。

⑦ 抗乳化性要好，不易引起泡沫。抗乳化性是指油液中混入了水并经搅动后不成为乳化液、水从其中分离出来的能力。抗泡沫性是指油液中混入空气并经搅动后不生成乳状液、气泡从油中分离出来的能力。混入水或空气后降低了液压油的容积模数，可压缩性增大，液压元件动作迟缓，并易产生冲击和振动。

⑧ 防锈性能好。液压油覆盖在零件表面，避免其被氧化锈蚀。

⑨ 抗剪力安定性好。为改善油液的黏度指数，油液中往往加入聚甲基丙烯酯，聚异丁烯等高分子聚合物，这些物质分子链较长，油液流经液压元件的狭缝时受到很大的剪切作用，往往会使分子断链，油液黏温特性下降。

⑩ 燃点、闪点应满足环境温度，挥发性要小，以确保液压油使用安全。

（2）液压油的污染原因及危害

① 污染物的来源

a. 新油中的污染物。虽然液压油是在比较清洁的条件下提炼加工而成的，但在运输和储存的过程中受到管道、油桶和储油罐的污染，油液中会混入一些灰尘、砂土、铁锈、水分和其他液体等；

b. 元件和系统中残留的污染物。液压元件和液压系统在加工、装配和清洗过程中会由于清理工作进行得不彻底而残留一些污染物；

c. 外界侵入污染物。液压元件以及机械工作过程中，由于油箱密封不完善，元件密封和防护装置损坏等原因，由系统外部侵入些污染物，如灰尘、砂土、水分等；

d. 液压系统内部生成的污染物。液压系统在工作中自身会生成一些固态颗粒污染物，其中既有液压元件磨损和腐蚀而产生的金属颗粒或橡胶粉末，又有油液氧化产生的污染物等。

② 液压油污染的危害

a. 污染物常使节流阀和压力阻尼孔时堵时通，甚至将阀芯卡住，引起液压系统工作压力和速度不时变化，影响其正常工作；

b. 加速液压泵及马达、阀组的磨损，引起内泄漏量的增加；

c. 混入液压油中的水分腐蚀金属，并加速液压油老化变质；

d. 混入液压油中的空气会引起噪声、振动、爬行、气蚀和冲击现象，从而恶化液压系统的工作性能。

③ 液压油的维护

a. 防止油液污染。平地机所用的各种泵、阀类元件中，相对运动件间的配合间隙及工作表面均较小，液压元件中还有不少阻尼孔和缝隙式控制阀口等，若油液中混入污物，就会发生阻塞现象，甚至划伤配合表面，增加泄漏，甚至卡住阀芯，造成元件动作失灵。因此保持油液清洁是液压系统维护的关键；

b. 液压油必须经过严格的过滤，向液压油箱中注油时，应通过 120 目以上的滤油器；

c. 定期检查油液的清洁度，并根据工作情况定期更换，更换时应尽可能地把液压系统内存的 40L 左右的油液排出。其中，使用系统外循环的方法可操作性比较强。其方法是，先把油箱、散热器中的废油放掉，然后加注新油。把进入到油箱中的回油管拆下，启动发动机，使废油从回油管中完全流出后便可。特别强调的是，应及时观察油箱内油面的变化，应保证油面的安全高度。换用新油时应同时更换滤清器的滤芯；

d. 液压元件不要轻易拆卸，如必须拆卸，应将零件用煤油或柴油清洗后放在干净的地方，避免重新装配时杂质的混入。

第三节　压 实 机 械

一、压路机

压路机又称压土机，是一种修路的设备。压路机在工程机械中属于道路设备的范畴，广泛用于高等级公路、铁路、机场跑道、大坝、体育场等大型工程项目的填方压实作业，可以碾压沙性、半黏性及黏性土壤、路基稳定土及沥青混凝土路面层。压路机以机械本身的重力作用，适用于各种压实作业，使被碾压层产生永久变形而密实。压路机又分钢轮式和轮胎式两类。见图5-6。

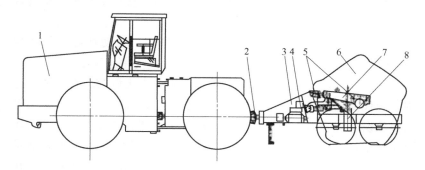

图 5-6　5YCT20 型冲击式压实机

1—牵引车；2—牵引装置；3—机架；4—缓冲蓄能装置；5—双向缓冲减振机构；
6—冲击轮；7—摆架；8—举升机构

1. 分类

碾轮构造有光碾、槽碾和羊足碾等。光碾应用最普遍，主要用于路面面层压实。采用机械或液压传动，能集中力量压实突起部分，压实平整度高，适于沥青路面压实作业。

（1）按轮轴布置有单轴单轮、双轴双轮、双轴三轮和三轴三轮等。以内燃机为动力，采用机械传动或液压传动。一般前轮转向，机动性好，后轮驱动。为改善转向及碾压性能，宜采用铰接式转向结构和全轮驱动。前轮框架和机架铰接，以减小路面不平时的机身摆动。后轮和机架为刚性连接。采用液压操纵、用液压缸控制转向。前后碾轮均装有刮板以清除碾轮上粘结物。还装有喷水系统，用于压实沥青路面时，对碾轮洒水以防沥青混合料粘附。为增大作用力还可在碾轮内加装铁、砂、水等加大压重。

钢轮式压路机的主要技术参数是机重和线压力。20 世纪 80 年代各种钢轮式压路机机重范围约为：两轮压路机 2～13t，三轮压路机 1～15t，按需要可加压重 1～3t；三轴三轮压路机 13～14t，加压重后为 18～19t。

（2）碾轮采用充气轮胎，一般装前轮 3～5 个，后轮 4～6 个。如改变充气压力可改变接地压力，压力调节范围为 0.11～1.05MPa。轮胎式压路机采用液压、液力或机械传动系统，单轴或全轴驱动，宽基轮胎铰接式车架结构三点支承。压实过程有揉搓作用，使压实层颗粒不破坏而相嵌，均匀密实。机动性好，行速快（可达 25km/h），用于道路、飞机场等工程垫层的压实。

（3）拖式振动压路机可以有效地压实各类土壤及岩石填方，适用于现代高速公路、机场、路堤填方、海港、堤坝、铁路、矿山等工程建设施工。由于凸块形似羊足故称羊足碾，亦称羊脚碾。凸块形状有羊足形、圆柱形及方柱形等。滚筒轴支承于牵引机架轴承上，扩大使用范围。滚筒内可装水、砂或铁砂以增加碾压重量。在滚筒前后的机架下方装有梳状刮板，以清除凸块间粘嵌的泥块。

（4）拖式羊足碾由牵引机拖行。自行式羊足碾也称捣实压路机。羊足碾单位压力大，使填料均匀，有捣实作用，压实度大，尤其对于硬性黏土，适用于压实黏性土壤及碎石层。尤其对于硬性黏土，凸块有搅拌、揉搓和捣实作用，使填料均匀，上下铺层粘结好避免分层。广泛用于路基、垫层和堤坝等工程的压实。

（5）自行式羊足碾在滚筒中还可装激振装置，制成振动捣实压路机，利用激振力增大压实效果，滚筒内可装水、砂或铁砂以增加碾压重量。扩大使用范围。

2. 压路机的低温影响和维护保养

（1）低温影响。低温使发动机启动困难，其主要原因是润滑油黏度增大、蓄电池工作能力下降和燃油雾化不良。

机油的黏度随着温度降低而增大，流动性能变差，从而使发动机润滑条件变坏，曲轴的转动阻力增大。

蓄电池在低温时，电解液的黏度也增大，渗透能力下降，内电阻增加使蓄电池容量及端电压显著下降，甚至不能放电。电压降低使启动机得不到所需的输出功率，难于达到启动转速的要求。

由于低温使发动机启动的曲轴转速不高，进气管温度和气体流速都低，燃油的雾化质量差，又进一步给发动机启动增加了困难。

在低温条件下，各种油液的黏度大、流动性差，给压路机的运行带来了困难，并且加剧了机件的磨损。

润滑油的黏度大，机构运转时的搅油功率损失增加，使发动机功率下降，传动系统的效率低下，从而降低了压路机行走和激振机构的驱动能力。

润滑油的流动性差，给某些部件的润滑增加了困难，降低了润滑效果，从而加剧了发动机和传动部件的机件磨损。

工作油液的黏度大，还加大了管路的阻力，使液压转向操纵困难，液压驱动制动器的效能变差、给行车增加了困难，对安全驾驶产生了不利的影响。

在寒冷季节施工还有普遍存在的冰冻危害，例如：蓄电池的电解液冻结会使其终止工作；水冷发动机的冷却水结冰会冻裂散热器和汽缸体。

（2）维护保养。在这里以振动压路机为例，介绍维护保养的时间周期和技术要求。见表 5-6。

表 5-6 振动压路机的维护保养

项目	技术要求
日保养 （运行 10h）	(1)侧转动齿轮加油； (2)对主离合器和手制动器进行调试； (3)调节刮泥板； (4)洒水箱加水； (5)检查操纵连接杆

项目	技术要求
周保养 (运行 50h)	(1)紧固侧转动齿轮； (2)对驱动链条加油； (3)液压油箱加油； (4)轮胎补气； (5)紧固轮毂螺母和振动器螺栓； (6)检查橡胶减振器； (7)对主离合器轴承、铰接架轴承、转向液压缸支座、万向节轴承和摇摆铰销进行加油
半月保养 (运行 100h)	(1)对振动轮减速器和激振器油室加油； (2)对侧轮传动齿轮、液压油冷却器和主离合器进行清污； (3)调节离合器分离杆； (4)调整脚制动器； (5)对液压驱动进行加油； (6)气压驱动要排水、排气； (7)清洗水过滤器； (8)润滑操纵连接件； (9)对仪表进行擦洗
月保养 (运行 200h)	(1)对风动箱、变速器、驱动桥、侧传动轴承、驱动轮轴承、转向轮轴承和专项轴承加油； (2)张紧驱动链条； (3)液压油箱排水； (4)更换液压油过滤器
三个月 (运行 500h)	更换油箱空气滤清器
六个月 (运行 1000h)	对振动论减速器和激振器油室进行换油
年保养 (运行 2000h)	对分动箱、变速器、驱动桥和液压油箱进行换油

3. 安全操作规程

（1）作业时，压路机应先起步后才能起振，内燃机应先进行中速行驶，然后再调至高速行驶。

（2）变速与换向时应先停机，变速时应先降低内燃机转速。

（3）严禁压路机在坚实的地面上进行振动。

（4）碾压松软路基时，应先在不振动的情况下碾压 1～2 遍，然后再振动碾压。

（5）碾压时，振动频率应保持一致。对可调整的振动压路机，应先调好振动频率后再作业，不得在没有起振情况下调整振动频率。

（6）换向离合器、起振离合器和制动器的调整，应在主离合器脱开后进行。

（7）上、下坡时，不能使用快速挡。在急转弯时，包括铰接式振动压路机在小转弯绕圈碾压时，严禁使用快速挡。

（8）压路机在高速行驶时不得开启振动系统。

（9）停机时应先停振，然后将换向机构置于中间位置，变速器置于空挡，最后拉起手制动操纵杆，内燃机怠速运转数分钟后熄火。

（10）其他作业要求应符合静压压路机的规定。

① 无论是上坡还是下坡，沥青混合料底下一层必须清洁干燥，而且一定要喷洒沥青结合层，以避免混合料在碾压时滑移。

② 无论是上坡碾压还是下坡碾压，压路机的驱动轮均应在后面。这样做有以下优点：上坡时，后面的驱动轮可以承受坡道及机器自身所提供的驱动力，同时前轮对路面进行初步压实，以承受驱动轮所产生的较大的剪切力；下坡时，压路机自重所产生的冲击力是靠驱动轮的制动来抵消的，只有经前轮碾压后的混合料才有支承后驱动轮产生剪切力的能力。

③ 上坡碾压时，压路机起步、停止和加速都要平稳，避免速度过高或过低。

④ 上坡碾压前，应使混合料冷却到规定的低限温度，而后进行静力预压，待混合料温度降到下限（120℃）时，才采用振动压实。

⑤ 下坡碾压应避免突然变速和制动。

⑥ 在坡度很陡情况下进行下坡碾压时，应先使用轻型压路机

进行预压，而后再用重型压路机或振动压路机进行压实。

二、打夯机

1. 蛙式打夯机

蛙式打夯机（简称蛙夯）是建筑施工中常用的小型压实机械，是利用偏心块旋转产生离心力的冲击作用进行夯实作业。其结构简单、工作可靠、操作方便、经久耐用，因而广泛用于公路、建筑、水利等施工工程。

（1）结构。蛙夯虽有不同型式，但结构基本相同，主要由机械结构和电气控制两部分组成。机械部分主要由夯架与夯架装置，前轴装置、传动轴装置、托盘、操纵手柄组成；电气控制部分包括电动机、开关控制及胶皮电缆。见图 5-7。

图 5-7　打夯机结构示意

（2）性能。蛙夯主要性能见表 5-7。

表 5-7　蛙夯主要性能

项目	机型		
	HW-20	HW-26	HW-60
机重/kg	125	151	280
夯击次数/(次/min)	140～150	145～146	140～150
电机功率/kW	1.5	1.5～2.5	2.8

（3）安全操作规程

① 蛙夯只适用于夯实灰土、素土地基及场地平整工作，不能用于夯实坚硬、软硬不均或地表温度相差较大的地面，更不得夯打混有碎石、碎砖的杂土。

② 操作人员应穿戴好绝缘用具。

③ 在使用前，应对机械各部件认真检查和试夯。试夯正常，将蛙夯置于夯路起点。动力软线须放置妥善，不可扭结。

④ 作业前，应对工作面进行清理排除障碍，搬运蛙夯到沟槽中作业时，应使用起重设备，上下槽时选用跳板。

⑤ 无论在工作之前和工作中，凡需搬运蛙夯，必须切断电源，不准带电搬运，以防造成蛙夯误动作。蛙夯属于手持移动式电动工具，必须按照电气规定，在电源首端装设漏电保护器，并对蛙夯外壳做好保护接地。

⑥ 蛙夯操作必须有两个人，一人扶夯一人提电线，提线人也必须穿戴好绝缘用具，两人要密切配合，防止拉线过紧和夯打在线路上造成事故。

⑦ 蛙夯的电气开关与人拿拖动线处的连接，要随时进行检查，避免人拿拖动线处因震动、磨损等原因导致松动或绝缘失效。

⑧ 在夯打室内土时，夯头要躲开墙基础，防止因夯头处地面软硬度相差过大，砸断电线。

⑨ 两台以上蛙夯同时作业时，左右间距不小于 5m，前后不小于 10m。相互间的胶皮电缆不要缠绕交叉，且远离夯头。

⑩ 蛙夯一般每连续工作 2h 左右，应停机检查 1 次。检查机械各部件螺栓是否松动，V 形带松紧是否合适，电动机是否发热等。检查中如果发现问题，应及时解决，确保施工安全。

（4）蛙夯的维护保养。蛙夯的维护保养见表 5-8。

（5）蛙夯常见故障及排除方法见表 5-9。

2. 内燃式打夯机

内燃式打夯机是以内燃机作动力，适用于建筑工地沟槽、基槽的打夯机。

表 5-8　蛙式打夯机的维护保养

保养级别 （工作时间）	工作内容	备注
以及保养 （60～300h）	1)全面清洗外部 2)检查传动轴轴承、大带轮轴承的磨损程度，必要时拆卸修理或更换 3)检查偏心块的连接是否牢固 4)检查大带轮及固定套是否有严重的轴向窜动 5)检查动力线是否发生折损和破裂 6)调整 V 型带的松紧度 7)全面润滑	轴承松旷不及时修理或更换会使传动轴摇摆不稳。动力线发生折损和破裂容易发生漏电
二级保养 （400h）	1)进行一级保养的全部工作内容 2)拆检电动机、传动轴、前轴、并对轴承、轴套进行清洗和换油 3)检查夯架、托盘、操纵手柄、前轴、偏心套等是否有变形、裂纹和严重磨损 4)检查电动机和电气开关的绝缘程度，更换破损的导线	如轴承磨损过度时，须修理或更换。对发现的各种缺陷应及时修好

表 5-9　蛙夯常见故障及排除方法

故障现象	产生原因	排除方法
夯击次数减少，夯头抬起高度降低，夯击力下降	V 型带松弛	进行张紧调整
轴承过热	缺少润滑油(脂)	及时补充润滑油(脂)
托盘行走不顺利、不稳定、夯机摆动	托盘底部粘带泥土过多	清理
托盘前进距离不准	V 型带松弛	进行张紧调整
夯机工作中有杂音	螺栓松动、弹簧垫片折断	旋紧螺母、更换垫片
前轴左、右窜动	轴的定位挡套磨损或轴连接松旷	更换磨损件、紧固前轴
夯机向一边偏斜	设计不佳，夯机重量左、右不均	可将电动机重新安装(左、右调整位置，需更换机座)

（1）结构。内燃式打夯机由燃料供给系统、点火系统、配气机构、夯身、夯头及操纵机械等部分构成。

（2）性能。内燃式打夯机主要型式和技术性能见表 5-10。

表 5-10　内燃式打夯机的主要型式和技术性能

性能	HB-80 型 （HN-80，H7-80）	HB-120 型 （HN-120，H7-120）
机重/kg	85	120
夯机能量/N·m	300	
夯头面积/m²	0.042	0.051
夯头直径/mm		265
夯击次数/（次/min）	60	60～70
跳起高度/mm	300～500	300～500
汽缸直径/mm		146
生产率/（m²/h）	55～83	—
外形尺寸/mm×mm(高×宽)	1230×554	1180×380(410)
燃料配比（汽油：机油）	90 号汽油：40 号 机油（16：1）	90 号汽油：40 号 机油（16：1～20：1）
燃料消耗量/（mL/h）	汽油 664。 汽油机油 41.5	
油箱容积/（mL/h）	1.7	2
润滑方式	机油混入汽油	机油混入汽油

（3）安全操作规程

① 使用前将打夯机立放在平整的地面上，按启动方式上下按动（或提拉）手柄使机械作"空车"试运转，并注意检查各部连接有无松动，特别是气门导杆的开口销不能脱落，否则会使气门掉入汽缸中，造成事故。

② 当"空车"检查无误后，可加注按一定比例混合配制的燃油，并擦净机身上的油渍，将机械移动到夯实地点，摆正停稳，即可进行启动工作。

③ 夯机启动时、启动后要特别注意内燃式打夯机的起跳和振摆，以免误伤操作人员的头部和胸部。

④ 在工作中要移动夯击位置时，操作人员只需将打夯机向需要移动的方向倾斜，即可使其自行跳进。

⑤ 内燃式打夯机所使用的燃料，一般为 90 号汽油与 40 号机油的混合物，汽油与机油的比例为 16∶1，当工作时间较长或在炎热的夏季使用时，机油的比例应适当提高。加油或启动时流落在机身上的燃料应及时擦净，操作时亦不得引入火种，混配燃料或加油时禁止吸烟，以免引起火灾。

⑥ 在夯击暂停工作时，为避免发生偶然点火，使夯击突然跳动造成事故，必须旋上保险手柄。

⑦ 工作结束后，应旋紧保险手柄，关闭油路开关，旋紧汽化器的顶针，拆掉火花塞上的导线并清除油箱中的燃油，将机身清洁后套上防雨防尘布罩，用专用小车送至保管处。

⑧ 使用中要注意防止水分浸入，保管中亦要防止受潮，如需长期停放，应拆卸保养并涂以防锈油脂后再组装起来存放。

（4）维护与检修。内燃式打夯机除日常保养外，可安排一、二级定期保养和一个周期性的大修。见表 5-11。

表 5-11　内燃式打夯机的维护与检修

保修类型 （工作小时）	工作内容	备注
以及保养 （200h）	全面清洗外部	更换损坏件。因混合气是未经压缩的，点活性较差，为使火花塞有足够的电流击穿强度，其电极间隙应保持为 1.5～2mm，否则会使启动困难。活塞环比较脆，注意勿使其折断过大、过小均影响启动。使用耐高温的润滑脂
	拆除清洗并检查缸盖、缸套、连杆、夯锤、夯足和各部连接螺栓、螺母等	
	清除活塞和火花塞上的积炭，调整火花塞的电极间隙为 1.5～2mm	
	调整活塞环的开口位置，使开口交错排列，以保证汽缸有一定的气密性	
	调整磁电机白金触头的间隙，使其为0.35～0.4mm	
	检查汽化器的密封性，以防使用中漏油	
	润滑缸套内壁和内部滑动与转动部分，然后组装	

保修类型 （工作小时）	工作内容	备注
二级保养 （400h）	进行一级保养中的全部工作内容	当密封装置磨损和衬套与连杆之间的间隙超过1mm时，会使活塞下部的空气漏失，降低气压，使夯足跳起高度下降，并影响废气的排除
	检查内弹簧的弹力，必要时应予更换	
	检查缸内法兰盘上的密封装置和夯锤衬套的磨损情况，必要时应予更换	
大修理 （2400h）	全面拆检打夯机，更换磨损件	

第四节　桩 工 机 械

一、柴油打桩机

1. 柴油锤按其构造形式分导杆式和筒式

（1）导杆式柴油锤。导杆式柴油锤以柱塞为锤座压在桩帽上，以汽缸为锤头沿两根导杆升降。打桩时，先将桩吊到桩架龙门中就位，再将柴油锤搁在桩顶，降下吊钩将汽缸吊起，又脱开吊钩让汽缸下落套入柱塞，将封闭在汽缸内的空气进行压缩。汽缸继续下落，直到缸体外的压销推压锤座上燃油泵的摇杆时，燃油泵就将油雾喷入缸内，油雾遇到燃点以上的高温气体，当即发生燃爆，爆发力向下冲击使桩下沉，向上顶推，使汽缸回升，待汽缸重新沿导杆坠落时，又开始第二次冲击循环。

（2）筒式柴油锤。筒式柴油锤以汽缸作为锤座，并直接用加长了的缸筒内壁导向，省去了两根导杆，柱塞是锤头，可在汽缸中上下运动。打桩时，将锤座下部的桩帽压在桩顶上，用吊钩提升柱塞，然后脱钩往下冲击，压缩封闭在汽缸中的空气，并进行喷油、爆发、冲击、换气等工作过程。柴油锤的工作是靠压燃柴油来启动的，因此必须保证汽缸内的封闭气体达到一定的压缩比，有时在软土地层上打桩时，往往由于反作用力过小，压缩量不够而无法引燃起爆，就需要用吊钩多次吊起锤头脱钩冲击，才能启动。柴油锤的锤座上附有燃油喷射泵、油箱、冷却水箱及桩帽。柱塞和缸筒之间的活动间隙用弹性柱塞环密封。

（3）桩架。利用冲击力将桩打入地层的桩工机械。由桩锤、桩架及附属设备等组成。桩锤依附在桩架前部两根平行的竖直导杆（俗称龙门）之间，用提升吊钩吊升。桩架为一钢结构塔架，在其后部设有卷扬机，用以起吊桩和桩锤，桩架前面有两根导杆组成的导向架，用以控制打桩方向，使桩按照设计方位准确地打入地层。塔架和导向架可以一起偏斜，用以打斜桩。导向架还能沿塔架向下引伸，用以沿堤岸或码头打水下桩。桩架能转动，也能移行。打桩机的基本技术参数是冲击部分重量、冲击动能和冲击频率。桩锤按运动的动力来源可分为落锤、气锤、柴油锤、液压锤等。

（4）落锤打桩机。桩锤是一钢质重块，由卷扬机用吊钩提升，脱钩后沿导向架自由下落。而气锤打桩机桩锤是由锤头和锤座组成，以蒸汽或压缩空气为动力，有单动汽锤和双动汽锤两种。单动汽锤以柱塞或汽缸作为锤头，蒸汽驱动锤头上升，而后任其沿锤座的导杆下落而打桩。双动汽锤一般是由加重的柱塞作为锤头，以汽缸作为锤座，蒸汽驱动锤头上升，再驱动锤头向下冲击打桩。上下往复的速度快，频率高，使桩打入地层时发生振动，可以减小摩擦阻力，打桩效果好。双向不等作用力的差动汽锤，其锤座重量轻，有效冲击重量可相对增大，性能更好。汽锤的进排汽旋阀的换向可由人工控制，也可由装在锤头一侧并随锤头升降的凸缘操纵杆自动控制，两种方式都可以调节汽锤的冲击行程。

2. 性能

导杆式柴油锤和筒式柴油锤的性能见表 5-12。

3. 安全操作规程

（1）打桩机行走与回转、吊桩、吊锤不应同时进行。打桩机在吊桩后不应全程回转或行走。

表 5-12　导杆式柴油锤和筒式柴油锤的性能

名称	单位	型号									
		DD6	DD18	DD25	D12	D25	D36	D40	D50	D60	D72
冲击体重	kN				12	25	36	40	50	60	72
冲击能量	kN·m	7.5	14	30	30	62.5	120	100	125	160	180
冲击次数	次/min				40~60	40~60	36~46	40~60	40~60	35~60	40~60
燃油消耗	L/h				6.5	18.5	12.5	24	28	30	43
冲程	m				2.5	2.5	3.4	2.5	2.5	2.67	2.5
锤总重	kN	12.5	31	42	2.7	65	84	93	105	150	180
锤总高	m	3.5	4.2	4.5	3.83	4.87	5.28	4.87	5.28	5.77	5.9

（2）打桩机不允许侧面吊桩和远距离拖桩。正前方吊桩时，对混凝土预制的水平距离不应大于 4m，对于钢桩不应大于 7m，并应防止桩与立柱碰撞。

（3）双导向立柱的打桩架作业时，待立柱转向到位，并将立柱锁住后，方可进行作业。

（4）柴油锤启动前，应使桩锤、桩帽和桩在同一轴线上，不应偏心打桩。

（5）在软土打桩时，应先关闭油门冷打，待每击贯入度小于 100mm 时，方可启动桩锤。

（6）柴油锤启动后，应提升起落架，在锤击过程中起落架与筒式锤上汽缸顶部之间的距离不应小于 2m。

（7）柴油锤运行时，应目测冲击部分的跳起高度，严格执行使用说明书的要求，达到规定高度时应减小油门，控制冲击部分的行程。

（8）作业过程中，应经常注意土层变化和打桩机的运转情况，发现异常及时采取必要措施。

（9）柴油锤出现早燃时，应停止工作，按使用说明书的要求进行处理。

（10）筒式锤上活塞跳起时，应观察是否有润滑油从泄油孔流出。下活塞的润滑油应按使用说明书的要求加注。

（11）水冷式柴油锤连续工作时，应保证足够的冷却水，不应在无水情况下工作。

（12）作业时，柴油锤最终 10 次的贯入度应符合使用说明书的规定，当每 10 次贯入度小于 20mm 时，宜停止锤击或更换桩锤。

（13）打桩过程中，不应进行润滑和修理工作。

（14）打桩机吊锤（桩）时，锤（桩）的最高点与立柱顶部的最小距离应在安全范围内，确保安全。

（15）插桩后应及时校正桩的垂直度，桩入土 3m 后，不应采取桩架行走或回转进行纠正。

（16）打斜桩时，应先使立桩垂直，将桩吊入固定，然后开始后倾，在后倾 18.5°时，不应提升柴油锤。履带三支点式桩架在后倾打斜桩时，应使用后支腿油缸；轨道式桩架应在平台后增加支撑，并夹紧夹轨器。

（17）打桩机行走时，应将柴油锤降至最低位置，坡度要符合使用说明书的规定。自行式打桩机行走时应有专人指挥，在坡道上行走时应将重心移至坡道上方；走管式打桩机横移至滚管终端的距离不应小于 1m。

（18）作业时，回转制动应缓慢，轨道式和步履式桩架同向连续回转不应大于 360°。

（19）作业中应经常检查各紧固件是否松动，各运动件是否灵活。柴油锤打桩机作业后注意事项。

① 作业后，柴油锤打桩机应停放在坚实平整的地面，柴油锤应放在地面的垫板或已打入地下的桩上，关闭燃油开关，筒式锤应放净冷却水，装上汽缸盖、吸排气盖、安全螺钉等，并装上安全卡板。桩架应将操纵杆置于停止位置，锁住安全、制动位置。

② 轨道式桩架不工作时应夹紧夹轨器。

③ 桩架落架时，应先检查卷扬机制动性能，然后按使用说明书规定的程序操作。

④ 长期停用时，应卸下柴油锤，装上安全卡板，将柴油锤的燃油、润滑油和冷却水全部放掉，清洗燃烧室，在球碗上涂防锈油，并采取防雨措施。

（20）作业后，柴油锤打桩机应停放在坚实平整的地面，柴油锤应放在地面的垫板或已打入地下的桩上，关闭燃油开关，筒式锤应放净冷却水，装上汽缸盖、吸排气盖、安全螺钉等，并装上安全卡板。桩架应将操纵杆置于停止位置，锁住制动装置。

（21）轨道式桩架不工作时应夹紧夹轨器。

（22）桩架落架时，应先检查卷扬机制动性能，然后按使用说明书规定的程序操作。

（23）长期停用时，应卸下柴油锤，装上安全卡板，将柴油锤的燃油、润滑油和冷却水全部放掉，清洗燃烧室，在球碗上涂防锈油，并采取防雨措施。

4. 常见故障及排除方法

柴油锤常见故障及排除方法见表 5-13。

表 5-13　柴油锤常见故障及排除方法

故障现象	故障原因	排除方法
桩锤不能启动	土质软,桩的阻力小	关闭油门,将桩锤进行几次空打使桩有阻力;应拉动曲轴控制绳多供油一次,连续数次即可
	外界温度过低	关闭油门,突击几次,以提高汽缸内温度后启动。或打开检查孔旋盖,放入浸有乙醚的棉纱,旋紧旋盖后启动,水箱内应加热水
	砧块凹形球碗有水	打开检查钢丝堵,清洗干净
突然停止运动	燃油不足	向燃油箱加油
	有关堵塞	清洗油管
	上活塞环卡死	打开清洗修复或更换活塞环

故障现象	故障原因	排除方法
桩锤不能正常工作	油管内有空气	拆开油管,拉动曲臂以排除空气
	供油泵柱塞副间隙过大	更换柱塞副
	供油泵曲臂严重磨损	更换或修复曲臂
	单向阀漏油	更换橡胶锥头或进油阀
	砧块球碗有异物	清洗球碗
	润滑油流进球碗过多	调整润滑油油量
	汽缸磨损过大	修复汽缸或更换加大活塞环
	冲击球头球面,麻点过多	修复球头、球碗
桩锤不能停止运转	供油泵内部回路堵塞	清洗供油泵
	供油泵调节阀位置不正确	松开调节阀压板,调整调节阀位置
排气为黑色	燃油过多	调节供油量
	燃油不纯	更换燃油
废气从缓冲橡胶垫喷出	活塞环失去弹力	更换活塞环
	润滑油不足,活塞环卡死	观察加油泵是否出油,或人工向油嘴加油
上活塞跳起过高	燃油过多	调节供油量
	土质太硬	贯入度控制在每锤击 10 次为 20mm

二、振动打桩机

振动打桩机是利用其高频振动,以高加速度振动桩身,将机械产生的垂直振动传给桩体,导致桩周围的土体结构因振动发生变化,强度降低。桩身周围土体液化,减小桩侧与土体的摩擦阻力,然后以打桩机机下压力、振动沉拔锤与桩身自重将桩沉入土中。拔桩时,在一边振动的情况下,以打桩机上提力将桩拔起。打桩机械所需要的激振力要根据场地土层、土质、含水量及桩的种类、构造而综合确定。

1. 振动桩锤的构造

主要由电动机、振动器、夹桩器和吸振器组成。

（1）振动器。主要由电动机带动的装有偏心块转轴组成。通常是用两根轴以相同的速度、相反的方向转动产生振动。

（2）夹桩器。振动锤工作时，必须与桩进行刚性相连，使桩与振动锤成为一个整体，因此，振动锤下部都有夹桩器装置。大型振动锤采用液压夹桩器，夹持力大，操作迅速。

（3）吸振器。由弹簧组成，小型振动锤采用橡胶制成。吸振器安置在吊钩与振锤之间，在拔桩时，可吸收振动锤传给桩架或起重机的垂直振动力。

2. 性能

振动桩锤的技术性能见表 5-14。

表 5-14　振动桩锤的技术性能

性能指标 ＼ 产品型号	DZ22	DZ90	DZJ60	DZJ90	DZJ240	VM2-2000E	VM2-1000E
电动机功率/kW	22	90	60	90	240	60	394
静偏心力矩/N·m	13.2	120	0～353	0～403	0～3528	300、260	600、800、1000
激振力/kN	100	350	0～477	0～546	0～1822	335、402	699、894、1119
振动频率/Hz	14	8.5					
空载幅度/mm	6.8	22	0～7.0	0～6.6	0～12.2	7.8、9.4	8、10.6、13.3
允许拔桩力/kN	80	240	215	254	686	250	500

3. 安全操作规程

（1）作业场地至电源变压器或供电主干线和距离应在 200m 以内。作业区应有明显标志或围栏，非工作人员不得进入。

（2）电源容量与导线截面应符合出厂使用说明书的规定。启动时，当电动机额定电压变动在 $-5\%～+10\%$ 的范围内时，可以额定功率连续运行；当超过时，则应控制负荷。

（3）液压箱、电气箱置于安全平坦的地方。电气箱和电动机必须安装保护接地设施。

（4）长期停放重新使用前，应测定电动机的绝缘值，且不得小于 0.5MΩ，并应对电缆芯线进行导通试验。电缆外包橡胶层应完好无损。

（5）应检查并确认电气箱内各部件完好，接触无松动，接触器触点无烧毛现象。

（6）作业前，应检查振动桩锤减振器与连接螺栓的紧固性，不得在螺栓松动或缺件的状态下启动。

（7）应检查并确认振动箱内润滑油位在规定范围内。用手去盘转胶带轮时，振动箱内不得有任何异响。

（8）应检查各传动胶带的松紧度，过松或过紧时应进行调整。胶带防护罩不应有破损。

（9）夹持器与振动器连接处的紧固螺栓不得松动。液压缸根部的接头防护罩应齐全。

（10）应检查夹持片的齿形。当齿形磨损超过 4mm 时，应更换或用堆焊修复。使用前，应在夹持片中间放一块 10～15mm 厚的钢板进行试夹。试夹中液压缸应无渗漏，系统压力应正常，不得在夹持片之间无钢板时试夹。

（11）悬挂振动桩锤的起重机，其吊钩上必须有防松脱的保护装置。振动桩锤悬挂钢架的耳环上应加装保险钢丝绳。

（12）启动振动桩锤应监视启动电流和电压，一次启动时间不应超过 10s。当启动困难时，应查明原因，排除故障后，方可继续启动。启动后，应待电流降到正常值时，方可转到运转位置。

（13）振动桩锤启动运转后，应待振幅达到规定值时，方可作业。当振幅正常后仍不能拔桩时，应改用功率较大的振动桩锤。

（14）拔钢板桩时，应按沉入顺序的相反方向起拔。夹持器在夹持板桩时，应靠近相邻一根，对工字桩应夹紧腹板的中央。如钢板桩和工字桩的头部有钻孔时，应将钻孔焊平或将钻孔以上割掉，亦可在钻孔处焊加强板，应严防拔断钢板桩。

（15）夹桩时，不得在夹持器和桩的头部之间留有空隙，并应待压力表显示压力达到额定值后，方可指挥起重机起拔。

三、桩架

桩架是用来悬挂桩锤、吊桩、插桩的，并在打桩过程中起着导向作用。由于桩架结构要承受自重、桩锤重、桩及辅助设备等重量，所以要求有足够的强度和刚度。

在打桩过程中，移动打桩设备及安装桩锤等所需时间较长，所以选择适当的桩架，可以缩短辅助工作时间。可按照桩锤的种类、桩的长度、施工条件选择。常用的桩架一般有轨道式、履带式、轮胎式。

1. 轨道式桩架

桩架可借助本身的动力，进行吊桩、吊锤、回转、倾斜、起架、落架等动作。桩架主要机构有：行走机构、平台、挺杆和斜撑杆。

（1）行走机构。承受整机重量。由行走平台、行走台车和驱动机构组成。行走平台桩架的底盘，行走台车由行走驱动机构带动，在轨道上行走。

（2）回转平台、挺杆和撑杆。在行走平台上面有回转平台、挺杆和斜撑杆三大部分。回转平台可沿回转轨道旋转；挺杆是桩架的主体，可以根据打桩作业的要求加减节数，挺杆前面装有桩锤导轨，两侧有扶梯（或升降梯），挺杆根部装有移动小车，可以带动挺杆，与斜撑杆伸缩配合，对准桩位便于作业；两根斜撑杆用以支撑挺杆垂直或倾斜作业，可以用丝杠或液压方式调整斜撑杆的长度。

2. 履带式桩架

履带式桩架以履带为行走装置，在地面上只能运行。机动性好，使用方便，有悬挂式桩架、三支点桩架等多种。目前国内外生产的液压履带式主机既可以作为起重机用，也可作为打桩架用。

（1）悬挂式桩架。悬挂式桩架是以履带式起重机为底盘，卸去吊钩，将吊臂顶端与桩架连接，桩架立柱底部有支撑杆与回转平台连接，此种机架可不用铺设轨道。

由于桩架、桩锤及桩的总重量较大，应对选用起重机的吨位进行核算，必要时可增加配重。这种桩架、横向承载能力较弱，另外立柱必须竖直不能倾斜安装，故不能打斜桩。

(2) 三点式桩架。三点式桩架的立柱是由两个斜撑杆和下部托架构成的，中间立柱及两侧斜撑杆成三个支撑点，故称三点式。三点式履带桩架为专用的桩架，也可以由履带起重改装，即履带起重机为底盘，但要拆除起重臂杆，增加两个斜撑杆，斜撑的下支座为两个液压支腿，可进行调整，为适应打斜桩的需要，立柱可以倾斜。三点式桩架在性能方面优于悬挂式，因三点式桩架的工作幅度小，故稳定性好，另外横向载荷能力大。

3. 安全操作规程

由于桩架在作业和移动中，经常失稳发生桩架倾倒事故。分析其原因，多数是由场地松软造成的，地耐力达不到一般规定的80kN/m² 或不能满足说明书要求。因此，使用时应符合下述安全操作规程要求。

(1) 场地为黏性土时，由于渗透系数小，要在前一个月采取降水措施，以保证桩架作业时的场地条件。

(2) 回填土的场地，不得回填污泥、冻土块，以达到地耐力的要求。

(3) 使用路基箱时，路基箱间距不能过大，且不能放置在回填土坑、沟的边缘，以免造成沉陷不匀。

(4) 桩机的行走、回转及提升桩锤不得同时进行。

(5) 严禁偏心吊桩。正前方吊桩时，其水平距离要求混凝土预制桩不得大于 4m，钢管桩不得大于 7m。

(6) 使用双向导杆时，须待导杆转向到位，并用锁销将导杆与基杆锁住后，方可起吊。

(7) 风速超过 15m/s 时，应停止作业，导杆上应设置揽风绳。当风速大到 30m/s 时，应将导杆放倒。当导杆长度在 27m 以上时，预测风速达 25m/s 时，导杆也应提前放下。

（8）当桩的入土深度大于 3m 时，严禁采用桩机行走或回转来纠正桩的倾斜。

（9）拖拉斜桩时，应先将桩锤提升到预定位置，并将桩吊起，套入桩帽，桩尖插入桩位后再仰导杆。严禁导杆后仰，桩机回转及行走。

（10）桩机带锤行走时，应先将桩锤放至最低位置，以降低整机重心。行走时，驱动液压马达应在尾部位置。

（11）上下坡时，坡度不应大于 9°，并应将桩机重心置于斜坡的上方。严禁在斜坡上回转。

（12）当桩机在上坡吊桩，回转到下坡打桩时，不准在上坡调整挺杆的垂直度，否则因重心前移易发生桩架倾覆。

（13）在软质土场所移动桩架时，因地面高低不平易发生歪斜倾倒，要做好预防工作。

（14）履带悬挂式桩机因侧向稳定性差，使用时要设置揽风绳。但在移动桩机时，必须设专人随桩机的移动松紧揽风绳，以防因配合不当拉倒桩机。

（15）蒸汽打桩机的移动，是在桩架下面铺设的道木上进行。道木上横放钢管，借助卷扬机的牵引力，桩架在滚动的钢管上移动。所以铺设道木要测量好距离。冬季应扫除积雪，撒上砂子，防止走滑。桩架移动时，应有专人指挥，统一协调进行。

（16）蒸汽打桩机架的上人扶梯，必须装设防护圈，冬季扶梯上要包扎麻绳等材料以防滑。

（17）作业后，应将桩架落下，切断电源及电路开关，使全部制动生效。

第五节　混凝土搅拌机

混凝土搅拌机是将配好的水泥、卵（碎）石、砂子和水均匀搅拌成流态混凝土的专用机械。见图 5-8。

图 5-8　混凝土搅拌机实物

一、分类

按工作性质分间歇式（分批式）和连续式；按搅拌原理分自落式和强制式；按安装方式分固定式和移动式；按出料方式分倾翻式和非倾翻式；按拌筒结构形式分梨式、鼓形、双锥、圆盘立轴式和圆槽卧轴式等。

二、鼓形混凝土搅拌机

该机是按混合材料自落原理进行搅拌的，靠出料槽翻转进行卸料，它由电动机或柴油机、搅拌筒、进料斗、提升离合器、水泵、水箱、运料斗和出料槽等部件组成。JG 50 型是我国建筑工程中应用最广泛的一种搅拌机。技术性能见表 5-15。

表 5-15　鼓形混凝土搅拌机技术性能

项目		型号		
		JG-150	JG-2520	JG-250A
额定装料容量/L		240	400	400
额定出料容量/m³		0.15	0.25	0.25
搅拌筒尺寸/mm		$\phi1213\times96$	$\phi1447\times178$	$\phi1447\times178$
搅拌筒转速/(r/min)		18	18	18
搅拌时间/(s/次)		120	70～110	70～110
生产率/(m³/h)		3～5	5～8	5～8
原动机	型号	JO₂-42-4	JO₂-51-4	2105
	功率	5.5kW	7.5kW	20hp(1hp= 745.700W)
	转速/(r/min)	1440	1450	1500
量水方式		虹吸式	虹吸式	虹吸式
水箱容量/L		40	65	65
供水方式		水泵	水泵	水泵
水泵上水时间/s		30	30	30
轮距/mm		1815	1875	1875
轮胎规格		6.50～16	7.50～20	7.50～30
牵引速度/(km/h)		20	20	20
外形尺寸	长/mm	3970	3530	3530
	宽/mm	2200	2620	2620
	高/mm	2400	3050	3050
质量/kg		1300	3150	3900

三、强制式混凝土搅拌机

这种搅拌机是主轴蜗浆的搅拌机，它靠搅拌筒内的一组或多组蜗浆叶片旋转时将物料挤压、翻转和抛出的复合运动，进行强制搅拌。它具有成品质量高、搅拌循环时间短、适合搅拌干硬性混凝土及轻质混凝土等特点。因此，得到普遍使用。它由搅拌系统（搅拌筒、叶片）、传动系统（电动机、变速箱）、进出料系统（进出料斗）和配水系统（水泵、水箱）等组成，技术性能见表 5-16。

表 5-16　立轴蜗浆强制式混凝土搅拌机基本参数

基本参数	型号				
	JW50 JX50	JW100 JX100	JW150 JX150	JW200 JX200	JW250 JX250
出料容量/L	50	100	150	200	250
进料容量/L	80	160	240	320	400
搅拌额定功率/kW	4	7.5	10	13	15
每小时工作循环次数(不少于)/次	50	50	50	50	50
骨料最大粒度/mm	40	40	40	40	40
基本参数	型号				
	JW350 JX350	JW500 JX500	JW750 JX750	JW1000 JX1000	JW1500 JX1500
出料容量/L	350	500	750	1000	1500
进料容量/L	560	800	1200	1600	2400
搅拌额定功率/kW	17	30	40	55	80
每小时工作循环次数(不少于)/次	50	50	45	45	45
骨料最大粒度/mm	40	60	60	60	80

四、安全操作规程

(1) 操作者应是经过专业培训，并考试合格持有操作证的人员，严禁无证人员上岗操作。

(2) 搅拌机在使用之前应按照"十字作业法"（调整、紧固、润滑、清洁、防腐）的要求，检查搅拌机各机构是否齐全、灵敏可靠、运行正常，按规定位置加注润滑油。电动机外壳、机架及电气控制箱等接地电阻均不得大于 4Ω。各工作装置的操作、制动确认正常，方可作业。

(3) 固定式混凝土搅拌机，应安装在牢固的台座上。当长期使用时，应埋置地脚螺栓；如短期使用，可在机座下铺设木枕并找平放稳。

(4) 对于移动式混凝土搅拌机，应安装在平坦坚硬的地坪上用方木或撑架架牢，并保持水平而轮胎不受力。如果使用时间超过 3

个月，应将轮胎卸下妥善保管，轮轴端部应做好清洁和防锈工作。

（5）对某些需挖设上料斗地坑的搅拌机（如 JZ350 型混凝土搅拌机，其地坑长 1.5m、宽 1.4m、深 1.1m，沿上料轨道一面倾斜 60°），其坑口周围应垫高夯实，以防地面水流入坑内，上料轨道架的底端支撑面夯实或铺砖，轨道架的后面亦需用木料支撑，防止工作时轨道变形。

（6）对于强制式搅拌机混凝土骨料应严格筛选，最大粒径不超过允许值，以防卡料。每次搅拌时加入搅拌筒的物料，不应超过规定的进料容量，以免动力过载。

（7）混凝土搅拌机启动后，应使搅拌筒达到正常转速后方可进行上料，上料后要及时加水；添加新料必须先将搅拌机内原有的混凝土全部卸出后才能进行。不得中途停机或在满载荷时启动搅拌机，反转出料者除外。

（8）在混凝土搅拌机使用中，切勿使砂石或其他硬杂物落入机器运转部分中去，以免使运转部件卡住损坏。上料斗提升后，斗下（强制式搅拌机在卸料手柄甩动半径内）不能有人通过或停留，以免制动器失灵发生意外事故。如必须在斗下检修或进行清理工作，须停机并将上料斗用保险链条挂牢。

（9）应经常检查强制式搅拌机的搅拌叶片和搅拌筒底及侧壁是否符合规定要求。当间隙超过标准时，会使筒壁和筒底粘结的残料层过厚，增加清洗时的困难并降低搅拌效率，如搅拌叶片磨损，应及时调整、修补或更换。

（10）要经常检查配水系统，水箱上部应与大气相通，扬臂调节系统的指针应转动灵活。

（11）要在搅拌筒运转中进料，投入料要符合机械额定容量。不允许中途停车，重载启动。

（12）严禁在运转中用工具或任何物件伸入搅拌筒内扒混凝土。严禁任何人将头或手伸入料斗与机架之间察看或探摸搅拌机。

（13）作业中，应对搅拌机进行全面清洗，防止混凝土结块。操作人员如需要进入筒内清洗时，必须切断电源，设专人在外监护，或卸去熔断器并锁好电闸箱，各操作机构处于零位然后方可进入。

（14）作业中，如发现故障不能继续运转，应立即切断电源，将搅拌筒内的混凝土清除干净，然后进行检修。

（15）上料斗的摇把，应用销子固定，以免人进到筒内清理时，身体碰触摇把在未断电的情况下使料斗提升，发生挤压事故。

（16）作业后，应将料斗降落到料斗坑，如须升起则应用链条扣牢。冬季机内积水要及时放掉，以防冻裂。

第六章

机械安全认证

　　随着社会经济的不断发展和对人的健康安全、环境保护以及消费者权益保护的日益重视，关于工业产品的安全问题，世界上多数国家早已在国家的相关立法中摆到重要位置。《中华人民共和国标准化法》中规定："强制性标准必须执行。不符合强制性标准的产品禁止生产、销售和进口。""生产、销售、进口不符合强制性标准的产品的，由法律、行政法规规定的行政主管部门依法处理，法律、行政法规未作规定的，由工商行政管理部门没收产品和违法所得，并处罚款；造成严重后果构成犯罪的，对直接责任人员依法追究刑事责任。"同时又规定："企业对有国家标准或者行业标准的产品，可以向国务院标准化行政主管部门或者国务院标准化行政主管部门授权的部门申请产品质量认证。认证合格的，由认证部门授予认证证书，准许在产品或者其包装上使用规定的认证标志"。

第一节　机械安全认证的依据

一、欧盟 CE 认证

　　"CE"标志是一种安全认证标志，被视为制造商打开并进入欧洲市场的护照。只要贴有"CE"标志的产品就可在欧盟各成员国内销售，无须符合每个成员国的要求，从而实现了商品在欧盟成员国范围内的自由流通。在欧盟市场"CE"标志属强制性认证标志，不论是欧盟内部企业生产的产品，还是其他国家生产的产品，要想在欧盟市场上自由流通，就必须加贴"CE"标志，以表明产品符合欧盟《技术协调与标准化新方法》指令的基本要求。这是欧盟法律对产品提出的一种强制性要求。

欧盟新版机械指令 2006/42/EC 已经于 2009 年 12 月 29 日起生效执行（例外：唯有可携带式匣带加工机械或具有挤压功能的加工机匣，可以到 2011 年 6 月 29 日才实施），取代原机械指令 98/37/EC，且无缓冲过渡期。据官方的文件，只有在 12 月 29 日之后，才能建立一份根据指令 2006/42/EC 的声明。

新版指令有许多差异，对销往欧盟的机械的制造商与经销商将造成较大影响。新版机械指令 2006/42/EC 的主要变化：新版机械指令 2006/42/EC 和旧版机械指令 98/37/EC 的主要区别在于指令的适用范围，基本健康和安全要求，定义以及符合性评估程序和市场监督方面。

（1）新指令适用范围增加了半成品，举升附件等

① 机械设备。

② 可互换性设备。

③ 安全零组件。

④ 升降机附件。

⑤ 链条、绳索、丝网。

⑥ 可拆卸的机械传动装置。

⑦ 机械半成品机械装置。

（2）新版指令附录 I 基本健康和安全同旧版指令存在一些技术差异，如噪声声压值 80dB 需标出声功率值。

（3）新版指令增加了更多术语明确的定义，如半成品，制造商。

（4）评估程序，新版指令不在使用"storage option"模式，只接收下列中的一个模式：

答：① 附件 Ⅷ 规定的机械制造内部检查合格评定程序；

② 附件 Ⅳ 中规定的 EC 型式检验程序以及附录 Ⅶ 第 3 点 EC 中规定的机械制造内部检验；

③ Annes Ⅹ 中规定的完整质量保证程序。

（5）机械指令 2006/42/EC 对于附录四（Annex IV）中危险机械的产品清单进行了更新，在 98/37/EC 指令中 17 种危险机械的基础上增加到 23 种；同时对于 98/37/EC Annex Ⅳ part B 部分的安全机械部件，在 2006/42/EC 中单独以附录五（Annex Ⅴ）的形式列出，由原来的 5 个安全部件增加到 17 类产品，通过目录更新对进入欧盟的产品进行限制和控制。

（6）新版指令要求半成品投入市场需达到以下要求并随同半成品一起提供直到成品完成。

答：新版指令中要求，半成品投入市场需达到技术文件的要求和附有装配说明书，同成品一样提供给用户，直到完成为成品。

（7）加强了市场监督力度

由于不合法的 CE 证书或宣告太多，许多带有 CE 标志的机械产品并没有达到相关欧盟指令的要求，新版机械指令加强市场监督力度。不论是欧盟各国的制造商，还是外国所制造而销往欧盟境内的机械制造商，为了方便欧盟 CE 监督机构的监督工作有效进行，新版机械指令规定：在制造商的宣告文件中必须要有制造商授权编制整套 TCF 技术文件的负责人名称及联络地址，并且此人必须被确定在欧盟境内。也就是说，一旦欧盟 CE 监督机构发现 CE 证书或宣告存在虚假迹象，机械产品没有达到相关欧盟指令的要求或机械产品出现了安全事故时，他们能够立即在欧盟境内联系到此负责人，此人代表制造商与欧盟当局处理 CE 相关事宜。

二、普通机械 CE 认证和危险机械 CE 认证的区分

由于普通机械和危险机械认证费用、认证流程及其复杂程度的迥异，必须将其区分。除了机械指令（MD）附录Ⅳ所列的危险机械外，其他都属于普通机械，以下是机械指令（MD）附录Ⅳ规定的危险机械。

（1）圆锯机（单锯片或多锯片），用来加工木质及类似木质或加工肉质及类似肉质类材料的以下设备。

① 具有固定的床身或者支撑，采用手动进给或装有可拆卸的动力进给，切削时锯片固定的圆锯机。

② 具有手动操作的往复式床身或滑架，切削时锯片固定的圆锯机。

③ 具有内置式机械进给装置，手动上下料，切削时锯片固定的圆锯机。

④ 具有机械移动式锯片，手动上下料，切削时锯片移动的圆锯机。

（2）手动进给的木工平面刨床。

（3）具有内置式机械进给装置，手动上下料，加工木材用的单面刨床。

（4）带锯机，用来加工木质及类似木质或加工肉质及类似肉质类材料的以下设备。

① 具有固定的或往复运动的床身或者支撑，切削时锯片固定的带锯机。

② 锯片装在往复式移动架上的带锯机。

（5）具有多个刀架的手动进给的木工开榫机。

（6）手动进给的，立式木质及类似木质材料加工机械。

（7）手持式木工链锯。

（8）由第 1 至第 4 及第 7 条所列的木质及类似木质材料加工机械的组合机械。

（9）采用人工上下料金属冷加工用冲压床，其移动之工作的行程超过 6mm，速度超过 30mm/s，包括弯板机。

（10）采用人工上下料的塑料注射或挤压成型机械。

（11）采用人工上下料的橡胶注射或挤压成型机械。

（12）以下几种地下作业机械：

① 机车和司闸车。

② 液压支撑设备。

（13）安装有压缩装置、收集家庭垃圾用的人工装载车。

（14）可拆卸的机械传动装置及其防护罩。

（15）汽车举升机。

（16）跌落风险垂直高度超过 3m 的举升人或货物的举升设备。

（17）手持式枪弹推动打钉设备及其他冲击设备。

（18）用来检测人是否暴露在危险区的防护设备。

（19）第 9，10，11 条中所列设备上用的动力驱动的联锁防护罩。

（20）保证安全功能的逻辑单元。

（21）侧翻防护结构（ROPS）。

（22）坠落物体防护结构（FOPS）。

三、机械 CE 认证指令对机械的建议和要求

1. 要求

（1）设计产品使其符合相关产品安全标准之规定。

（2）建立技术文件（TCF），即为确认该产品已符合 CE 认证各相关指令之基本安全要求，而展示的具体资料。

（3）实施品保制度。

（4）由验证机构执行验证或签署自我宣告符合声明（某些特定产品须由验证机构认可后方可贴附 CE 认证标示）。

（5）贴附 CE 认证标示。

2. 一般机械的危险来源

（1）正常使用加工机械时，如加工件易反弹并伤及工作人员，则加工机械的设计与制造应能防止加工件的反弹，以免造成危害。

（2）如加工机械停止运转后，与刀具的接触仍存在危险，加工机械则必须带有自动停止装置，以保证刀具在极短的时间内处于停止状态。

（3）如带刀具的加工机械不是全自动化设备，其设计与制造则应防止伤人事件的发生；或使用圆形截面的刀具并限制其切削厚度，将危害保持在最低限度内。

（4）机械危险：主要来自运动组件，包括运动轴与传动机构所造成之挤压、剪切或绞入等危险。建议采用固定或移动式护罩来防

止人员接近危险区域。

3. 缝纫机头在设计时应该考虑的几个建议

（1）使用过程中针的断裂造成反弹会伤及人工人员，甚至弹到眼睛等，可以用增加护罩或是护针片等来实现。

（2）针尖处也会要求有护指防护。

（3）皮带等处增加防护罩。

4. 注塑机应该考虑的几个建议

（1）元器件要求。与安全功能有关的控制电路在设计、选择和组装过程中必须使用技术成熟的元器件，即在相似的应用领域中有过广泛和成功的使用，或是根据可靠的安全标准制造的元器件，以及使用成熟的技术。安全控制电路要能够承受预期的运行强度，能够承受运行过程中工作介质的影响和相关外部环境的影响。使用技术成熟的元器件，即在相似的应用领域中有过广泛和成功的使用，或是根据可靠的安全标准制造的元器件，以及使用成熟的技术。在设计电路时，应采用工作极其安全可靠的元器件，可以不考虑这种元器件本身故障发生的可能性。同时，为了避免短路，减少故障的发生率，确定故障的类别，准确地检测故障以及避免二次故障的发生，可以采用诸如：隔离电路，充分的承载能力，当遇故障时及时开路断电，良好的接地等措施。

（2）机器安全停止要求：机器设备的安全保护，其核心就是使机器设备的危险动作停止下来，如何将机器设备从运行到停止下来是非常重要的。根据所使用的安全保护装置的不同，可以有不同的安全停止功能。在正常运行中使用的停止功能，必须要能够避免机器设备、产品和加工过程被破坏，同时要能够防止机器设备的重新启动，这就是对安全停止功能的要求。

（3）所有的机器设备都必须具有停止类别 0 的停止功能。停止类别 1 和/或 2 的停止功能只有在机器设备的安全和功能要求有必要时才可使用。

（4）双手控制装置的运用：在许多危险性很高的机器设备中，如锻压设备、冲剪设备等，都会使用双手控制装置。双手控制装置属于电敏式安全保护装置，其作用是当有人在操作机器设备，给机器设备一个产生危险动作的信号时，迫使其同时使用双手，从而必须待在一个地方，这样可以确保安全。

（5）安全距离解决方法：①可用安全门开关锁、电敏式安全保护装置、安全地毯和双手控制器等实现；②在机器设备的安全保护中，除了要使用安全可靠的保护元件外，对于非常危险的机器设备，还要对其安全保护控制电路做出一定的要求，以提高安全保护的等级，如：安全监控器模块。

（6）安全地毯的使用：在机器设备的安全保护中，有些场合是无法用安全围栏和安全防护门对危险区域进行安全保护的，如在一些大型注塑机械，经常需要到机器内部进行维护和调整，此时需要保证在外部无法启动机器，这种情况下显然无法使用安全防护门。另外，在有些需要且可以使用安全防护门的场合，出于方便和美观的考虑，也有可能不愿意采用安全防护门。在以上两种情况中，为了实现对危险区域的安全保护，可以使用接触式的安全保护装置。在这一类安全保护装置中，安全地毯是很有特色，也是应用非常广泛的一种。

四、机械安全的评估标准

欧盟除了制定各种不同的产品安全指令之外，另颁布了许多不同的产品安全标准。有些适用于某特定产品，有些则为适用多项产品的通用评估法则。

1. 机械类产品适用标准的分类

A 类标准（基本安全标准）主要是对基本概念，设计原则及适用于所有机械的通用要求。

B 类标准（类属安全标准）主要用来处理一种安全情况或一种相关安全设施，该设施能广泛使用于多种机械；

B1 类标准针对特定安全情况（例如：安全距离、表面温度、噪声）；

B2 类标准针对相关安全设施（例如：双手控制、联锁装置、压力感应装置、防护罩）；

C类标准（机器安全标准）主要用于一种或一类特定机器的详细安全要求；

C类标准在此三类标准中权限最高，即同一机械如果同时采用A、B、C三类标准，C类标准的要求拥有最高优先权。C类标准通常也叫做产品标准，例如：EN 201-注塑机的安全要求。该标准针对注塑机类产品可能出现的所有风险都给出了详细具体的要求，基本包含或引用了该类产品涉及的A类和B类标准的要求。

2. 机械产品最常用的A、B、C类标准

A类标准：EN ISO 12100：机械安全基本设计原则—风险评估及降低风险；

B类标准：EN ISO 13857：机械的安全　防止上肢及下肢伸及危险区域之安全距离；

EN ISO 4413：液压系统　液压系统及液压元件的一般要求及安全规范；

EN ISO 4414：气动系统　液压系统及液压元件的一般要求及安全规范；

EN 1088：机械安全　装配在防护罩上的互锁装置—设计的一般原理及选择方法；

EN 953：机械安全　固定式及移动式防护罩的设计及构造的通用要求；

EN 60204-1：机械安全　机械电气设备—第1部分：通用要求。

C类标准：EN 201：塑料橡胶机械　注塑机的安全要求；

EN 415-1：包装机械的安全　第1部分：包装机械和相关设备的术语和分类；

EN 415-5：包装机械的安全　第5部分：打包机；

EN 474-1：土方机械　基本安全要求；

EN 692：机床　机械式冲床的安全；

EN 693：机床　液压冲床的安全；

EN 860：木工机械　单面刨；

EN 869：机械安全　金属压铸机；

EN 1493：汽车举升机；

EN 12417：机床　加工中心的安全要求；

EN 12717：机床安全　钻床。

五、机械安全认证的依据

1. 法律及法规

当今世界多数国家都依据本国的情况建立相应的产品认证制度；尤其对影响人身健康及财产安全的产品实施安全认证制度。我国自改革开放以来，也逐步建立了产品认证制度。而机械安全认证制度是在 1997 年，依据《中华人民共和国标准化法》《中华人民共和国质量法》及《中华人民共和国产品质量认证管理条例》等法律法规建立起来的。这一制度的建立为评价企业是否贯彻执行强制性标准提供了有效的方法和手段。

2. 规章及守则

原国家技术监督局自 1992 年 1 月 30 日以来先后发布了《产品质量认证检验机构管理办法》《产品质量认证书和认证标志管理办法》《产品质量认证体系检查员和检验机构评审员管理办法》。这些规章的颁布使产品质量认证工作有章可循，为机械安全认证制度的建立及实施提供了指南。为减少产品质量认证工作中的差异，统一产品质量认证工作的规则和要求，国际标准化组织（ISO）和国际电工委员会（IEC）先后联合发布了多项守则。被我国产品质量认证国家认可委员会（CNACP）认可采用的导则有：

ISO/IEC 导则 2《标准化及相关活动——通用术语》

ISO/IEC 导则 7《适用于合格评定的标准指南》

ISO/IEC 导则 23《第三方认证制度表示合格的方法》

ISO/IEC 导则 25《检测和校准实验室资格的通用要求》

ISO/IEC 导则 27《认证机构对误用其合格标志采取纠正措施的指南》

ISO/IEC 导则 28《典型的第三方产品认证制度一般规则》

ISO/IEC 导则 53《第三方产品认证中利用供方质量体系的方法》

ISO/IEC 导则 65《产品认证机构认可通用要求》

3. 标准

(1) 基本定义。《标准化工作指南　第 1 部分：标准化和相关活动的通用词汇》（GB/T 20000.1—2014）5.3 中对标准描述为：通过标准化活动，按照规定的程序经协商一致制定，为各种活动或其结果提供规则、指南或特性，供共同使用和重复使用的一种文件。对标准的定义是：为了在一定范围内获得最佳秩序，经协商一致制定并由公认机构批准，为各种活动或其结果提供规则、指南或特性，供共同使用和重复使用的一种文件。

GB/T 3935.1—1983 对标准的定义是：标准是对重复性事物和概念所做的统一规定，它以科学、技术和实践经验的综合为基础，经过有关方面协商一致，由主管机构批准，以特定的形式发布，作为共同遵守的准则和依据。

GB/T 3935.1—1996《标准化和有关领域的通用术语　第一部分：基本术语》中对标准的定义是：为在一定范围内获得最佳秩序，对活动或其结果规定共同的和重复使用的规则、导则或特性的文件。该文件经协商一致制定并经一个公认机构的批准。它以科学、技术和实践经验的综合成果为基础，以促进最佳社会效益为目的。

国际标准化组织（ISO）的国际标准化管理委员会（SAC）一直致力于标准化概念的研究，先后以"指南"的形式给"标准"的定义作出统一规定：标准是由一个公认的机构制定和批准的文件。它对活动或活动的结果规定了规则、导则或特殊性，供共同和反复使用，以实现在预定领域内最佳秩序的效果。

(2) 生产过程劳动安全卫生标准。它是一种技术规范，包括：劳动安全卫生管理方面的基础标准、方法标准；生产工艺、生产工具、设备安全卫生标准、安全卫生专用装置、用具标准；个人防护用品等方面的标准。它是我国劳动安全卫生技术管理和保障劳动者安全健康的一项重要手段，是执行安全卫生监督的法定的技术依据。其具体要求是：国务院各有关部、委员会的安全管理部门，应将开展劳动安全卫生标准化工作纳入劳动安全卫生的工作计划；各部门、各地区在制定有关劳动安全卫生技术标准或规程时，应以标准的形式予以公布；制定标准应以技术先进、经济合理、安全卫生可靠为原则。《中华人民共和国标准化管理条例》规定："凡正式生产的工业产品、重要的农产品、各类工程建设、环境保护、安全和卫生条件以及其他应当统一的技术要求，都必须制定标准，并贯彻执行。"随着社会主义现代化建设的发展和企业管理水平的不断提高，劳动安全卫生标准显得越来越重要。

劳动安全卫生标准是劳动保护工作实行科学管理的基础。通过制定各种技术标准，为生产工具和设备、工艺流程以及厂房的设计提供科学依据，从根本上控制事故的发生。通过制定劳动安全管理标准，把管理系统的活动内容、相互间关系、工作程序等，用标准的形式加以确定，可使管理工作规范化、程序化、科学化。

劳动安全卫生标准，是劳动保护法规体系的组成部分，是劳动保护法规的具体体现。它使劳动保护法规体系日臻完善，从而为职业安全卫生检查、检测和检验工作提供依据，保障职业安全卫生监察工作的顺利进行。

劳动安全卫生标准是强制性标准，这是由于它涉及人体健康、人身和财产安全所决定的。劳动安全卫生标准一经发布，必须贯彻实施。涉及安全卫生的产品（如劳动防护用品、起重设备、电气设备等）必须进行安全检验，获得安全标志以后，才能出售，执行强制性安全认证制度。

中国劳动安全卫生标准分为三级，即国家标准、行业标准和地方标准，国家标准是对于劳动保护科学管理、技术监察有重大意义，以及必须在全国范围内统一的标准。这些标准是劳动保护技术政策的体现，也是建立劳动保护监督检查、检测和检验的主要依据。行业标准是在一个行业或部门范围内统一的专用技术法规，有些国家标准不成熟时，也先制定为行业标准。地方标准是省、自治区、直辖市区域内统一的标准，是根据该区域内工业生产结构特点和劳动保护管理工作需要制定的标准，是国家监察管理工作的必要补充。

我国劳动安全卫生标准按照系统工程原理可分为五类，即通用标准、基础标准、安全工程标准、卫生工程标准和个体防护用品标准，这五大类标准形成一个科学的有机整体——职业安全卫生标准体系。它是为保护劳动者在生产劳动中的安全与健康，避免事故、伤亡和设备财产损坏，防止作业场所的职业危害，保证经济建设的顺利进行而制定的技术标准。

我国劳动安全卫生标准分为国家标准、行业标准、地方标准和企业标准4级。

根据《中华人民共和国标准化法》规定，国家标准、行业标准分为强制性标准和推荐性标准。保障人体健康、人身、财产安全的标准和法律、行政法规、规定是强制执行的强制性标准，其他标准是推荐性标准。强制性标准的特点是：

① 政策性强。该类标准中的规定，大体上是从劳动保护法规中的条例、政令、规定中演变和延伸出来的，具体体现劳动保护的方针政策；

② 综合性强。劳动安全卫生标准、规程中一般包括管理性内容、设备本质安全要求、场所环境条件、不同生产工艺过程危险性和有害因素控制、原材料安全卫生要求等综合内容；

③ 涉及面广。安全存在于劳动生产之中，因此，它与所有生产过程有密切的内在联系。涉及许多学科和专业的安全技术问题；

④ 现实性强。从实际出发制定和贯彻劳动安全卫生标准，考虑了我国国情，符合我国现时生产技术、装备水平等条件参差不齐的现实。

劳动安全卫生标准的内容如下：

① 用人单位的工作场所必须符合国家规定的劳动安全卫生标准。工作场所的光线应当充足，噪声、有毒有害气体和粉尘浓度不得超过国家规定的标准；工作场所地面应当保持平整，因生产需要

设的坑、壕和池，应当有围栏或盖板，物品的堆放不得妨碍通行；工作车间应当根据需要设置饮水和洗手设备，在高温或粉尘、易脏和有关化学物品或毒物作业场所，应当设置淋浴设备或冲洗设备、更衣室等辅助设备、设施；建筑施工、易燃易爆和有毒有害等危险作业场所应当设置相应的防护设施、报警装置、通讯装置、安全标志，以及在紧急情况下进行抢救和安全疏散的设施。

②　用人单位的生产设备必须符合国家规定的标准。所有的机械设备传动件及易造成人身伤害的外传动部件，如转轴、齿轮、传动轴和传送带等，都必须安装保护职工人身不受伤害的安全防护装置；各种起重、升降作业所用的绳索、吊具及附件，都应当按规定配备使用，保证安全可靠；用人单位厂区内铁路道口设置安全标志，应当符合企业铁路道口安全标准；起重、电梯、冲压设备、剪切设备和企业内的机动车辆等，必须经过安全检验和安全认证，符合技术标准的，方可使用。

③　用人单位的电气设备必须符合国家规定的标准。电气设备的安装、运行、维修等都必须严格遵守操作规程，保证安全运行。电气设备的金属外壳，必须根据技术条件，采取保护性接地或者接零的措施。电气设备和线路的绝缘必须良好，裸露的带电导体应当保持规定的安全距离；在产生大量的蒸气、气体、粉尘的作业场所，应当使用密闭式电气设备；有爆炸危险的气体或粉尘的作业场所，必须使用防爆型电气设备；因生产急需而装置的临时电气设备和线路，必须绝缘良好，妥善安装，用后及时拆除。

④　对特殊的作业场所，如密闭设备内和狭小空间作业的，用人单位应当提供特殊的劳动条件。在船舱、贮罐、反应塔等密闭设备内及地下管道、地下室、地下仓库等狭小空间内作业，应当先进行检测，确认有害气体低于国家标准，在采取措施后方可进行作业；在密闭设备内和狭小空间作业，不能采取通风换气措施的，必须给工作人员配备空气呼吸器或氧气呼吸器。

（3）设备安全卫生标准。在生产活动中，某些生产设备因设计缺陷而造成的人员伤害事故以及尘、毒、噪声、辐射等危害是比较严重的。为贯彻落实《中华人民共和国标准化法》和"安全第一，预防为主，综合治理"的方针，生产设备的设计、制造部门有责任从设计、制造上采取相应安全卫生技术措施，使新设计的生产设备在使用过程中能够满足有关安全卫生的诸项要求。然而，我国各类生产设备的专项安全卫生设计标准还很少，大多数生产设备的安全卫生设计要求都包含在产品标准中。但是，这些要求难免不尽全面。为满足广大工程技术人员、职业安全卫生监察和环境保护部门乃至生产管理部门的工作需要，从治"本"上入手，尽快改善我国劳动保护和环境保护现状，这些标准规定了生产设备安全卫生设计的基本原则、一般要求和特殊要求，以使生产设备设计、制造部门有所遵循。

① 生产设备及其零部件，必须有足够的强度、刚度、稳定性和可靠性。在按规定条件制造、运输、贮存、安装和使用时，不得对人员造成危险。

② 生产设备正常生产和使用过程中，不应向工作场所和大气排放超过国家标准规定的有害物质，不应产生超过国家标准规定的噪声、振动、辐射和其他污染。对可能产生的有害因素，必须在设计上采取有效措施加以防护。

③ 设计生产设备，应体现人类工效学原则，最大限度地减轻生产设备对操作者造成的体力、脑力消耗以及心理紧张状况。

④ 设计生产设备，应通过下列途径保证其安全卫生：

a. 选择最佳设计方案并进行安全卫生评价；

b. 对可能产生的危险因素和有害因素采取有效防护措施；

c. 在运输、贮存、安装、使用和维修等技术文件中写明安全卫生要求。

⑤ 设计生产设备，当安全卫生技术措施与经济效益发生矛盾时，应优先考虑安全卫生技术上的要求，并应按下列等级顺序选择安全卫生技术措施：

a. 直接安全卫生技术措施。生产设备本身应具有本质安全卫生性能，即保证设备即使在异常情况下，也不会出现任何危险和产生有害作用；

b. 间接安全卫生技术措施。若直接安全卫生技术措施不能实现或不能完全实现时，则必须在生产设备总体设计阶段，设计出其效果与主体先进性相当的安全卫生防护装置。安全卫生防护装置的设计、制造任务不应留给用户去承担；

c. 提示性安全卫生技术措施。若直接和间接安全卫生技术措施均不能实现或不能完全实现时，则应以说明书或在设备上设置标志等适当方式说明安全使用生产设备的条件。

⑥ 生产设备规定的整个使用期限内，均应满足安全卫生要求。对于可能影响安全操作、控制的零部件、装置等应符合产品标准要求的可靠性指标。

（4）技术文件。中国机械安全认证中心制定的《机械安全认证质量保证要求》，这一技术文件是以 GB/T19001 标准为基础，结合我国机械产品的特点，组织有关专家研究制定的，经中国机械安全认证管理委员会批准颁布执行，是用于评价申请认证企业申请认证产品质量体系能否满足要求的文件。

六、机械安全认证组织机构

1. 中国机械安全认证管理委员会（简称管委会）

管委会成立于 1997 年 10 月 10 日，是根据《中华人民共和国标准化法》《中华人民共和国产品质量法》《中华人民共和国产品质量认证管理条例》及中国产品质量认证机构国家认可委员会颁布的《产品质量认证机构国家认可规范》的规定，经原国家技术监督局批准并授权成立的，是对除农机产品以外的机械产品安全认证工作进行监督管理的组织。

（1）人员组成及组织机构。管委会根据独立、公正的原则，由与机械安全认证有关的各方面代表组成；相关的政府部门、质量检验部门、生产科研单位及销售使用单位。以上的任一方都不处于支配地位。

管委会的委员均是由经过有关部门推荐，由原国家技术监督局审批聘任的。每届的任期为 5 年，可以连聘连任。

管委会主任委员及常务副主任委员各一名，副主任委员 3 名。管委会下设秘书处，有秘书长 1 人，副秘书长 1 人。其办公地点设在中国机械安全认证中心。

（2）工作职责

① 管委会的职责

a. 制定和修订管委会章程、机械安全认证管理办法等文件；

b. 审核和批准中国机械安全认证中心的工作方针、发展规划和年度计划，并监督其实施；

c. 审议机械安全认证产品目录方案；

d. 监督中国机械安全认证中心的财务工作；

e. 必要时组建专门的机构并确定其职责；

f. 处理各方对中国机械安全认证中心的申诉、投诉问题。

② 秘书处的职责

a. 负责管委会的日常工作；

b. 起草或修改管委会的章程、管理办法等工作文件；

c. 负责与所设立的专业委员会进行联系与协调；

d. 受理各方对中国机械安全认证中心的投诉，并组织处理工作。

（3）工作制度

① 每年召开一次年会，会议由主任委员或其委托的常务副主任委员主持。必要时也可临时召开管委会会议。

② 为提高管委会的工作效率，建立主任委员办公会议制度。主任委员办公会议由主任委员决定召开，由主任委员或其委托的常务副主任委员主持。有主任委员、副主任委员、秘书长和副秘书长参加，主任委员办公会议可行使管委会的部分职责，主任委员办公会议在讨论问题作出决定时，需全体与会者同意为有效，并应及时通报全体委员。对重大问题或不同意见，需召开管委会临时会议进行讨论或以书面形式征求全体委员的意见。

③ 管委会作出决定时需由 2/3 委员到会，全体委员的 1/2 以

上同意方为有效。主任委员不参加表决，当反对票和赞成票相等时，由主任委员裁决。管委会委员因故不能参加会议时，可对会议文件提出书面意见，有书面意见的视为到会参加会议。

④ 管委会委员连续两次不参加会议、不委托他人参加会议，也不以书面形式反馈意见者，管委会与有关部门协商后，可另行推荐人选。

⑤ 秘书长、中国机械安全认证中心主任在管委会会议上，应分别作秘书处和中国机械安全认证中心上年度工作报告、财务状况和下年度工作计划，并提请会议审查。

⑥ 管委会对机械安全认证工作中不宜公开的事项及对认证企业的机密，负有保密责任。

2. 中国机械安全认证中心

机械安全认证就是针对委托方申请认证的机械产品，认证机构以相关且适用的强制性标准作为主要技术依据（需要时，含相关技术规范的强制性要求），按照确定的认证基本规范、认证规则与实施程序，证明所申请认证的机械产品的安全性能符合相应强制性标准要求的合格评定活动。根据我国关于产品质量认证的划分规定，机械安全认证属于产品安全认证。

机器产品安全认证对应的国家及机械行业标准见表 6-1。

表 6-1　机器产品安全认证对应的国家及机械行业标准

序号	类别	产品名称	标准	认证模式
1	气体压缩机	容积式空气压缩机　安全要求	GB 22207—2008	现场检查＋产品抽样检测＋获证后监督
2	采掘设备	土方机械安全标志和危险图示通则 工程机械　通用安全技术要求 土方机械　噪声限值	GB 20178—2014 JB 6030—2001(2009) GB 16710—2010	现场检查＋产品抽样检测＋获证后监督
3	提升设备	矿用辅助绞车　安全要求 矿井提升机和矿用提升绞车安全要求	GB 20180—2006 GB 20181—2006	现场检查＋产品抽样检测＋获证后监督

机械安全技术

序号	类别	产品名称	标准	认证模式
4	制冷设备	溴化锂吸收式冷(热)水机组安全要求	GB 18361—2001	现场检查＋产品抽样检测＋获证后监督
		容积式和离心式冷水(热泵)机组安全要求	JB 8654—1997(2009)	
		制冷和供热用机械制冷系统安全要求	GB/T 9237—2017	
5	离心机	离心机安全要求	GB 19815—2005	现场检查＋产品抽样检测＋获证后监督
6	风机	防爆通风机 技术条件	JB 8523—1997(2009)	现场检查＋产品抽样检测＋获证后监督
7	木工机床	木工机床 安全通则	GB 12557—2010	现场检查＋产品抽样检测＋获证后监督
		细木工带锯机 结构安全	JB 5721—1991(2009)	
		单面木工压刨床 安全	JB 5727—1999(2009)	
		木工平刨床 安全	JB3380—1999(2009)	
		木工多用机床 结构安全	JB 6107—1992	
8	机械压力机	锻压机械 安全技术条件	GB 17120—2012	现场检查＋产品抽样检测＋获证后监督
		机械压力机 安全技术要求	JB 3350—1993(2009)	
		台式压力机 技术条件	JB/T 5247.1—1998	
		开式压力机 噪声限值	JB 9968—1999(2009)	
		闭式压力机 噪声限值	JB 9974—1999(2009)	
9	剪切机	锻压机械 安全技术要求	GB 17120—2012	现场检查＋产品抽样检测＋获证后监督
		剪板机安全技术要求	GB 28240—2012	
		剪切机械 噪声限值	GB 24389—2009	
		剪板机 第2部分:技术条件	JB/T 5197.2—2015	
		锻压机械 通用技术条件	JB/T 1829—2014	
		联合冲剪机噪声限值	GB 26483—2011	
		联合冲剪机安全技术要求	GB 27608—2011	
		联合冲剪机 第2部分:技术条件	JB/T 1296.2—2014	
10	锯床	金属切削机床安全防护通用技术条件	GB 15760—2016	现场检查＋产品抽样检测＋获证后监督
		金属锯床 安全防护技术要求	GB 16454—2008	

序号	类别	产品名称	标准	认证模式
11	钻床	金属切削机床安全防护通用技术条件 台式钻床 第4部分:技术条件	GB 15760—2016 JB/T 5245.4—2006	现场检查＋产品抽样检测＋获证后监督
12	砂轮机	金属切削机床安全防护通用技术条件 砂轮机 安全防护技术条件	GB 15760—2016 JB 8799—1998	现场检查＋产品抽样检测＋获证后监督
13	车床	金属切削机床安全防护通用技术条件 卧式车床 第2部分:技术条件 数控卧式车床 技术条件	GB 15760—2016 JB/T 2322.2—2006 JB/T 4368.3—2013	现场检查＋产品抽样检测＋获证后监督
14	振动作用压路机	压路机通用要求	GB/T 13328—2005	现场检查＋产品抽样检测＋获证后监督

（1）组织机构及服务宗旨。中国机械安全认证中心的组织机构见图 6-1。

中国机械安全认证中心具有明确的法律地位，不以营利为目的，实行有偿服务、自主经营、独立核算的运行方针。

（2）职责

① 提出机械安全认证产品目录方案；机械安全认证的产品范围见表 6-1；

② 受理国内外企业提出的机械安全认证申请并组织实施；

③ 批准认证，颁发认证证书及标志，并对其进行管理；

④ 做出持续、延长、暂停、撤销、注销认证的决定；

⑤ 受理各方对机械安全认证工作的申诉。

（3）工作制度。中国机械安全认证中心实行管委会领导下的中心主任负责制，在强调发挥中国机械安全认证实体作用的同时，既考虑了认证工作的多方协调性，又保证了认证工作的独立性，使认证工作在严密的监督管理之下正常有序地运行。

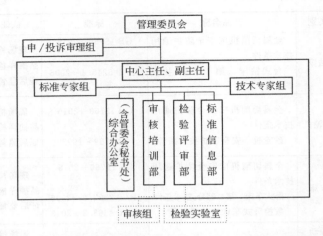

注：粗实线框内机构设置为中国机械安全认证中心工作机构。

图 6-1　中国机械安全认证中心组织机构框图

第二节　机械安全认证规则与程序

一、机械安全认证规则

我国的机械安全认证采用 ISO 推荐的第五种认证模式，在此基础上，又结合机械产品及安全认证的特点设计了适用于机械安全认证的规则。

1. 申请认证

(1) 中国企业应持有当地工商行政管理部门颁发的《法人营业执照》，外国企业应持有有关机构的登记注册证明。

(2) 产品符合相应的强制性国家标准、行业标准及其补充技术条件的要求。

(3) 产品质量稳定。

(4) 按照国家质量管理保证标准及中国机械安全认证中心发布的补充要求建立质量体系。

2. 认证过程

目前，机械安全认证采用的是 ISO 推荐的第五种认证模式，主要内容如下。

（1）认证申请。申请认证企业必须填写《中国机械安全认证申请书》。并提供有关文件和材料，同时交纳产品认证申请费。

（2）审查申请材料。中国机械安全认证中心按有关规定审查企业提交的申请书及有关文件和材料。

（3）产品形式认可。中国机械安全认证中心根据规定要求，对申请认证产品的型式认可材料进行审查。申请书、有关文件和资料及产品型式认可材料经审查合格后，中国机械安全认证中心与申请认证企业签订合同。

（4）企业质量体系审核。中国机械安全认证中心组织审核组，根据有关要求对企业质量体系进行审核。

（5）产品安全性能检验。中国机械安全认证中心委托经国家认可的有资质的检验实验室根据有关要求对产品的安全性能进行检验。

（6）批准认证，颁发认证证书和认证标志。中国机械安全认证中心对企业质量体系审核结果及产品安全性能检验结果进行审核，对符合认证要求的产品，经中国机械安全认证中心主任批准，由中国机械安全认证中心依据有关规定向获准认证企业颁发认证证书并获准使用认证标志。

对不符合认证要求的产品，中国机械安全认证中心向企业发出认证不合格通知，并说明不合格内容。

对经安全认证不符合认证要求的产品，给予企业半年的整改期限。在半年内可提出复查申请并交纳复查费。复查通过，按有关规定颁发认证证书并获准使用认证标志。复查未通过、整改期限未提出复查申请的，自认证不合格通知发出之日起一年内不再受理该产品安全认证申请。

产品获准安全认证的企业必须接受中国机械安全认证中心对其产品认证证书有效性的确认。

中国机械安全认证中心将获准安全认证的产品及其企业名称等

在刊物上予以公布。

(7) 认证后的监督。在认证有效期内，中国机械安全认证中心根据有关规定安排对获准认证的生产企业进行质量体系监督检查和产品安全性能监督检查。

监督检验的样品可以从用户、市场或企业中抽取，抽取的样品必须是带有安全认证标志的产品。抽取的样品由获准认证产品的生产企业向抽取样品的单位补偿。

(8) 增加安全认证产品及认证有效期满再次申请安全认证。

① 已有产品获取安全认证的企业申请增加安全认证产品时，可区别情况简化部分认证程序；

② 认证有效期满，企业可再次申请安全认证，再次申请安全认证应在有效期截至日前三个月提出。再次申请安全认证时，中国机械安全认证中心对其审查、批准程序与初次申请认证程序相同。

(9) 认证证书和认证标志

① 认证证书有效期四年；

② 认证证书和认证标志的领取、使用和管理按有关规定执行。认证标志只允许用于获准安全认证的产品，安全认证未覆盖的企业联营厂或分厂的产品均不得使用认证标志；

③ 认证证书仅表明获准认证产品符合特定标准；

④ 安全认证标志不能代替认证产品合格证使用。

(10) 投诉、申诉与争议。企业、用户及其他各方对安全认证结论、认证人员不正当行为及获准认证产品存在的问题可向管委会或中国机械安全认证中心提出投诉、申诉与争议。

管委会或中国机械安全认证中心应按有关规定处理投诉、申诉与争议。

(11) 保密。中国机械安全认证中心及参与安全认证活动的所有人员应保守被认证企业的技术和商业秘密。

二、机械安全认证程序

依据机械安全认证规则，中国机械安全认证中心制定了从申请认证到做出认证决定全过程的机械安全认证程序。在每一个程序中，均详细规定了实施的途径和有关要求，即 CNAC110 文件的要求，并且满足 ISO/IEC 指南 28、ISO/IEC23、ISO/IEC 指南 25 及 GB/T19000 系列标准的要求。

1. CE 认证的性质

CE 认证，即只限于产品不危及人类、动物和货品的安全方面的基本安全要求，而不是一般质量要求，协调指令只规定主要要求，一般指令要求是标准的任务。因此准确的含义是：CE 标志是安全合格标志而非质量合格标志。"CE"标志是一种安全认证标志，被视为制造商打开并进入欧洲市场的护照。

在欧盟市场"CE"标志属强制性认证标志，不论是欧盟内部企业生产的产品，还是其他国家生产的产品，要想在欧盟市场上自由流通，就必须加贴"CE"标志，以表明产品符合欧盟《技术协调与标准化新方法》指令的基本要求。这是欧盟法律对产品提出的一种强制性要求。

2. CE 认证所需准备的资料

（1）填写 CE 申请表

（2）产品描述

（3）系列产品差异说明

（4）技术参数表

（5）机械铭牌及警告标示

（6）机械总装图

（7）电气原理图

（8）液压/气压原理图

（9）安全部件清单

（10）操作手册

（11）ISO 9001 证书复印件（若能提供）

（12）产品照片（前后左右各一张，电控柜内部，控制面板，警告标示部位，关键电器部件）

3. CE 认证流程

（1）制造商或其代理人以口头或书面形式提出初步申请；

（2）由企业根据欧盟指令的要求确定检验标准及检验项目并报价；

（3）申请人确认报价，并签定合同；

（4）申请人根据收费通知要求支付 50％认证费用；

（5）企业进行产品测试及对技术文件进行审阅；

（6）技术文件审阅包括：

① 文件是否完善；

② 文件是否按欧盟官方语言（英语、德语或法语）书写；

③ 如果技术文件不完整或未使用规定语言，将通知申请人改进；

（7）如果试验不合格，将及时通知申请方，允许申请方对产品进行改进，直至试验合格。申请人应对原申请中的技术资料进行更改，以便反映更改后的实际情况；

（8）企业向申请方提供技术文件（TCF）评审报告、CE 符合证书以及 CE 标记使用说明；

（9）申请人签署 CE 符合性声明（DOC），并在产品上贴附 CE 标记。

CE 标志的意义在于：表示加贴 CE 标志的产品，符合欧盟有关指令规定，并以此作为该产品被允许进入欧盟市场销售通行证。有关指令要求没有 CE 标志的工业产品，不得上市销售，已加贴 CE 标志进入市场的产品，发现不符合安全要求的，要责令从市场收回，持续违反指令有关 CE 标志规定的，将被限制或禁止进入欧盟市场或强迫退出市场。

CE 认证，为各国产品在欧洲市场进行贸易提供了统一的技术规范，简化了贸易程序。CE 认证表示产品已经达到了欧盟指令规定的安全要求；是企业对消费者的一种承诺，增加了消费者对产品的信任程度；贴有 CE 标志的产品将降低在欧洲市场上销售的风险。

CE 机械产品认证流程见图 6-2。

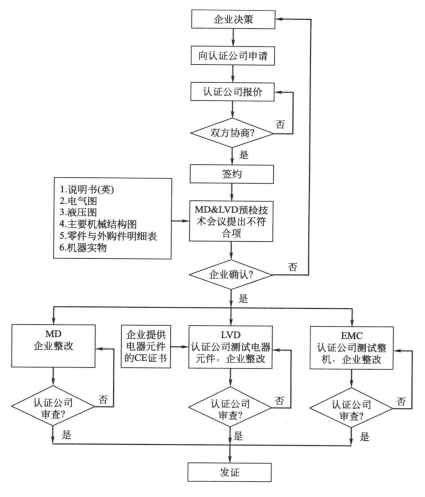

图 6-2　CE 机械产品认证流程图

4. CCC 认证流程

"3C"认证是中国强制性产品认证制度，"3C"标志并不是质量标志，而只是一种最基础的安全认证。

国家质量监督检验检疫总局和国家认证认可监督管理委员会于2001年发布了《强制性产品认证管理规定》，对列入目录的19类132种产品实行"统一目录、统一标准与评定程序、统一标志和统一收费"的强制性认证管理。

"3C"认证从2003年5月1日起全面实施，原有的产品安全认证和进口安全质量许可制度同期废止。第一批列入强制性认证目录的产品包括电线电缆、开关、低压电器、电动工具、家用电器、音视频设备、信息设备、电信终端、机动车辆、医疗器械、安全防范设备等。

凡列入强制性产品认证目录的产品，必须经国家指定的认证机构认证合格，取得相关证书并加施认证标志后，方能出厂、进口、销售和在经营服务场所使用。CCC认证的基本流程如图6-3所示。

（1）认证申请和受理

① 凡生产CCC目录内产品的制造商，具有法人地位的，并承诺在认证过程中承担应负的责任和义务的企业，可向认证机构提供申请；

② 认证机构对资料进行评审，将向申请制造商发出"认证收费通知"和"送样通知"；

③ 在确认申请办证制造商已交纳认证费用后，将向检验机构下达检测任务；

④ 申请办证制造商接到"送样通知"后，应及时按要求将样品送交指定的检验机构。

（2）型式试验

① 接到样品后，检测机构将按申请办证产品所依据的标准及技术要求进行监测试验；

② 型式试验合格后，检测机构按规定的报告格式出具型式试验报告，送交认证机构进行评定；

③ 型式试验时间一般为整机30个工作日（因检验项目不合格，制造商进行整改和复试的时间不计算在内）。当整机的安全性需要进行随机试验时，按安全件最长的试验时间计算（从收到样品

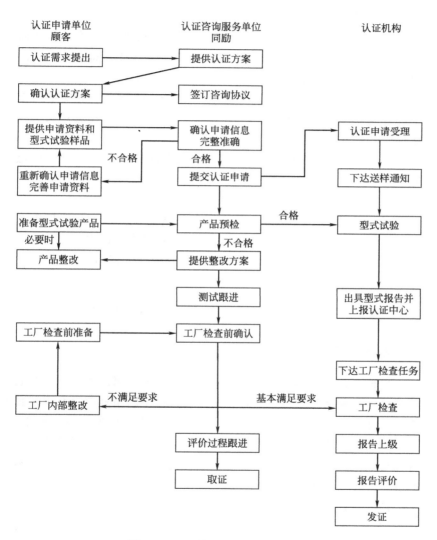

图 6-3　CCC 认证的基本流程框图

和检测费用起计算)。

(3) 工厂审查

① 对初次申请认证的制造商,认证机构在收到检测机构产品试验合格结果的报告后。将向申请办证企业发出工厂检查通知,同时向认证机构工厂检查组下达工厂检查任务函;

② 检查人员根据《产品认证工厂质量保证能力》的要求对申请办证制造商进行现场检查,并抽取一定的样品对照检查项目的一致性进行检查;

③ 工厂检查合格后,检查组应按规定的报告格式出具工厂检查报告,送交认证机构进行审核评定。

(4) 认证结果评价和批准

① 认证机构合格评定人员接到产品型式试验报告和工厂审查报告后,根据认证机构对认证结果的评定要求作出评定;

② 认证机构的领导将根据评定结果签发认证证书。

第三节 机械安全认证获证后的监督

一、获准认证后质量体系的监督审核

保持完善质量体系是获证企业一项长期的、艰巨的任务。企业的全体员工要通过学习、实践和培训等途径不断增强质量意识,真正自觉地承担起自身的质量职责。在保持和完善质量体系过程中,应当经常评审质量体系运行的符合性和有效性,通过对质量体系文件的修改、调整和对控制、验证方法的完善和改进,使质量体系不断满足企业发展的需要。

产品认证依据的产品标准随着技术发展、经过一定的时期就要进行修订,产品标准修订后,获证企业能否继续满足新标准规定的要求,也应在监督审核时予以证实。

企业在生产过程中还会出现如生产工艺的改进、设备更新改造、组织机构及人员岗位调整等情况,企业在生产过程中出现的新情况能否满足认证要求，也是需要监督审核时予以证实的。监督审核时应注意抽样的代表性，应选择质量保证能力相对薄弱的环节和企业生产条件变化的部分重点抽样，当然还要兼顾抽样的覆盖性。审核时，应对认证标志的使用情况进行检查，防止误用认证标志的情况出现。

审核自获准认证后一般情况下需每年进行一次，对获证企业的监督审核应在充分考虑在认证证书有效期内将获准认证产品的安全质量体系涉及的部门、要素（或过程）都能检查一次。如在认证有效期内，出现顾客对获证产品投诉，并经查实或认证产品出现重大安全质量事故时，可适当增加监督的频次。

审核最主要的目的是检查企业获证后企业安全质量体系是否持续有效，获证企业是否长期地提供满足用户要求及安全要求的产品。另外，为了达到促进企业不断提高安全质量的目的，每次监督审核时的严格程度应比上一次高。监督审核的程序依据上面提出的"安全认证程序"进行。

二、获准认证后产品安全性能的监督检验

1. 抽样数量

（1）监督检验抽样数量，一般为初次检验时抽样数量的 1/2（至少抽 1 台）。

① 初次检验中，如每认证单元抽样数量大于 1，则监督检验抽样的数量应以各个单元的初次检验抽样数量为基数取半后的总数之和。

② 初次检验中，如每认证单元抽样数量为 1，则监督检验抽样的数量应以初次检验抽样数量的总数为基数取半（不足 1 台时按 1 台计。如：总数为 3 台时，抽 2 台；总数为 5 台时，抽 3 台）。

③ 初次检验中，如抽样数量包括①、②两种情况。则监督检验抽样的数量应为①、②分别确定后的数量之和。

（2）监督检验后，如有不合格，则必须对未经抽样检验的认证单元的产品按初次检验时抽样数量再次抽样检验。

2. 抽样方法

抽样可在市场、顾客（用户）使用场地及生产企业的下线产品或库存产品中随机抽取带有安全认证标志的产品，并确保在证书有效期内覆盖所有认证单元。如在企业以外抽取，企业应在规定时间内向被抽取样品单位负责补偿。

3. 特殊情况下增加抽样数量

对于顾客（用户）反映安全质量问题较多的产品或在获准认证后出现重大质量安全事故的产品，或国家质量安全监督抽查不合格的产品，需视情况，经中心主任批准后增加监督检验的抽样数量或抽样检验频次。

三、监督复查结果的处理

中国机械安全认证中心根据规定要求，审查质量体系监督审核报告和产品安全性能监督检验报告，并提出监督复查报告，依据规定作出维持、暂停或撤销认证的决定。中国机械安全认证中心将其所作出的维持、暂停或撤销认证的决定以书面形式通知认证证书持有者。

◆ 参考文献 ◆

[1] 机械安全 防护装置 固定式和活动式防护装置设计与制造一般要求. GB/T 8196—2018.
[2] 机械安全 带防护装置的联锁装置设计和选择原则. GB/T 1883—2017.
[3] 机械安全 防止上下肢触及危险区的安全距离. GB 23821—2009.
[4] 崔政斌，王明明. 机械安全技术. 第二版. 北京：化学工业出版社，2009.
[5] 张应立，周玉华. 机械安全技术实用手册. 北京：中国石化出版社，2015.
[6] 田宏. 机械安全技术. 北京：国防工业出版社，2013.
[7] 王玉元等. 安全工程师手册. 成都：四川人民出版社，1995.
[8] 杨丰科，孟光华. 安全工程师基础教程—安全技术. 北京：化学工业出版社，2005.